国家“十二五”重点图书
健康养殖致富技术丛书

淡水鱼健康养殖技术

付佩胜　主编

中国农业大学出版社
·北京·

内容简介

本书作者根据20多年的水产养殖经验，参阅大量文献资料，以实现水产品的健康养殖为原则，对生产中的各个技术环节加以具体阐述，内容新颖，实用性突出。全书共11章，从养殖场的选址建设入手，以100亩规模池塘建设为例，对投资与效益进行了估算、分析；阐明了水的理化特性及水生生物与健康养殖的关系；根据鱼类营养需求，筛选合理的饲料配方，通过先进的加工技术，生产高质全价饲料，并对饲料选择与投喂进行论述；分析了水生动物发病原因，通过改善环境、控制或消灭病原体，增强机体免疫力等措施进行防病；对常规及特种养殖水产品种的生物性特性、养殖情况、相关养殖技术等进行表述，为读者正确的选择养殖品种提供帮助；根据鱼类性腺发育规律与发育影响条件，提出亲鱼培育措施，阐述了不同特点鱼类的催产孵化措施；阐述了池塘、网箱、稻田及工厂化流水健康养殖的具体技术措施，以期为养殖者提供指导。

图书在版编目(CIP)数据

淡水鱼健康养殖技术/付佩胜主编，—北京：中国农业大学出版社，2013.1

ISBN 978-7-5655-0660-4

Ⅰ.①淡… Ⅱ.①付… Ⅲ.①淡水鱼类-鱼类养殖 Ⅳ.①S965.1

中国版本图书馆CIP数据核字(2013)第005254号

书　名　淡水鱼健康养殖技术
作　者　付佩胜　主编

策划编辑　赵　中　　**责任编辑**　童　云
封面设计　郑　川　　**责任校对**　陈　莹　王晓凤
出版发行　中国农业大学出版社
社　址　北京市海淀区圆明园西路2号　　**邮政编码**　100193
电　话　发行部 010-62818525,8625　　读者服务部 010-62732336
编辑部 010-62732617,2618　　出　版　部 010-62733440
网　址　http://www.cau.edu.cn/caup　　**e-mail** cbsszs @ cau.edu.cn
经　销　新华书店
印　刷　涿州市星河印刷有限公司
版　次　2013年3月第1版　2013年3月第1次印刷
规　格　880×1 230　32开本　10印张　276千字
印　数　1～5 500
定　价　18.00元

《健康养殖致富技术丛书》
编　委　会

编写人员

主　　编　付佩胜

副 主 编　轩子群

编写人员　付佩胜　杨　玲　宋理平　刘　芳　杨德光
　　　　　轩子群　王春生

发展健康养殖　造福城乡居民

近年来，我国养殖业得到了长足发展，同时也极大地丰富了人们的膳食结构。但从业者对养殖业可持续发展的意识不足，在发展的同时，也面临诸多问题，例如养殖生态环境恶化，病害、污染事故频繁发生，产品质量下降引发消费者健康问题等。这些问题已成为养殖业健康持续发展的巨大障碍，同时也给一切违背自然规律的生产活动敲响了警钟。那么，如何改变这一现状？健康养殖是养殖业的发展方向，发展健康养殖势在必行。作为新时代的养殖从业者，必须提高对健康养殖的认识，在养殖生产过程中选择优质种畜禽和优良鱼种，规范管理，不要滥用药物，保证产品质量，共同维护养殖业的健康发展！

健康养殖的概念最早是在20世纪90年代中后期我国海水养殖界提出的，以后陆续向淡水养殖、生猪养殖和家禽养殖领域渗透并完善。健康养殖概念的提出，目的是使养殖行为更加符合客观规律，使人与自然和谐发展。专家认为：健康养殖是根据养殖对象的生物学特性，运用生态学、营养学原理来指导生产，为养殖对象营造一个良好的、有利于快速生长的生态环境，提供充足的全价营养饲料，使其在生长发育期间，最大限度地减少疾病发生，使生产的食用商品无污染，个体健康，产品营养丰富、与天然鲜品相当；并对养殖环境无污染，实现养殖生态体系平衡，人与自然和谐发展。

健康养殖业是以安全、优质、高效、无公害为主要内涵的可持续发展的养殖业，是在以主要追求数量增长为主的传统养殖业的基础上实现数量、质量和生态效益并重发展的现代养殖业。推进动物健康养殖，实现养殖业安全、优质、高效、无公害健康生产，保障畜产品安全，是养殖业发展的必由之路。

健康养殖跟传统养殖有很大的区别，健康养殖业提出了生产的规模化、产业化、良种化和标准化。健康养殖要靠规模化转变养殖方式，靠产业化转变经营方式，靠良种化提高生产水平，靠标准化提高畜产品和水产品的质量安全。养殖方式要从散养户发展到养殖小区和养殖场；在生产过程中，要有档案记录和标识，抓好监督和监控，达到生态生产、清洁生产，实现资源再利用；产品要达到无公害标准等。

近年来，我国对健康养殖非常重视，陆续出台了一系列重要方针政策，健康养殖得到快速发展。例如，2004 年提出“积极发展农区畜牧业”，2005 年提出“加快发展畜牧业，增强农业综合生产能力必须培育发达的畜牧业”，2006 年提出“大力发展畜牧业”，2007 年又提出了“做大做强畜牧产业，发展健康养殖业”。同时，我国把发展养殖业作为农村经济结构调整的重要举措和建设现代农业的重要任务，采取了一系列促进养殖业发展的措施，实施健康养殖业推进行动，加快养殖业增长方式转变，优化产品区域布局，实施良种工程，加强饲料质量监管，提高畜牧业产业化水平，努力做好重大动物疫病防控工作，等等。

但是，我国健康养殖研究的广度与深度还十分有限，加上对健康养殖概念理解和认识上存在一定的片面性与分歧，许多具体的“健康养殖模式”尚处于尝试探索阶段。

这套丛书的专家们对健康养殖技术进行系统的分析与总结，从养殖场的选址、投资建设、环境控制以及饲养管理、疫病防控等环节，对健康养殖进行了详细的剖析，为我国健康养殖的快速发展提供理论参考和技术支持，以促进我国健康养殖快速、有序、健康的发展。

有感于专家们对畜禽水产养殖技术的精心设计与打造，是为序。

山东省畜牧协会会长 张洪本

2012 年 10 月 20 日于泉城

前　言

水产品是人类食品中重要的蛋白质来源之一，其平均蛋白含量远高于牛、羊、鸡等畜牧产品，所含人体所必需的蛋白质也大于植物蛋白，且水产品还含有丰富的人体所必需的微量元素。当今世界，不仅发达国家对水产品的消费量迅速增加，发展中国家对水产品的消费需求也在逐步提高。我国是一个13亿人口的大国，市场消费能力巨大。随着水产养殖业的快速发展，伴随而来的是水产品的污染问题，渔用药物的滥用、渔用饲料的使用，导致水产品的质量下降，矛盾暴露日益频繁。因此，加强水产品质量管理，开展健康养殖成为当前水产业的主要工作重点。

本书作者以无公害水产品生产规程为基本准则，根据多年的工作经验，参阅了大量的文献资料，结合当前的生产实际，力求创新，突出实用，对鱼类养殖场的建设与效益、健康养殖水体环境、养殖的主要鱼类品种、常规鱼类的人工繁殖技术、鱼苗鱼种健康培育技术、鱼类健康养殖饲料与用药技术、鱼类养殖病害防治技术、池塘健康养殖技术、网箱健康养殖技术、稻田健康养殖技术等贯穿整个养殖过程的各个环节进行系统的阐述以期对渔民朋友有所帮助。

目　录

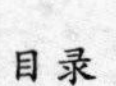

第一章

淡水鱼健康养殖投资效益分析

提　要　本章对淡水水产养殖场的建设产地要求、养殖场的建设布局、建设原则、老鱼池改造及投资及效益进行了分析。

水产养殖业作为我国渔业产业的三大重要组成部分之一，在保障食物安全、改善居民膳食结构、促进渔民增收、优化产业结构、出口创汇、保护生态环境等方面都发挥着非常重要的作用。

水产业作为大农业的分支，与农业相比投资少、效益高，水产养殖给养殖者带来了较高的效益。自改革开放以来，我国的水产养殖业达到了突飞猛进的发展，养殖规模不断扩大，产量不断提高，改革开放以来，我国水产养殖业获得了迅猛发展。中国水产养殖产量从1978年的121.2万吨增加到2010年的3 828.8万吨，所占水产品总产量的比例由26.4%上升为71.3%。水产品养殖产量由1978年的121万吨增加到了2009年的3 620多万吨，约占水产总量的2/3，养殖面积达779万公顷，对于发展我国的国民经济及改善人民群众生活做出了巨大贡献。

本着低碳、节能的原则，在土地资源允许的情况下，进行池塘养殖可有较好的效果。下面对水产养殖投资与效益进行简单的分析(以100 亩①池塘为例)。

第一节　养殖场选址原则

一、建设地水源要求

1. 水源充足

“鱼儿离不开水”，建水产养殖场必须先对水源进行充分考察与考虑。了解掌握 30～50 年来水文变化，既要保证每年有充足的供水量，防止因水源枯竭而影响养殖生产，又要防止水源泛滥等洪灾，造成池塘漫水跑鱼或冲毁池塘，而遭受损失。在保证第一水源的同时，了解养殖场位置的地下水情况，开发第二供水水源。要注意的一点就是，我国是水资源缺乏的国家，人均占有淡水量排世界第一百多位，要尽量少用或不用地下水。在开发养殖池塘时，最好与荒滩、涝洼地等的开发相结合，以节约宝贵的水资源与可耕地资源。

2. 水质良好

并不是所有的水源都可用来发展水产养殖业，水源的水质必须达到一定的要求，因为水质质量直接关系到养殖效果和产品质量，用水水源要保证没有工业废水污染或过度的生活污水污染，水源水质要找有资质的机构进行采样分析，水质符合《渔业水质标准》(GB 11607—89)(附录 1)，及无公害食品行业标准《NY 5051—2001 淡水养殖用水水质要求》(附录 2)的规定。专门进行一些特殊品种养殖的养殖场建设，还要从该品种生物学考虑，满足特定水质条件。

①1 亩≈0.067 公顷，全书同。

3. 进、排水要方便

进行水产养殖，要本着进水与排水都要方便的原则，以节省能源和避免不必要的麻烦。进水口与排水口要尽量远离，进、排水渠道应独立，新建养殖场不应设在已有养殖场的进水口或排水口附近，以免互相造成污染。养殖废水的排放必须与养殖系统分开，以免废水污染养殖环境，引发各种疾病。同时废水要达到环保质量要求，才可排入自然水域。

二、建设地土质要求

1. 土质性质

渔场建设了解土质、土壤性质是必要的，因为土质性质关系到渔场建设的难易及鱼池、堤坝建设质量。另外，土壤性质对浮游生物、水生生物的繁衍、生长产生影响，而生物量大小决定了池水肥瘦，从而影响到养殖效果。一般壤土最适合建设养殖场，因其渗透性小、渗漏系数低，保水性好。另外，壤土土质吸水性好，硬度适中，通气性好，有利于有机物分解与水生生物繁衍。

2. 底质要求

所选养殖场的底质条件则应符合相关国家标准 GB 18407.4—2001(农产品安全质量 无公害水产品产地环境要求)。底质有害有毒物质最高限量见附录3《底质有毒有害物质最高限量(节选)》。

三、建设地交通、电力要求

1. 交通

交通便利对养殖场建设来说非常重要，因为大量生产资料的运进及产品的运出，没有较好的交通条件很难进行大规模生产。

2. 电力

电力是生产的命脉，养殖生产离不开电力。养殖场要与供电稳定的国家电网线路相连。另外，尽量配备相应发电设备，以防因断电造成损失。

四、其他要求

养殖场要求位于种植区之外，远离污染源，建场前应对养殖环境进行综合评估，如周围农用、民用和工业用水的排污和土地的浸蚀和溢流情况；周围农业生产的农药等化学剂使用情况，包括常用化学剂种类及其操作方法对水产养殖产品的影响。相关的评估和检测记录应予以保存。因不同的养殖品种、不同规格等对池塘条件要求不同，对于养殖池的建设，应根据不同的品种、养殖模式、养殖条件等因素，科学、合理地确定养殖池的大小、形式和规模。

第二节　养殖场建设

一、总体规划与布局

1.设计原则

(1)布局的合理性：尽量做到建场后生产管理科学、方便、合理，长短期结合能发挥以渔为主综合经营的经济效益、有利于发展第三产业，有利于区域农村经济的发展。

(2)充分利用有利的地貌地形：尽量减少挖填土石方工程，尽量做到缩短运输距离。挖填方平衡，采用既经济又实用的施工方法，并因地制宜，多余土方可以造台田，围筑防洪坝，建经济林带等。

(3)因地制宜，就地取材：建场的建筑材料在保证施工质量，利于将来生产运行的前提下尽量就地取材，如采用当地石、砂、砖、水泥及其他

器材，力求既经济又可靠。

(4)根据客观条件发展生产：要建设大的养殖场应根据市场调查，当地人文，社会环境，自然条件，可供水量，交通运输、管理水平，动力设备等综合因素确定生产规模和生产模式，不可盲目发展。并应根据预测，在资金和劳动力充沛的情况下，做到逐步发展，分期分批投入生产运行，尽量实行半自动化和自动化生产，尽量采用新技术、新设备、新成果，加快生产发展步伐，提高投入产出率。

(5)充分利用优势：充分利用当地资源优势，发展生态渔业。

(6)总体布局要求：场房位置尽量居中，最好有公路直达场部，有噪声的场房应远离场部和生活区，并做到有扩建的余地；催产孵化设施应作为一个生产单元，毗邻亲鱼培育池，并靠近进场水源和备用水源，位置略高，通风向阳；亲鱼池尽量靠近场房和进水水源，以便于看管和精心培育；亲鱼池、鱼苗池、鱼种池及养成池比例要合理；进排、水系统要独立，互不相连，防止鱼病传播；总面积中，可利用水面控制在60%左右，不可片面追求水面利用率，影响其他生产要素的设计；进水渠以地上明渠为好，渠底高于鱼池最高水位50厘米，进水口要建落水坡，以防冲刷池坝；排水渠可设计宽一些，渠底低于池底20厘米以上，可以利用排水渠进行养殖生产。

2. 总体规划与建场步骤

(1)总体规划图的设计：施工前首先要设计好场区规划图和平面布置图。总体规划要有利于生产和管理，有利于水资源和土地资源的开发利用，既要经济又要合理科学。各种鱼池的配置及位置，主要进排水渠的走向，场部、实验室、饵料加工车间、库房生活住宅的平面布置，交通道路等要标注清楚。总体规划图设计好后，要设计每项建设项目的详细结构图、平面图、剖面图、施工要求，按照详细的图纸施工，确保施工质量。

(2)建设投资预算及经济效果评估：根据基本建设的建筑预算及应配置的动力，设备机械的购置，大体估算出建设养鱼场的投资规模，根据现有条件资源及利用情况，每年的物料消耗、每年产品总量及毛收入等估算每年净收入和投入产出比，进行建场的论证，避免盲目性。

(3)制定施工计划：按照项目的轻重缓急确定施工顺序及每项工程的施工方法；根据具体情况可互相交叉进行或分期分批施工，遵循边施工边生产边配套的原则进行。

3.施工中的注意事项

①调度工程量。鱼池建设应缩短战线，集中人、财、物用于重点区位的鱼池施工；施工一处完工一处，特别注意鱼池的整形与夯实。要避免施工建设中的盲动性，摊子不宜铺得太大，否则建成半拉子工程，生产经营活动无法展开。根据劳力、机械、季节等情况确定进度，尽量在汛期前完成地下土方工程。②鱼池工程造型多样化。鱼池工程的造型常为长方形、坑塘式，以便充分发挥养殖水体的立体效益。鱼池面积可根据场区条件及品种、规模等灵活掌握，新品种养殖池一般掌握在2～5亩为宜，池深不低于2.5米，长宽比5∶2，边坡系数2～3，池埂宽5～10米。③排灌系统及时配套。一个完整的进排水系统应包括泵站、水泵、进水渠道等进水系统，以及涵管、排沟、排水闸等排水系统。此外，还有结合进排水系统设置的拦鱼设施。④在低洼地积水多的地方施工，宜选择春季水位低时进行。先围堤排水，挖好排水沟，排干地面上的积水，在各塘挖出分排水沟，使整个鱼塘在无水的情况下施工。开春后，鱼池工程建设由于时间紧，养殖生产季节又迫在眉睫，因此要求在工程总体部署与安排上，抓住关键部分的建设，如将排灌系统与鱼池建设同步进行。在规划设计中，预留好排灌沟渠的位置。在具体施工建设中，重点建设好定型鱼池的支渠、斗渠。总渠、干渠及排水沟可因陋就简，留待工程全部完工时建设好。在建筑形式与取材上，采用明渠形式，定位、定型渠道可用砖石材料；未定位、定型的就用土渠。对于拦鱼设施的建设，最好采用钢材制成的栅栏，基本要求是鱼拦得住，水流得畅、抗风浪冲击。⑤科学选定养殖模式。对新开鱼池，由于水质清淡，宜选用以草食性鱼类为主，杂食性鱼类为辅，并适当配养滤食性鱼类的养殖模式。

图 1-1　养殖池塘

二、老鱼塘的改造

原来有许多养鱼池多数是利用废旧荒弃的坑塘、窑坑等，生产水平、产量、效益等都普遍较低，为提高产量、增加效益，必须对老鱼塘进行改造。

1.加深池塘、清除淤泥

长期以来，由于重生产，轻投入，忽视了鱼池的改造与维修，致使旧塘老化，水质难以调节，产量下降，生产受损。针对这一问题，应清除池塘过多的淤泥，加深池塘至 2 米以上，以适应鱼类的生态要求。清除淤泥可用泥浆泵彻底清除，结合加深池塘，既扩大了养殖水体，又利于水质调节，而且清除的淤泥可作为农田的有机肥加以利用。

2.改造塘坝和池底坡度

结合加深池塘和清除淤泥，使塘坝坡度达到 1∶(2～3)的坡度比。池底四周向池东西中心线倾斜，坡降最好在 3‰左右，修建好进、排水系统，做到排灌方便、畅通。同时建好牢固的防逃设施，防止鱼类逃逸。

3.加固池塘坝堤

由于受风浪冲击和自然环境的影响以及生产操作的损坏，鱼塘的整体结构受到了严重破坏，给日常管理和拉网带来困难，所以应做好塘堤的加宽、加高和砌衬工作改低塘坝为高而坚实的坝。塘坝要高出池塘最高水位 50 厘米以上,塘埂要达到标准鱼池的要求。

第三节 投资估算与效益分析

一、建设投资

根据高效、标准、方便使用与管理的设计,拟建设标准化池塘 24 个,其中每个面积 2 600 米^2(65 米×40 米),16 个,面积 1 500 米^2(50 米×30 米),8 个。池塘东西走向,每 4 个一排,池梗宽 3 米,建设 6 排,排间距 7 米,在中间建进、排水渠;在东北角和西北角各建一个看护房。预计总投资 100 万元左右。

1. 池塘建设

池塘采用半地下、半地上的形式,下挖 1.5 米,抬高地面 1 米。

机械开挖土方,池塘开挖为半地上半地下方式,每个土方 3 900 米^3,每方按 5 元计:

3 900×24×5.00=46.8(万元)

2. 配套设施需投资

(1)排水渠:拟建排水渠 1 032 米。排污口,连接管道。水泥板槽护坡,每米按 120 元计取,需投资:

1 032×120=12.68(万元)

(2)进水明渠(地上渠):拟建进水明渠 882 米,砖混结构,每米按 120 元计取:

882×120=10.58(万元)

(3)拟建机井需投资:3 口×2.00 万元/口=6.00 万元。

(4)拟建小扬水站 1 座需投资:1×1.00 万元=1.00 万元。

(5)看护房:2 万元。

(6)房屋:休息房 1 间、办公室 1 间、仓库 2 间,饵料加工 2 间,5 万元。

(7)设备:潜水电泵 2.2 千瓦 10 台,0.5 万元;机井电泵 3 台,1 万元;增氧机 12 台,0.5 万元;投饵机 16 台,1.5 万元;饵料加工机组 1 套(粉碎机 1 部,搅拌机 1 部),5 万元;网具、工具等,5 万元。

二、产品方案

1. 进行育苗

8 个面积 1 500 米^2 的池塘用于育苗生产,年培育各类“乌仔”阶段鱼苗 1 000 万尾。

2. 鱼种生产

育苗池,鱼苗出池后进行鱼种生产,年养殖各品种鱼种 8 000 千克。

3. 成鱼生产

16 个面积 2 600 米^2 的池塘进行成鱼养殖,年产各类成鱼 32 000 千克。

三、效益分析

1. 投入

(1)育苗:以购入“水花”阶段鱼苗进行培育,按照 60%左右成活率计算,生产 1 000 万尾“乌仔”阶段鱼苗,需要购买 1 700 万～1 800 万尾“水花”阶段鱼苗,投入 20 000 元。其他培育成本 3 000 元。计:23 000 元。

(2)鱼种生产:8 个面积 1 500 米^2 的池塘进行鱼种生产,需放养“乌仔”阶段鱼苗 20 万尾左右,鱼苗费 1 200 元,生产 8 000 千克鱼种,饲料费 40 000 元,其他费用 16 000 元。计:57 200 元。

(3)成鱼养殖:16 个面积 2 600 米^2 的池塘进行成鱼养殖,年可产各类成鱼 32 000 千克。需放养鱼种 3 000～3 500 千克,费用 36 000～42 000 元。饲料费 142 500～145 000 元。其他费用 51 200 元。计:229 700～238 200 元。

(4)全年生产费用为:309 900～318 400 元。

2.产值

"乌仔"阶段鱼苗,按 60 元/万尾计算,1 000 万尾产值为:60 000 元。

鱼种按 12 元/千克计算,8 000 千克鱼种产值为:96 000 元。

成鱼按 11 元/千克计算,32 000 千克成鱼产值为:352 000 元。

全年产值为:502 000 元。

全年利润为:183 600～192 100 元。

思考题

1.水产养殖场建设环境条件有哪些?

2.水产养殖场应该怎样布局与建设?

3.老鱼池如何改造?

第二章

健康养殖与水环境的关系

提　要　本章对影响鱼类健康养殖的各种环境条件加以阐述，包括水温、水体溶氧、水体 pH、水体盐度、氨氮、亚硝酸盐、溶解气体以及水生动、植物等。以使读者对水体环境综合认识，养殖中要注意各种影响因素。

“鱼儿离不开水”，水质是健康养殖最主要的决定因素。养殖用水是一个非常复杂的体系，在水中溶解了各种离子、分子，包含各种微生物、浮游生物及其他水生生物。这些物质相互作用、相互制约，其含量的多少决定了水质的好坏，对水产动物养殖有着巨大的影响。水的理化性质差异很大，不同的品种由于长时间适应当地环境，形成了自己特有的生物学特性，鱼的品种不同，适应的水环境也不同。进行水产品的健康养殖，在确定养殖品种之前要先了解养殖水源的物理特性，同时要对拟进行养殖品种进行了解，了解其生物学特性，看能否适应当地条件，否则会造成不必要的损失，甚至会出现血本无归的惨剧。

图 2-1　标准化养殖池

第一节　水温与健康养殖的关系

与水产养殖相关的环境因子很多，包括水温、溶氧、水流、水深、光照、水质、饵料丰度以及水生生物等。经过多年研究与实践，多种高密度水产养殖模式发展起来，如集约化高密度精养模式、大水面高密度套养模式、高密度立体混养模式、高密度网箱养殖模式、高密度流水养殖模式。这些高密度养殖模式，各有特点和优势，但不论是进行主养还是混养、不管是静水还是流水、大水面还是小池塘，均需要保证养殖水体水温的稳定性和最佳状态，保证水体空间水中饵料生物的充分利用，从而大幅度提高养殖密度，并通过强化投饵使鱼类快速生长，缩短养殖周期，其净产量的经济产出相对于饲料消耗量的经济投入有较高的经济收益，这才是健康的高密度水产养殖的科学模式。

在自然选择和适者生存的双重作用下，分布在全世界各个水域中的鱼类形成了能够在不同水温环境条件下生存的各种类型。水温是与鱼类的循环系统和呼吸系统关系最为密切并进而影响鱼类生存的重要环境因子。

一、水温对鱼类生存与生长的影响

鱼类属变温动物，它的生长繁衍与温度、溶氧、光照、紫外线、气压等气候因子有密切关系，其中环境温度是鱼类生长发育最重要的气候因子。一般来说，在一定范围内，较高的温度使鱼生长较快，较低的温度生长较慢。较低温度情况下，鱼类激素分泌少，消化酶活性低，死亡率往往较高；高温情况下，鱼体中的生物活性物质会变性失活，鱼类更难以适应；如果水温急剧升降，鱼类会因不能马上适应新的环境而导致死亡，或者造成鱼体表受伤，易被寄生虫侵袭寄生，造成鱼体抵抗力变弱而死亡。不同的鱼类对水温有不同的要求，按照鱼类适应温度的范围，将不同生存水温的鱼类分为 4 种：冷水性鱼类（耐低温鱼类），水温范围为 0～20℃；热带鱼类（耐高温鱼类），水温范围为 20～40℃；温水性鱼类，水温范围为 10～30℃；还有一类广温性鱼类，生存水温范围包括上述 3 个温度区（0～35℃）。

1. 广温性鱼类

常温性鱼类耐受范围一般较广，一般能适应 1～35℃的温度范围，超过这个温度范围，其生存就会受影响。大部分常温鱼类适宜生活的水温范围 12～30℃，如鲤、鲫鱼的生长温度起点为 8～9℃，而青鱼、草鱼、鲢、鳙、鲂等在 12～15℃时开始摄食，20～25℃进入明显生长期，25～30℃时进入最适生长期。

2. 冷水性鱼类

冷水性鱼类主要指分布于南北极海域、南北极河口淡水域、深海底层以及高原水域的鱼类。耐低温鱼类的血液中有抗冻蛋白，虽然体温降低了，其体液并不冻结。抗冻蛋白能起到抗冻作用是因为它能包在冰晶的表面，使冰晶不能再增长。只要冰晶在血液里不长得过大，鱼就可以在冰冷的水中生存。冷水性鱼类正常生长的上限温度为 25℃以下，生长最适温度是 12～20℃，虹鳟鱼生存水温为 4～20℃。不同的冷水鱼耐受上限不同，超过上限即引起死亡。冷水鱼类下限温度一般能达到冰点以下，其生长没有明显的下限温度，只要水不结冰即能摄食生长。

3. 热带鱼类

热带鱼类对高温的耐受极限温度较高，对低温耐受能力较差。生活在赤道热水域和热带沼泽的淡水鱼大多是耐高温鱼类。据报道，肯尼亚列夫脱山谷底的马加迪湖东岸的咸水性温泉（27～49℃）中生活着成群的罗非鱼；美国加利福尼亚州的一条平均水温为55℃的河里栖息着一种热水鲤鱼；火山岛伊都普鲁岛的高达70℃左右的湖泊中生活着一种小鱼；马达加斯加首都塔那那利佛东部地区温度为75℃的温泉中生活着一种浅黑色的小鱼，这可能是世界上最能耐高温的鱼；我国云南有一种小鱼能在48℃的温泉中生存着。鱼类耐受高温的生理机制可能与其体内一些相关基因的表达调控、某些被修饰后的蛋白质的特异性以及蛋白质的多态性有关。一些蛋白质和酶类的基因可能受高温诱导而表达；某些蛋白质在高温下被一些基团修饰后的具有耐受高温的特异性；一些蛋白质的多态体在高温下能够保持生理活性，这些因素均可能是鱼类耐受高温的原因。

4. 温水性鱼类

该部分鱼类对温度适应范围较窄，既不适应较低的水温，也不能耐受高温。如原产于澳大利亚的许多种类淡水黑鲷、澳洲虫纹鳕鲈等，淡水黑鲷适应温度范围在10～32℃，低于10℃或高于30℃时易引起死亡。

根据不同鱼类适应的温度不同，要进行水产品种的健康养殖，必须根据温度条件选择适宜养殖的鱼类。水温在20～32℃，可养殖鲤科鱼类外，还可养殖热带、亚热带鱼类，如罗非鱼、白鲳等（在14℃以下死亡，18℃以上开始摄食生长，28～32℃为最适生长期）；水温为8～20℃，则适宜养殖鲑科鱼类为主（如虹鳟鱼在6℃以上开始摄食，17～20℃为最适生长期，25℃以上就会因水温过高而死亡）。从适应温度上看，温水性鱼虾类如淡水鲨鱼、淡水白鲳、澳洲宝石鲈、淡水黑鲷、南美白对虾、革胡子鲶、巴西鲷、罗非鱼、红螯螯虾等鱼类能耐受的水温最低

都在10℃以上，上述品种，耐受低温从高逐渐变低，淡水鲨鱼一般需要18℃以上才能正常生存，红螯螯虾10℃以上可以正常生存。除我国南方少数地区可以常年养殖外，大多数地区，都不能自然越冬，必须在有热源的地方进行越冬保种，如果没有条件，只能购买经越冬的鱼种，进行商品鱼养殖，并且在养殖前要考虑好产品的出路，即养成后能否把产品顺利销售。常温性鱼类如斑点叉尾鮰、条纹鲈、黄颡鱼、鳜鱼、南方大口鲇、美国大口胭脂鱼等可以耐受的温度范围比较广，一般只要保持较高的水位，在自然条件下都能安全越冬，因此我国的大部分地区都可进行养殖。冷水性鱼类如鲟鱼类、鲑、鳟鱼类、梭鲈、狗鱼等都适应较低的水温，这些鱼类要考虑安全度夏的问题，夏季高温持续时间较长的多数南方地区，有些品种就难以适应。还有像淡水黑鲷等鱼类，由于其特殊的地理条件，既不能耐受低温，对高温的耐受能力也较弱，夏季高温时也必须注意。因为一些温水鱼类和冷水性鱼类，市场价格相对较高，可重点发展养殖。在有温泉等热源的地方可选择养殖诸如澳洲宝石鲈、淡水鲨鱼等。没有热源的地方可以进行适应常温的名优鱼类养殖，如斑点叉尾鮰、南方大口鲶、黄颡鱼、黑鱼、泥鳅等。在有山泉或地下冷水的地方你可以进行鲟鱼、虹鳟鱼等的养殖。

二、水温与鱼类休眠

部分鱼类在水温过低或过高而超越其耐受范围并影响其生存时，能采取自我保护的办法——休眠，度过温度不适应阶段。鱼类克服严寒的休眠，称为冬眠。鱼类的冬眠与两栖类、爬行类和某些冬眠的哺乳类略有不同，即后者冬眠时完全处于麻痹状态，而鱼类仅是停止摄食，隐于水草或岩石间，或多或少地进入麻痹状态。譬如鲤鱼常成群聚集于水的深处越冬，每群40～50尾到上百尾不等。冬眠时在水底聚集，头部相互倚靠，围成一圈，呼吸十分迟钝、缓慢，鳃盖的启动更加微弱。鱼类克服干旱与高温的休眠，即为夏眠。特别是在赤道与热带沼泽地区，一年中常有数周或数月的干涸期，生活在这里的淡水鱼类即进行夏眠。攀鲈和乌鳢等具副呼吸器官的鱼类，在干涸的夏季常埋在泥中度过干旱期，降雨后再重新苏醒恢复正常生活。

三、水温与鱼类繁殖的关系

每一种鱼的繁殖（产卵和孵化）水温是一定的。环境温度决定鱼体内的酶活力和新陈代谢的强度，不仅影响着鱼类的繁殖温度，也决定了鱼类的繁殖季节。冷水性鱼类一般在秋末至翌年早春繁殖；我国大部分温水性鱼类在初春夏末繁殖；有些与鱼类在夏末秋初（10～11 月）繁殖，如达氏鲟、大麻哈鱼、六线鱼等；而有些鱼类繁殖季节较广，如淡水鲳（5～10 月）；罗非鱼一年繁殖 4～8 次。不同地区水温差异较大，因此不同地域同一品种的繁殖季节不同。一般情况下，在适温范围内，亲鱼的生长发育速度随温度的升高而加快。广东地区比黑龙江地区的“四大家鱼”性成熟早 1～2 年，产卵季节也早 2～3 个月。

第二节　溶解氧与健康养殖的关系

一、水体溶解氧的影响因子

水体溶氧量是水体中溶解分子状态氧的多少，通常用溶解氧（DO）表示，单位为毫克/升。在 20℃和 1 大气压情况下，空气中的氧气含量为 210 毫克/升，而纯水中饱和溶解氧含量为 8～10 毫克/升。一般水体中，0～1 米为光合增氧层，1～1.5 米为过渡层，1.5 米至底层为呼吸耗氧层。一天中不同时间以及一年中不同季节，水体的溶氧量存在一定差异。

水体溶氧量受水温、水深、气压、光照、风速以及水流等因子的影

响。同时，这些因子也与鱼类的生长发育密切相关：

(1)水温：是随着时间和空间变化而变化的环境因子，它不仅影响水体的许多理化因子(包括溶氧量)，而且直接影响鱼类本身的生理活动。当水温升高，新陈代谢增强，对氧的需求增加；当水温降低，新陈代谢减弱，对氧的需求减少。

(2)水深：或水层，不同水层的溶氧量不同。一般情况下，上层水域溶氧量较大，下层和底层水域溶氧量较小。当水深度超过 7 米时，可形成温跃层，水压亦增加，溶氧量变化较大。

(3)气压：水体溶氧量与空气氧分压和水汽含量有明显关系：空气中氧密度减小，溶解于水中的氧气减少。青藏高原的水体溶氧量明显低于内陆水体的溶氧量；湿空气中水汽的存在，使氮、氧等气体的密度发生变化，进而影响水体的溶氧量。

(4)光照：可以直接对藻类和水草产生作用，增加水体中的氧气(占全部溶氧来源的 94%～95%)。光不仅作为能量来源进入水域生态系统，而且对水生生物的活动、生长以及性腺发育产生影响。

(5)风速：风越大，水面的浪花越大，有更多的分子氧溶解进入水中(占全部溶氧来源的 4%～5%)，而且白天的溶氧量下风处高于上风处，晚上相反；溶氧主要增加于表层和上层水域。

(6)水流：即水的流速。微流对养殖品种生长发育具有促进作用。水流大，水中的溶氧就多(占全部溶氧来源的 1%左右)，但水体中气体过多可能引起气泡病。

二、鱼类与水体溶氧的相互关系

鱼类与水体中氧的相互关系包括动物耗氧、植物产氧、排泄物影响以及微生物影响等。物质循环与新陈代谢对水体溶氧量的影响最为直接，如光合作用、氧化作用、硝化作用等。一般鱼类适宜的溶解氧为 3 毫克/升以上；大多数养殖鱼类的溶氧量在 3～5 毫克/升；而冷水性鲑科鱼类的溶氧量在 5 毫克/升以上；虾类 4.5 毫克/升以上；蟹类

5 毫克/升以上。对于耐低氧鱼类而言，溶解氧的需求相应减少。

养殖品种的耗氧率和窒息点临界含氧量两个指标，均为水中溶解氧正常的情况下鱼类呼吸能力的主要参数。实践证明：在正常溶氧和室温下，中、上层鱼类的耗氧率比中、下层及底层鱼类的耗氧率低；中、上层鱼类的窒息点临界含氧量比中、下层及底层鱼类的窒息点临界含氧量高，而底层鱼类最低。不同养殖品种的最适溶氧量、耗氧率和窒息点临界含氧量等均有较大差异。在不同温度下，鱼类致死溶解氧的值是不同的。鱼类耐低氧的特性与血液中的血红蛋白和转铁蛋白有直接关系，因为鱼体内存在为充分利用水体中有限溶氧的生理适应机制——血红蛋白/转铁蛋白机制。

根据鱼类养殖的生产实践，我国大多数鲤科鱼类的溶氧忍受度可以作如下总结：①0.51～1 毫克/升为死亡危险浓度。此时养殖鱼类不摄食，也不生长。②1 毫克/升为鱼类脱离致死危险的浓度。③1～3 毫克/升为限制鱼类生长浓度。此时溶氧和生长几乎呈直线相关，为鱼类的不良生长阶段。④1～5 毫克/升为正常生长浓度，此时溶氧对生长的相关不甚明显。鱼类通常以加强呼吸频率获得代谢时所需要的氧气，所以鱼类摄食正常，生长良好。⑤5 毫克/升以上为理想生长浓度。在其他条件相同情况下鱼类生长比正常生长阶段良好，但其相关曲线趋向平缓，生长与溶氧的相关并不是呈直线关系上升。

水中溶氧量直接关系到鱼类的生存、生长、繁殖。一般适合鲤科鱼类的水体溶氧量为 41～5 毫克/升，而 3 毫克/升左右生长减慢，2 毫克/升左右发生浮头，1 毫克/升以下严重浮头至泛塘。不同种鱼类和不同规格的同种鱼类对氧的需要量和窒息点有所不同。

不同鱼类对水中溶氧的适应能力差异很大，如罗非鱼、淡水白鲳、黑鱼、革胡子鲶、淡水鲨鱼等，能够耐受较低的溶氧，不用增氧设施也可有较高的产量，而鳜鱼、斑点叉尾鮰、青虾等需要较高的溶氧，若不配备增氧设施，很容易出现问题。另外，在池塘养殖中，水中的溶氧昼夜差异大，白天浮游植物进行光合作用，释放氧气，下午 2～3 时藻类的光合作用最强，上层水域的溶氧多处于超饱和状态。夜晚时分，水体处于耗

氧状态(包括底泥、有机物分解)这时的鱼最易浮头。如果水过深,池底白天也可能出现缺氧状态。对耐低氧能力差的鱼类,要引起重视。

不同鱼类适应溶氧的能力不同。部分鱼类适应的溶氧下限为:鲤鱼2毫克/升、银鲫0.7毫克/升、鲢5毫克/升、草鱼5毫克/升、青鱼3毫克/升、鳜鱼3毫克/升、鲮鱼1毫克/升、罗非鱼2.2毫克/升、淡水鲳4毫克/升、鳗鲡5毫克/升、银鱼4.5毫克/升、加州鲈1.5毫克/升、斑点叉尾鮰2.5毫克/升、云斑鮰1.5毫克/升、长吻鮠3毫克/升、虹鳟5毫克/升、胡子鲇0.8毫克/升、大口鲇3毫克/升、银鲈4.4毫克/升、胭脂鱼4毫克/升、金鱼4毫克/升、中华乌塘鳢2.5毫克/升。部分鱼类窒息点临界溶氧量为:鲤鱼0.15毫克/升、鲫鱼0.1毫克/升、白鲢1.29毫克/升、鳙鱼0.78毫克/升、草鱼0.47毫克/升、青鱼0.94毫克/升、团头鲂0.62毫克/升、罗非鱼0.07毫克/升、淡水鲳0.5毫克/升、胡子鲶0.48毫克/升、斑点叉尾鮰0.8毫克/升、长吻鮠1.5毫克/升、鳗鲡0.5毫克/升、鳜鱼1毫克/升、虹鳟3.5毫克/升、大口鲇1毫克/升、鲮鱼0.24毫克/升。

要注意:溶氧过饱和会对鱼卵孵化和鱼苗不利,极易患气泡病,甚至对小规格鱼种(夏花)也有不良影响。溶氧对水环境影响也非常显著,在有氧和富氧条件下,物质循环和能量转换属于良性;缺氧则为恶性。

三、水体溶氧的变化规律

水体溶氧有水平变化、垂直变化和昼夜变化。

所谓水平变化,即白天鱼池下风头氧气含量高,上风头氧气含量低。这是因为下风头风浪大,大气溶入水中的氧气多,加之下风头浮游植物随风聚集多,光合作用产氧多;而夜间与白天相反,下风头浮游生物和有机质多,故耗氧多,使水中溶氧明显减少。

所谓垂直变化,即上层浮游植物多,光照强,产氧多,而在透明度一半的水层中氧含量最高。这说明,此处浮游植物最多,光照度适合其生长、繁殖。水体中层氧显著减少，底层最低，甚至为零。

所谓昼夜变化，即白天浮游植物光合作用强，产氧多，往往晴天中午溶氧过饱和；夜间浮游植物光合作用停止，水中只有各类生物的呼吸作用，致使池水溶氧明显下降，至黎明前下降到最低点，所以此时鱼类往往因缺氧易于浮头。

四、氧盈与氧债

水体溶氧过饱和，其饱和度达 100%以上时称为氧盈；溶氧不足，称氧债。氧盈与氧债对鱼类养殖都会造成影响。

造成氧盈的原因主要有两种。其一，是夏季昼夜温差小，水体热阻力大，晴天上层水体水温高，光照强，浮游植物光合作用产氧多，向中、下层扩散少，特别是化肥施用不当，绿藻大量繁殖，达到溶氧过饱和，并形成气态逸出水面。与此同时，中层水体溶氧明显降低，底层缺氧严重，如果天气发生突变（暴雨、气压低等）打破热阻力，上、下水体夜间剧烈对流，使整个水体缺氧而发生鱼类浮头，严重浮头甚至泛塘。其二，是由水库底涵闸和江河水坝下排出水流的剧烈撞击，空气中氧气大量溶入水中而造成溶氧过饱和，加之水温低，氧溶入量大而提高了其饱和度。

根据氧盈形成的原因，采取相应方法加以利用。溶氧对于鱼类和水环境的正面作用大，应使其充分地发挥作用。对于形成氧盈的前一个原因，可采取晴天中午、下午开动增氧机（叶轮式或射流式）搅动上下水层，或利用潜水泵抽取底层水，回冲到本塘水体，进行池间水体循环，或加入新水，促进上层溶氧过饱和水体向下层转移交换。

对于形成氧盈的后一个原因，需要让溶氧过饱和水每次限量进入池塘，或进入池塘前在一定范围内暂存一段时间，让其水温和溶氧达到平衡再入池。

要注意：不可将过饱和水体用于鱼卵孵化和鱼苗下塘。

所谓氧债即水体缺氧，特别是池水底层严重缺氧条件下，生物需

氧、化学需氧和有机质分解需氧受到很大的抑制，欠下了正常状态下的需氧量，即氧债。在这种条件下，厌氧生物（厌氧菌）非常活跃，产生有害的中间产物和有机质无氧分解产生大量还原性物质及有害气体。这对鱼类和池塘其他生物影响很大，一遇天气突变（夏季、春夏之交、秋冬之交）上、下水体夜间急剧对流，氧债暴发性偿还，使整个水体严重缺氧，鱼类无法生存，往往浮头、严重浮头、泛塘，也易引发鱼病。

氧债和氧盈大多同时出现，即夏季往往上层水体氧盈，饱和氧形成气态逸出水面，与此同时底层严重缺氧，甚至为零。在自然情况下，往往白天形成氧债夜间还，这就存在很大的危险性。

为了化险为夷，氧债必须要在白天还。即白天，特别是晴天，利用上层浮游植物较强的光合作用产氧，以机械（增氧机、水泵、潜水泵）搅动上、下水层，定期和不定期冲入新水，进行机械增氧和促进生物增氧，做到及时地、经常地消除氧债，以维持水环境的良性循环，保持鱼类正常生长，保障鱼类安全。

此外，为了高效地消除氧债，在推进机械和生物增氧的基础上，同时利用合理施肥、投饵，适当增加浮游植物量，合理利用和限制浮游动物、底栖动物、有机质以及适当的鱼类轮捕等项技术措施。

第三节　pH 值对健康养殖的影响

一、鱼类对 pH 值的适应

不同品种适应水体酸碱度不同，一般鱼类适应中性及偏碱性水，pH 值在 7.0～8.5 范围生长良好，大部分品种都可选择；有的可适应酸性水体，像淡水白鲳在偏酸性的水体中也能较好生长，可适应 pH 值在 6.5～8.5；有的适应范围特别广，如罗非鱼可适应 pH 值在 6.0～

9.0,要根据水源酸碱度,看品种能否适应。另外,还有碱度问题,碱度是指水体中和酸的缓冲能力。在淡水中多以碳酸根和碳酸氢根含量的总和来表示。碱度的大小在一定程度上反映了水质的稳定性。在养殖水体中应控制碱度为 100～200 毫克 $CaCO_3$/升。pH 值对水质、水生生物和鱼类有重要影响。一般要求 pH 值在 7.5～8.5,呈微碱性,这样对鱼类和其他水生生物有利,对水环境有利。

二、pH 值对水体环境影响

当 pH 值上下波动改变时,会影响水中胶体的带电状态,导致胶体对水中一些离子的吸附或释放,从而影响池水有效养分的含量和施无机肥的效果。如 pH 值低,磷肥易于永久性失效;过高,暂时性失效。当 pH 值越高,氨的比例越大,毒性越强;pH 值越低,硫化物大多变成硫化氢而极具毒性,pH 值过低,细菌和大多数藻类及浮游动物受到影响,硝化过程被抑制,光合作用减弱,水体物质循环强度下降;pH 值过高或过低都会使鱼类新陈代谢低落,血液对氧的亲和力下降(酸性),摄食量少,消化率低,生长受到抑制。鱼卵孵化时,pH 值过高(10 左右),卵膜和胚体可自动解体;过低(6.5 左右)胚胎大多为畸形胎。

自然水体对 pH 值有缓冲作用,一般比较稳定。在池塘精养和特殊条件下,pH 值有不同程度波动或大的改变。如池塘淤泥深厚,水体缺氧,pH 值常常偏低或过低;夏季天气晴朗,光照强,水质肥沃,浮游植物量大,光合作用强,在短时内,pH 值升得很高;或水体受到不同性质、不同程度污染,pH 值过高或过低等。

三、pH 值的调节

调节 pH 值的方法,通常是清除过多淤泥,结合用生石灰清塘,当

池水显酸性（当 pH 值＜7 时）泼撒生石灰水调节，每亩水面，水深1米、1.5米、2米分别用生石灰20千克、25千克和30千克）；经常对池水增氧，特别是高温季节更要经常搅动上、下水层；改良池塘环境，采用有机肥与无机肥相结合的方法对池塘施肥；避免使用不同程度污染的水源、水质等。

第四节　氨氮与亚硝酸盐与健康养殖的关系

水体中的氨对鱼类是极毒的，特别是在 pH 值高、水温高的条件下其毒性更大。据测定，分子氨（NH_3）对鲢、鳙鱼苗24小时半致死浓度分别为0.91毫克 N/升和0.46毫克 N/升。一般都按0.05～0.1毫克 N/升的分子氨作为可允许的上限值。此外，氨的氧化也要消耗大量氧。

水体中的氨来源于含氮有机物的分解和在缺氧时被反硝化菌还原生成。此外，水生动物包括鱼类的代谢产物一般以氨气（NH_3）的形式排出。

分子氨（NH_3）和离子氨（NH_4^+）在水中可以互为转化，它们的数量取决于池水中的 pH 值和水温，即 pH 值越小，水温越低，分子氨的比例相应越少，毒性越低。当 pH 值＜7 时，总氨几乎都是以铵离子形式存在；pH 值越大，水温越高，分子氨比例越大，毒性越强。所以消除氨的毒害作用，需要有效控制氨的来源和 pH 值；控制好鱼类的放养密度和单位水体载鱼量，同时对池水经常性增氧，防止缺氧，特别是在夏天高温季节尤其应如此。

为此，每年高温季节，应注意合理施肥、投饵和改良环境，监测和调控水体的 pH 值，采取增氧和适度轮捕、轮放等多项技术措施，以消除氨的毒害。

第五节 硫化氢及二氧化碳等气体与健康养殖的关系

一、硫化氢对鱼类养殖影响

硫化氢(H_2S)对鱼类和其他生物毒性很强。其毒性主要是硫化氢与鱼体血红素中的铁化合,使血红素量减少,影响对氧的吸收,同时对鱼的皮肤也有刺激作用。此外,硫化氢的氧化过程还会消耗溶氧,所以对鱼和其他生物及水环境有很强的毒性。因此,养殖水体中不允许有硫化氢存在。

硫化氢是水体在缺氧条件下,含硫有机物经厌气细菌分解而产生;或者在富有硫酸盐的水中,由硫酸盐还原细菌的作用,使硫酸盐变成硫化物,然后生成硫化氢。而硫化物和硫化氢都有毒,其中硫化氢的毒性更强。一般在酸性条件下即 pH 值较低,硫大部分以硫化氢的形式存在。高温季节,水体底层往往严重缺氧,有机质缺氧或无氧分解产生大量有机酸而使底层水呈现酸性,在这种情况下,硫化物大多变成硫化氢。

所以,消除硫化氢的方法是提高水中溶氧,消除氧债;也可使用氧化铁剂,使硫化氢变为硫化铁沉淀,以消除毒性。此外,必须避免含有大量硫酸盐的水进入池塘,并慎用化肥硫酸铵。

二、二氧化碳对鱼类养殖的影响

二氧化碳(CO_2)对鱼类和水环境有较大影响。它是水生植物光合作用的原料,缺少会限制植物生长、繁殖;高浓度二氧化碳对鱼类有麻痹和毒害作用,如使鱼体血液 pH 值降低,减弱了对氧的亲和力。当游

离二氧化碳达到80毫克/升，“四大家鱼”幼鱼表现呼吸困难；超过100毫克/升时，发生昏迷或侧卧现象；超过200毫克/升时，引起死亡。在一般池塘中这种现象少见，但北方冬季鱼类越冬期长，往往鱼太多，二氧化碳积累可达到相当浓度而使鱼无法生存。

二氧化碳来源于水生动植物、微生物的呼吸作用和有机质分解。大气中游离二氧化碳含量少，溶入水中也不多；二氧化碳的消耗主要是水生植物的光合作用的吸收利用。

水中二氧化碳除游离状态外，大多以碳酸氢盐（HCO_3^-）和碳酸盐（CO_3^-）形式存在，对水质pH值起缓冲作用，维持其平衡。水中二氧化碳含量随着水生生物的活动和有机质分解而变动，表现有昼夜、垂直、水平和季节性变化，其变化情况一般与溶解氧的变化相反。

当二氧化碳太多时，应减少浮游动物、底栖动物，包括轮捕鱼类和限制施有机肥；当二氧化碳不足时，应适当施肥，特别是施有机肥和清除水生植物等。

第六节　盐度对健康养殖的影响

盐度也是很重要的决定因素。多数淡水品种只能在淡水中生存，适应盐度值在0.5以下，有的经驯化过渡，可以在低盐度水体中正常生长，如淡水白鲳、淡水黑鲷、澳洲宝石鲈、红螯螯虾，能适应0.5%盐度，甚至更高，红螯螯虾在低盐度水体中生长和成活比纯淡水好，说明更适宜有盐度水体，沿海地区更适宜养殖，像鲟鱼、罗非鱼等适应更高盐度水体。你如果不事先对养殖水体盐度有所了解，也不考虑拟养品种的适应性，往往会造成损失，这种情况也常有发生，必须高度注意。

淡水品种放入带盐度的水域进行养殖或海水品种淡化后在淡水中进行养殖，鱼种放养前必须先进行驯化，使盐度逐步接近养殖环境盐度后，尚能放养，并且在放养时进行试水。

第七节　水生生物与健康养殖的关系

一、浮游生物与水产养殖

浮游生物是生活在水层区，没有游动能力或游动能力极弱的一类小型动物，包括浮游植物，如藻类和细菌以及浮游动物，如原生动物、轮虫、枝角类和桡足类等。多数浮游生物个体微小、肉眼无法分辨，必须借助显微镜才能分类，但它在水体中有重要价值。我国许多养殖鱼类，如鲢、鳙、鲫鱼、罗非鱼等都直接取食浮游生物，浮游动物是大多数鱼类的幼鱼的开口饵料，浮游植物还是水体中最主要的原初水产者，数量的多寡直接影响到水体鱼产量的高低。

(一)浮游植物

浮游植物从组成上分，包括藻类和细菌。从细菌对水生养殖动物疾病方面看，分有益菌和有害菌。养殖动物在条件不利及表皮受伤等条件下常感染有害菌而发病，因此水体中要经常消毒，预防疾病发生，放养前的清塘很重要的一点也是为杀灭有害菌。有益菌对水产养殖有好的作用，比如光合细菌，不但可作为鱼类等的蛋白源还能抑制有害菌繁殖。

藻类是一类自养生物，几乎整个植物体都有吸收养料，进行光合作用的功能，以单细胞的孢子或配子进行繁殖(营养繁殖、无性繁殖和有性繁殖)。其形态多样，常见的有球形、椭圆形、卵形、纤维形、圆盘形、S形、棒形、新月形、舟形等。藻类因所含色素种类和数量不同而呈现不同的颜色，淡水藻类进行光合作用的产物转变成的贮存物质有多种，包括淀粉、副淀粉、白糖素、脂肪和油滴等，贮存物质是分类的重要

依据。

淡水浮游藻类主要包括：蓝藻、隐藻、甲藻、金藻、黄藻、硅藻、裸藻等。

1. 蓝藻

蓝藻分布很广，但大多生活在含氮量高，有机物丰富的碱性水体中。蓝藻多喜欢较高的温度，夏秋时节常大量繁殖形成强烈水华，最常见的微囊藻，大量繁殖会给水产养殖业、饮水卫生等带来一系列问题。蓝藻与渔业关系十分密切，螺旋鱼腥藻等是鲢、鳙鱼类的优质食物，拟鱼腥藻也有类似效果，但大多数蓝藻（蓝球藻、颤藻等）鱼类摄食后难以消化吸收，甚至产生毒素，成为养鱼水体的重要害藻。

蓝藻水华是水体中的蓝藻快速大量增殖形成肉眼可见的蓝藻群体或者导致水体颜色发生变化的一种现象，严重时可在水体表面漂浮积聚形成一层绿色的藻席，甚至形成藻浆，蓝藻水华发生的根源主要在于水体富集了过多的氮、磷等营养物质，是水体富营养化的另外一种表现形式。近年来，蓝藻水华在养殖水体中呈现高发、频发、暴发态势。

(1)常见危害

①消耗水体溶解氧。当养殖水体中的蓝藻形成水华时，一方面严重抑制了浮游植物因光合作用所产生的氧气，另一方面也阻隔了空气中的氧气进入养殖水体，因而导致养殖水体中溶解氧严重不足，长时间出现缺氧或者亚缺氧状态，使养殖水体持续恶化，从而直接或间接的加剧了药害事故的频繁发生。

②降低生物多样性。当养殖水体中的蓝藻形成绝对优势种群时，蓝藻的过度增殖加剧了养殖水体通风及光照条件的持续恶化，抑制了养殖水体中有益浮游生物的生长繁殖、阻碍了其他藻类的光合作用，使养殖水体中的丝状藻类和浮游藻类等不能合成本身所需要的营养物质而死亡。

③产生有毒有害物质。蓝藻大量死亡时会产生蓝藻毒素、大量羟胺及硫化氢等有毒有害物质严重败坏养殖水体，直接危害养殖动物，间接通过食物链影响人类身心健康；另外，死亡的蓝藻释放大量有机质，

散发腥臭味，刺激了化能异养细菌的滋生，其中大部分化能异养细菌对水产养殖动物来说并不是有益菌，而是致病菌，从而进一步导致继发感染细菌性疾病的发生。

(2)蓝藻发生原因

①水温。蓝藻的生长速度随着水温的升高而加快。在常温条件下，一些有益的单细胞藻类生长速度并不比蓝藻慢，只有当气温达到20℃以上，水温25～35℃时，蓝藻的生长速度才会比其他藻类快。所以受其他藻种的生长制约，蓝藻并不可能在常温条件下大规模暴发，只有进入高温季节，蓝藻的生长速度优势才会体现出来。所以温度是蓝藻暴发的主要因素之一。

②富营养化。进入养殖高峰期后，养殖水体中富营养化，养殖生物自身的排泄物对养殖水体也是一种污染。在过去我们往往忽略了养殖生物的自身污染。所以不经常换水的池塘中往往更容易暴发蓝藻。如果蓝藻没有充分的营养也是很难生长的。

③有机磷。有机磷并不是磷酸盐之类的，它广泛存在于各类化工污水中。另外，在生活污水中也有有机磷，生活污水中有机磷主要存在于洗衣机中，有机磷是蓝藻生长的必须因素。治理蓝藻最直接最根本的办法就是除去有机磷。

(3)防控措施

①换注新水(物理方法)。换注新水是养殖生产上用得较多的一种方法，但不能从根本上解决蓝藻“水华”问题。常规的养殖水体换注新水可以暂时缓解“水华”所带来的危害和负面影响，但换注新水毕竟不能从根本上改变蓝藻水华所形成的生态种群结构，而且这种缓解是比较短期的、暂时的，非常有限，而对于早期的蓝藻水华，换注新水可以起到一定的效果。

②灭藻制剂(化学方法)。用硫酸铜或灭藻制剂，进行局部用药可以起到一定的除藻效果，但频繁使用化学制剂等容易破坏养殖水体中生态系统种群结构，况且硫酸铜本身有一定毒性，不但容易破坏养殖水体的生态集，营养盐比例严重失衡，要真正控制蓝藻的暴发，就要控制

水中氮、磷的含量及有机物的浓度，利用养殖水体中的有效微生物进行生物修复是可行的，有效微生物可以消耗蓝藻所嗜的氮、磷营养，在一定程度上可以克制蓝藻的滋生和蔓延，使蓝藻不易暴发。

③利用高等水生植物控制氮、磷含量。大型飘浮水生植物和浮游植物都是养殖水体的初级生产者，二者在光照和营养之间存在竞争作用，大型飘浮水生植物还会分泌一些毒素，抑制其他浮游植物的生长。通过高等水生植物吸收水体中的氮、磷含量，抑制蓝藻的大量繁殖，通常的做法就是在养殖水体中种植一定量的黄花水龙、凤眼莲、茭白、满江红、水花生等水生高等植物，其中凤眼莲是公认的去除氮、磷效果最佳的水生植物，能够起到很好的去除氮、磷功效，同时可以改善水体水质。

④利用食物链控制蓝藻数量。利用食物链，通过在水体中放养滤食性的鱼类可以初步达到控制蓝藻的目的。蓝藻是鲢鱼、花白鲢等滤食性鱼类很好的天然饵料，为了形成一个良性的生物链，需要提前做好投放准备，预先调整好水体的养殖结构。实验发现，对一些老的水体或富营养化较严重的养殖水体可以加大花白鲢的投放量，对于一些新开水体，花白鲢的投放量可适当降低到我们在实验中发现的400尾/亩花白鲢的密度放养，就能够对蓝藻达到很好的控制效果。

总之，不管采取什么措施，关键要在养殖水体中建立一个良性的生态平衡系统。在一个养殖水体中许多的有益微生物例如芽孢杆菌，它们是鲢鱼很好的天然饵料，鲢鱼能直接利用这些有益微生物，氮、磷是是微生物和藻类的饵料，而微生物和藻类又是花白鲢的饵料，花白鲢和其他养殖动物的排泄物又可以分解出氮、磷，这样整个养殖水体的生物链比较稳定，物质流、能量流和信息流能够形成良性循环。当整个养殖水体中的菌相、藻相、养殖动物和各种有机物质之间达到一种相对动态平衡时，蓝藻不容易大规模暴发。

2. 隐藻

隐藻是我国传统高产肥水养鱼池中常见的具鞭毛的藻类，是白鲢等以浮游植物为食的滤食性鱼类的良好的天然食物，鱼池中有隐藻形

成的水华，说明该鱼池水肥，水活是好水。隐藻对温度适应性强，无论夏季和冬季冰下水体中均可形成优势种群，对光照不敏感。

3. 甲藻

甲藻是一类重要的浮游植物。蓝裸甲藻是白鲢等的天然食物，但过量繁殖也会给鱼带来危害，光甲藻对低温低光照有极强的适应能力，是北方地区鱼类越冬池中浮游植物的重要组成部分，其光合产氧对丰富水中溶氧保证鱼类安全越冬有重要作用。角甲藻是水库常见浮游植物，在一些富营养型水体中其个体和群体生物量都相当大，是鲢、鳙鱼的重要食物，对提高鱼产力有重大作用。甲藻大量繁殖死亡后，产生的甲藻素可使水产养殖动物中毒死亡。

防治方法：

①甲藻对水体的硬度、pH 值非常敏感。当甲藻大量繁殖后，立即换水，改变水体环境因子，抑制其生长繁殖。

②全池遍洒浓度为 0.7 毫克/升的硫酸铜溶液，可有效杀灭甲藻。

4. 金藻

金藻大多生活于淡水中，多分布在透明度较大的水体，在较寒冷的季节，尤其是早春、晚秋，水温较低时，其数量较多，金藻喜欢生活在水体的中、下层，对环境的变化极为敏感，因此在各季节和月份中，数量差异显著。金藻大多是白鲢等以浮游植物为食的鱼类的主要食物之一，金藻中的三毛金藻是一害藻，在我国分布广，在沿黄盐碱地新建鱼池中有蔓延的趋势，这对群众渔业将会造成一定危害。

5. 黄藻

黄藻对低温有较强的适应性，早春、晚秋黄藻大量发生，在大型水域或敞水带种群数量不多，易在浅水水体或间隙性水体形成优势种，黄藻养鱼水中的黄丝藻因吸收水体营养，影响鱼类活动视为鱼池害藻。黄藻在养鱼水体无论种类和数量都不及其他藻类，与养鱼的关系不如其他浮游植物密切。

6. 硅藻

硅藻在淡水、半咸水、海水中广泛分布，几乎所有淡水水体、湖泊、

水库、池塘，甚至其他藻类难以繁殖的河流中也可找到许多硅藻的种类，在季节上，无论春、夏、秋、冬即使在冰冻三尺的鱼类越冬池中某些硅藻也能形成优势种类。每当鱼池排水清塘后，最先繁殖起来的往往是硅藻(菱形藻、小环藻等)。硅藻是滤食性鱼类的优质饵料，也是冰下生物增氧的重要组成部分。

7. 裸藻

裸藻喜欢生活在含有机质丰富的静水水体中，阳光充足的温暖季节，常大量繁殖成为优势种群，形成绿色膜状，血红色膜状水华或褐色云彩水华。鱼池中裸藻的大量繁殖是池水水肥的标志。壳裸藻、绿裸藻等对温度有广泛的适应性，在肥水鱼池中可全年出现，常在北方冰下形成优势种，其光合作用有时可使水中溶氧过饱和。

8. 绿藻

绿藻种类极多，主要分布于淡水，绿藻在水体的物质循环、能量转换、生物增氧、食物链和水体理化性状等方面具有重要作用，但一些底栖藻类在养鱼池中大量繁殖时害多利少。团藻系白鲢易消化的食物，在鱼池中形成水华，被视为活水。绿球藻富含蛋白质，是许多虾、贝的开口食物，温幅极广，既能在夏季大量繁殖又能在冰下形成优势种。是冰下水体增氧的重要成员。对有益藻类的增殖利用和对有害藻类的防治是水生生物工作者研究的重要课题。

浮游植物与温度直接相关，其种类的季节变化较明显，如浮游植物春、秋以硅藻、裸藻为主，夏季蓝藻、绿藻较多，冬季则金藻、甲藻、硅藻占优势，而生物量变化不明显。浮游动物受管理方式、放养种类等因素制约，种类与生物量变化极大，通常以轮虫为主，枝角类、桡足类次之，原生动物较少，其影响因子较多，但都与池塘用药和施肥等措施有关。

浮游植物是部分鱼类的饵料又是水中溶氧的主要贡献者，部分种类过度繁殖又常造成危害。养殖生产中必须经常观察浮游植物种类与量的变化，采取适当措施，以保证鱼类适宜环境，“看水养鱼”就是我国渔民行之有效的以浮游生物为依据指导生产的有效措施。浮游植物不但有季节性变化，而且还受光照、风力和水的运动影响而有水平、垂直和昼夜变化。浮游植物光合作用一般主要发生于水体上层，而以透明度一半的水区生产力最高。调节浮游植物的主要方法是通过合理施肥、投饵(间接肥效)，其次是加、冲、换水和辅助适当的药物(硫酸铜、生石灰等)控制。值得注意的是，单独使用化肥，易于培植绿藻；使用硫酸铜杀灭蓝绿藻，应防止此后数天内泛塘；使用生石灰时，应注意水质pH 值变化。总之，通过人工调节，使水质达到“肥、活、嫩、爽”的直观程度。

“肥”要做到水色浓，即浮游植物量大，形成强烈的水华。

“活”要做到水色和透明度有变化，其意味着藻类种群处在不断被利用和不断增长，即池中物质循环处于良好状况。

“嫩”指水肥而不老，老指的水色变坏，表现在水色发黄或发褐色以及发白，发黄或褐色是藻类细胞老化的现象，水色发白是二氧化碳缺乏而使硕酸氢盐不断形成碳酸盐粉末的现象。因此嫩即要做到形成水华的藻类细胞未老化，并且蓝藻含量不多。

“爽”指水质清爽，水色不太浓，透明度不低于 25 厘米或 20 厘米。

根据肥、活、嫩、爽的生物学分析，实践中认识到养鱼最适的生物指标是：浮游植物量 20～100 毫克/升，甲藻等鞭毛藻类较多，蓝藻少；藻类种群处于增长期，细胞未老化，浮游生物以外的其他悬浮物不过多。在我们现在的养鱼生产中要经常对养鱼水体进行浮游植物及浮游动物量的测定，根据所养殖种类的生物学特性适时调节水质，施以无机肥或有机肥，给所养品种创造适宜的环境以取得更好的经济效益。

(二)浮游动物

淡水浮游动物的组成主要有四类：原生动物、轮虫动物、枝角类和桡足类。它的大小依次分别为：小于 0.2毫米，0.2～0.6 毫米，0.3～3毫米和 0.5～5 毫米。

浮游动物存在于各种类型的水体，从寡污带到多污带的溪流、江河、湖泊、水库及池沼等，只是种类和数量存在差别。一般在施肥的鱼池中以轮虫和枝角类的生物量较大，在大型淡水湖泊和水库中桡足类

生物量占首位，在有机质污染较严重的小而浅的水体，原生动物密度最大。

浮游动物具有对不良环境各种奇妙的适应方法和惊人的忍受能力，分布广泛，环境适应时短时间内可大量生长繁殖。浮游动物具有分布广，增殖快，密度大，营养丰富，易于被鱼类消化吸收等特点，大部分养殖鱼类的开口饵料及早期食物一般以浮游动物为主，但也有少数种类危害鱼类，是造成鱼类发病的重要原因。

浮游动物可作为水产动物的直接饵料，浮游动物是各类动物幼鱼不可缺少的天然饵料，没有浮游动物就没有鱼类，从卵孵出的幼鱼开始外源营养时最适口的食物是轮虫，其次是原生动物和小型枝角类，随着幼鱼长大才摄食中、大型浮游动物，有些鱼类终生浮游动物为主食，虾类等摄食小型浮游动物，人工进行养殖必须培养原生动物、轮虫等小型浮游动物作为幼虾的饵料。

浮游动物可净化水质，在有机物污染严重的多污带绿色植物无法生长，只有细菌和耐污力强的原生动物中的无色鞭毛类、变形虫、漫游虫、草履虫等，以细菌和有机碎屑为食，在溶氧缺乏的水中生活。它们的生命活动使水的污化程度降低，为浮游植物生长创造条件，随着浮游植物出现繁殖生长，其他浮游动物大量繁殖生长，加速水质净化。

根据浮游动物的种群组成和数量变动可判断水域的营养类型或污染程度。

一些大型浮游动物如剑水蚤，侵袭鱼类卵及鱼苗，降低鱼苗孵化率、培育率，一些原生动物是鱼类病原虫，必须加以控制，轮虫和枝角类对鱼类无害。

浮游生物种类与数量与所处水体生态环境有直接关系，特别是池塘由于面积小，水浅，人工干预是该类水体的特点，由于管理水平差异，致使浮游生物的差异，以致鱼产量相差悬殊，特别是浮游植物的种和量，因池水有机质和营养盐类的含量及其他因素不同而有很大差异。

鱼池浮游动物种类的季节变化明显。多数池塘浮游动物是养殖鱼类的饵料基础，但大量滤食性浮游动物的滋生，常常抑制浮游植物繁殖，以致影响池水的溶氧状况。

浮游生物，水体环境（温度、溶氧等）、养殖鱼类等构成了相互作用的整体。在生产中必须根据养殖种类、水体条件、水体浮游生物量调整管理措施，如在鱼苗下塘前必须培养足够的开口饵料（轮虫等）以保证鱼苗的摄食，而枝角类、桡足类的过早出现则影响鱼苗的成活率。

实验表明，保障鲫鱼苗良好生长的轮虫最低生物量为 3 毫克/升，最适宜为 20～30 毫克/升，鲤鱼苗最适宜的范围为 50～100 毫克/升。枝角类和桡足类大型浮游动物还是青鱼、草鱼、鲤鱼、鲫鱼、鳊鱼和团头鲂等多种摄食性鱼类小规格鱼种（2～5 厘米）喜食的天然活饵料。然而，浮游动物中，有部分种类寄生在鱼体和鱼鳃引起鱼病，如车轮虫病、斜管虫病、鳃隐鞭虫病、复口吸虫病、中华鱼蚤病、锚头蚤病等。如果浮游动物形成绝对优势，大量吃食浮游植物，会使水质变瘦，并大量消耗水中溶氧，造成鱼类浮头或严重浮头，甚至泛塘。它们与鱼类苗、种争氧气、争饵料，使鱼类苗、种生长慢、成活率低，甚至“全军覆没”。如果枝角类和桡足类等大型浮游动物随水流混入孵化器内，还会为害鱼类卵、苗，降低孵化率。

根据浮游动物对鱼类和水环境的影响及其消长规律，进行人工利用与调节。如春季适时通过施用绿肥和粪肥培植原生动物和轮虫，4～5 天后形成轮虫高峰，鱼苗适时下塘培育；7～10 天后枝角类和桡足类大量出现，夏花适时下塘，进行鱼种培育等。鱼类孵化用水须排除大型浮游动物，可用 60 目乙纶胶丝布窗拦截过滤。浮游动物在池塘中形成优势，可用杀虫剂杀灭，或增加鳙鱼放养量摄食。

二、细菌对鱼类健康养殖的影响

细菌在养殖水体中所起作用越来越被人们重视。细菌不仅是主要的分解者，在水体物质循环中起主要作用，而且大多还是水生动物和鱼类的重要食物之一。腐屑是生物尸体由细菌分解或细菌聚合形成的块状或膜状物，可为鲢鱼、鳙鱼等滤食。

细菌在池塘中数量相当庞大，一般未施肥鱼池的细菌数量有200万～600万个/毫升，生物量2～6毫克/升，而施肥鱼池的细菌数达到500万～2 000万个/毫升，生物量达到5～25毫克/升。腐屑在高产鱼塘中含量也相当高。据测定，腐屑的量占悬浮物干重的60%～84%。尽管腐屑的营养价值不高，但其上附生的细菌、藻类、原生动物和轮虫即构成鱼类和水生动物的重要饵料之一。池中细菌绝大部分是有益的，它们不仅是主要的分解者和天然饵料，而且其中如硝化菌、光合菌、枯草芽孢杆菌、固氮菌、乳酸菌和酵母菌等，还能将水中和池底有害物质转化为无害物质或转化为营养盐类；有的在弱光下制造氧气。目前生物菌肥（光合细菌、枯草芽孢杆菌等）已应用到渔业生产中。当前常用的有以下几类。

1. 光合细菌

光合细菌简称PSB，是国内最早用于水产养殖的细菌制剂。光合细菌是一些能利用光能进行不产氧的光合作用的细菌，革兰氏阴性，无毒，大多数为厌氧菌，细胞内有细菌叶绿素，可在日光下，在无氧条件下以H_2S、硫代硫酸根作供氢体，进行不产氧的光合作用，光合细菌通常不能利用大型有机物，它能吸收利用水中残留有机物经异养细菌分解后产生的有机物（低级脂肪酸、氨基酸、糖类）、H_2S、NH_4^+等合成菌体，参与水体净化。

光合细菌体内富含蛋白质，大量B族维生素、维生素B_{12}、叶酸、生物素等，是鱼虾及饵料生物的优质饵料，添加于饲料中使动物体色鲜艳，提高孵化率及存活率。因此光合细菌不仅参与水质净化过程而且还是水域食物链的重要环节。

2. 枯草芽孢杆菌

枯草芽孢杆菌最早被从禾本科植物枯茎叶上分离出来，作为生产蛋白酶的重要菌株。该菌是一种分布广泛的好氧性细菌，革兰氏染色阳性，大小为（2～3）微米×1微米，短杆状，无毒性，不产硫化氢，能分泌活性强的酶，快速分解水中有机质。能根据其周围基质的不同，分泌出不同的消化酶，如蛋白酶、淀粉酶、纤维素酶、脂酶等。当水温25℃

左右、溶氧达(4～5)×10^{-6}时出现最大的有机分解活性。它也能直接利用硝酸盐及亚硝酸盐而净化水质。

芽孢杆菌抗逆性很强,耐高温、耐酸碱、耐挤压,可加工到颗粒饲料中而不改变活性,能调节肠道菌群,维持微生态平衡,能抑制肠道中的大肠杆菌、沙门氏菌等有害菌群,促进乳酸菌成长。由于它能分泌各种消化酶,从而提高饲料转化率和利用率。可提高动物对钙、磷、铁的利用,促进维生素 D 的吸收,菌体随粪便进入水体还可继续起到净化水质的作用。

3.硝化细菌

硝化细菌是一些能将水中有毒的氨氮转化成无毒的硝酸态氮的细菌,其种类较多,形态各异,有杆菌、球菌及螺旋菌,它们都是好氧细菌,适宜在中性和偏碱性环境中生长。其中包括亚硝酸菌属及硝酸菌属两种不同代谢类群,其代谢反应如下:

细菌利用反应产生的能量和水中的 CO_2,制造自身的有机物。铵被硝化细菌氧化成亚硝酸,随后又被氧化成硝酸的反应称为硝化反应。硝化反应最佳 pH 值在 7～9,pH 值降低会影响氨氮氧化,反之 pH 值升高则 NH_3 增加,也会抑制其硝化作用。

硝化作用是一种氧化作用,在溶氧充足的条件下效率最高。硝化细菌在 9～35℃均可进行硝化反应,5℃以下硝化作用停止。通常海水硝化细菌在 30～35℃活性最高,淡水硝化细菌以 30℃最高。

4.酵母菌

酵母菌与细菌不同,它具有真正的细胞核,属于单细胞真菌类微生物,其形态多为圆形、半圆形或圆柱形,直径为 1～5 微米。一般喜欢偏酸性环境,不耐热,致死温度 50～60℃,适温在 20～35℃。大部分酵母菌为发酵性菌,厌氧条件下,淀粉经糖酵解产生丙酮酸,在好氧条件下,产生 CO_2 及 H_2O。在维生素存在情况下也能将硝酸盐还原成氨当作氮源吸收而净化水质,其作用如下:

酵母菌富含动物所需的多种营养成分,其维生素含量比鱼粉高 30 倍,维生素 B 储含量更高,氨基酸含量丰富,而且比例适当,广泛用于

饲料添加和水质调节剂。海洋红酵母等活体酵母因其大小适口，营养丰富，直接应用于育苗池作为海洋动物幼体的开口饵料及饵料动物培养酵母菌的细胞壁含有多种聚糖，由其提取的免疫多糖是有效的水产动物免疫增强剂。

5. 蛭弧菌

蛭弧菌为弧形革兰氏阴性杆菌，广泛分布于水域土壤及动物体内，大小（0.2～0.25）微米×（0.5～1.4）微米，极生单鞭毛，运动活跃。

蛭弧菌是一种寄生于细菌的细菌，能以自身的吸附器附于寄主菌的细胞壁上，并迅速地钻入寄主细胞内，利用寄主的营养生长、繁殖，最后导致寄主菌裂解。蛭弧菌对寄主有选择性，它专以弧菌、假单胞菌、气单胞菌、爱德华氏菌等革兰氏阴性菌为寄主，对致病菌的裂解能力较强，海淡水中均能生长繁殖，pH 值适应范围 3～9.8，生长水温 4～43℃，最适生长水温 20～30℃，在水产品育苗和养成生产上应用效果都不显著。

6. EM 菌制剂

EM 为有效微生物群的英文缩写，在水产养殖业中应用较广泛的微生物制剂由日本比嘉照夫研制，已传播推广到几十个国家。它是由光合细菌、乳酸菌、酵母菌、放线菌、丝状菌五大类菌群中 80 余种有益菌种复合培养而成。各种菌在各自生长过程中产生的有益物质可互为生长基础，并形成共同增殖关系，其组成非常复杂，但性质稳定。在水产养殖上既可作饵料添加剂，也可作水质改良剂直接投放入池水中。在分解有机物，改善生态环境，促进水产品生长发育和防治病害方面均有显著效果。

三、底栖动物对健康养殖的影响

底栖动物包括环节动物、软体动物、甲壳动物和水生昆虫等。在养殖水体中，由于缺乏水草和受到鱼类摄食强大压力的影响，软体动物和甲壳动物难以长时间存在。所以底栖动物由能够钻埋于底泥中或鱼类难以充分取食的寡毛类环节动物和昆虫幼虫等组成。

养鱼池中底栖动物生物量一般低于浮游动物量，通常只有后者的1/5～1/3，有时不及1/20～1/10，只在某些低产鱼池中两者相近或底栖动物生物量高于浮游动物的生物量。

底栖动物也是鱼类喜食的天然活饵料。其中软体动物的螺类、砚类、蚌类是青鱼终生的天然饵料，鲤鱼同样也摄食部分小型的螺类、砚类。水生寡毛类的各种水蚯蚓、水生昆虫的摇蚊幼虫是鲤鱼、鲫鱼、青鱼、草鱼、鳊鱼等多种鱼类的鱼种或成鱼的良好天然饵料，其中各类水蚯蚓还是鲟科鱼类、鲶科和鮠科鱼类鱼苗的良好开口活饵料。然而，它们中也有具危害的种类，如龙虱成虫和幼虫均为肉食性，对鱼苗和小规格鱼种危害很大，其他水生昆虫如蜻蜓幼虫、松藻虫等，有时数量也很大，多属杂食性，消耗氧气，也危害苗种，也属养鱼敌害。即使是螺类、砚类、蚌类，如果利用不好，在池塘中大量存在，滤食细小的浮游生物，使水质清瘦，影响鲢鱼、鳙鱼生长和消耗池水溶氧。有的还是鱼类寄生虫的中间宿主，成为鱼病传播的帮凶。

为了合理利用底栖动物和抑制、杀灭有害种类，一般多采取主养或搭配青鱼、鲤鱼、卿鱼，或者通过施放绿肥、粪肥，为摄食性鱼类鱼种培养底栖天然活饵料。对于有害种类，利用杀虫药杀灭，或用硫酸铜杀灭。

四、高等水生植物对健康养殖的影响

水生维管束植物包括漂浮性植物（紫背浮萍、青萍、三叉萍、满江红、槐叶萍、芜萍、水浮莲、水葫芦等），浮叶植物（芡实、睡莲、杏菜、菱等），沉水植物（菹草、聚草、苦草、轮叶黑藻、茨藻、金鱼藻、马来眼子菜等）和挺水植物（芦苇、蒲草、菖蒲、水花生、茭白、慈姑、水芹等）。

能作为鱼类（草鱼、团头鲂等）天然青饲料的常见种类有紫背浮萍、青萍（小浮萍）、三叉萍，满江红、芜萍、菹草、苦草、轮叶黑藻等。一般精养池塘中水生维管束植物很少，特别是池塘内混养了草食性鱼类后，它

们很难生长或形成优势。若池塘水浅又未放养草食性鱼类，或闲置，就易于生长沉水性植物。一旦各种沉水性植物生长起来，水体营养盐类会被大量吸收，水质清瘦，主要养殖鱼类苗种和鲢鱼、鳙鱼不可能生长良好，苗、种成活率极低。有些种类如值草形成优势，当水温达到30℃左右时，便会逐渐死亡，影响水质。有些种类如水花生、水葫芦适应性相当强，水、陆（潮湿）都能生长，往往由池边、陆地逐渐向开阔水域发展，使水质清瘦，遮挡阳光，显著地降低池塘生产力。

水生维管束植物在浅水湖泊、水库（库湾）、沼泽、下湿地生长量大，种类多。人们往往从中收集水草作为池养草鱼和鳊鱼、团头鲂的青饲料。它们的存在，也是鲤鱼、鲫鱼和团头鲂等产黏性卵鱼类的天然产卵巢。

根据水生维管束植物对鱼类和环境的作用与影响，采取多种方法进行兴利防害或变害为利。如上所述，可采集水草、萍类或培植萍类作为天然青饲料，以降低成本；放养或搭配草食性鱼类，抑制水草生长；人工割除或铁丝拉割水草，以利于培育苗种；即使是水花生和水葫芦也可人工控制其局部生长，以净化池塘水质。还可利用挺水植物制造人工湿地，净化养鱼池内污染和外污染水质；近年来，还利用或人工栽培维管束植物进行大水面的生态修复。

思考题

1. 根据适应水体温度不同，鱼类分哪几类？
2. 水体溶氧的影响因子有哪些？
3. 水体中浮游植物有哪几类？
4. 蓝藻的危害、形成原因与防控措施有哪些？
5. 水体中常见水生动物有哪些？

第三章

淡水养殖鱼类营养需求及饲料配制技术

提　要　本章对淡水鱼类的营养需求、饲料配方优化设计、加工工艺与常用设备、饲料选择与投喂技术进行阐述，以期为养殖者正确地选用饲料有所帮助。

鱼类营养是指鱼类摄取、消化、吸收、利用饲料中营养物质的全过程，是一系列化学、物理及生理变化过程的总称。营养是鱼类一切生命活动（生存、生长、繁殖、免疫等）的基础，整个生命过程都离不开它。20世纪80年代初期，国家把水产动物营养学与饲料配方等研究列入了国家饲料开发项目，开始了我国水产动物营养与饲料学方面的研究。目前，对鲤鱼、草鱼、鲫鱼、斑点叉尾鮰、罗非鱼等主要淡水养殖鱼类的营养与饲料研究具备了一定基础，但由于起步晚、投入少、基础研究薄弱以及缺乏系统的科学研究，大多数养殖品种营养研究不够深入，制约了渔用饲料工业的发展。

发展质量效益型渔业离不开优质高效的饲料，科学的饲料配方是生产优质配合饲料的前提，合理地设计饲料配方是科学饲养鱼类不可缺少的环节。在原料具备的情况下，只有配方合理，才能满足鱼类营养

需求，充分发挥鱼类的生产性能。因此，饲料配方的优化设计受到了人们的高度重视。所谓饲料配方的优化设计是指在满足鱼类营养需求的前提下，如何使单位饲料成本最低或者使单位水产品成本最低，从而获得最大的经济效益。水产动物营养研究与饲料技术的开发是水产饲料工业的基础。因此，我国加强对水产动物营养与饲料的研究和开发十分迫切。

第一节　淡水鱼类营养需求

一、鱼类对蛋白质的需求

蛋白质是生命活动的物质基础，是所有生物体的重要组成部分。鱼体干物质中 65%～75%为蛋白质，鱼的生长主要是饲料蛋白质在体内沉积以构成组织和器官；饲料蛋白质含量过高或过低，都会降低鱼类对饲料蛋白质的利用率，增加鱼体的氮排泄而恶化水质，使水体富营养化；此外，蛋白质在饲料成本中占主要部分。因此，确定鱼类对配合饲料中蛋白质的最适需求量，对鱼类营养研究、饲料生产和水产养殖都极为重要。

对鱼类的养殖实验表明：大多数鱼类蛋白质适宜需求量在 25%～55%；鱼类对蛋白质需求量，一般肉食性鱼类最高，杂食性鱼类次之，草食性鱼类最低；在同种鱼类中，幼鱼高于成鱼。表 3-1 为我国主要淡水鱼类对蛋白质的需求量。

表 3-1 中数值大多采用浓度梯度曲线法。即采用精制饲料，将饲料蛋白分成不同梯度，找出使鱼获最大生长的最低饲料蛋白含量。有些数值可能过高估计蛋白的需求量。如未考虑饲料蛋白的消化情况、饲料蛋白中氨基酸组成以及对饲料总能等。

表 3-1 主要淡水养殖鱼类的蛋白质需求量

鱼类	规格	最适蛋白含量/%	资料
青鱼	鱼苗	41	杨国华,1981
	鱼种	3.0～40	王道尊,1981
	成鱼	35	王道尊,1992
鲤鱼	幼鱼(鱼苗)	43～47	杨国华,1983
	鱼种	35～40	李爱杰,1990
	成鱼	28～34	
草鱼	幼鱼	22.8～27.7	林鼎等,1983
		25～30	杨国华,1983
		41～43	Dabrowski,1977
	鱼种	28～32	黄忠志,1983
团头鲂	幼鱼	25.6～41.4	石文雷,1988
	鱼种	25	杨国华,1985
		21.1～30.6	邹志清,1988
异育银鲫	幼鱼	40	廖朝兴,1990
	鱼种	30	
		39.5	贺锡琴,1990
	成鱼	28	廖朝兴,1990
		30	
罗非鱼	幼鱼	30～35	王基炜,1985
		48.5	手岛,1986

资料来源:李爱杰,1996;Tacon,1990;ACDP,1987。

鱼类对蛋白质的需求水平除了与食性有关,还与鱼类生长环境的水温、溶氧、氨氮等因素有关。一般来说,温水鱼类对蛋白质的需求水平低于冷水性鱼类。如罗非鱼对水温要求较高,25～35℃时生长正常,当水温在 17～13℃以下时不能生长。

影响鱼类蛋白质需求量的因素主要有以下几点:

(1)鱼的种类和大小对蛋白质需求量的影响:由表 3-1 中可以看出不同鱼类对蛋白质的需求量不同。而鱼的生长阶段也影响其蛋白质需

求量。异育银鲫幼鱼的蛋白需求量为40%；鱼种蛋白需求量为30%～39.5%；而成鱼的蛋白需求量则为28%～30%。随着鱼体重的增加，其蛋白质需求量呈下降趋势。

(2)饲粮因素对蛋白需求量的影响：饲料蛋白源的不同会影响鱼类的蛋白质需求量。有人对尼罗罗非鱼进行研究表明，以酪蛋白为蛋白源确定尼罗罗非鱼的蛋白质需求量为25%；而当以鱼粉为蛋白源时，尼罗罗非鱼的蛋白需求量为30%～35%。饲料中蛋白源的氨基酸平衡性以及消化率的不同可能是造成试验结果差异的主要原因。

(3)环境因素对蛋白需求量的影响：水温是否影响鱼类的蛋白质需求量，目前尚无定论。NRC认为水温升高，鱼的摄食和生长增加，由于饲料效率提高，生长率增加幅度可能大一些，但是总的来讲，摄食量和生长率都同步增加。因此，蛋白质需求量不受水温影响。关于水温对蛋白质需求量的影响还需要进一步研究。

二、鱼类对氨基酸的营养需求

饲料只有蛋白质标准，而缺乏氨基酸指标，就不能反映出饲料蛋白质生理价值的高低。因为蛋白质的营养价值是由必需氨基酸的含量决定的。蛋白质由20种氨基酸组成，其中鱼类必需氨基酸有10种，必需氨基酸在体内不能合成或者合成量远不能满足机体的需要，须从食物中摄取。而非必需氨基酸从营养学角度讲并非不重要，它们也是体内合成蛋白质所必需的。在鱼类的日粮中必需氨基酸与非必需氨基酸之间的比例大致是4∶6。所以研制和生产出必需氨基酸平衡的饲料，是目前水产动物营养和饲料领域重要的研究内容。而不同鱼类对必需氨基酸的需求量也是不同的。许多学者分别对鲤鱼、亲鱼、草鱼、团头鲂、异育银鲫等进行了必需氨基酸需求量的研究。表3-2是其中几种鱼类对必需氨基酸的需求量。

表 3-2　几种鱼对必需氨基酸的需求量(占饲料蛋白质含量的百分比)

氨基酸	鲤鱼	青鱼	草鱼	团头鲂	非鲫	异育银鲫
苏氨酸	3.9	3.25	2.8	3.97	3.19	0.79
缬氨酸	3.6	5.2	3.5	5.0	2.9	0.8
蛋氨酸	3.1	2.8	2.6	2.07	1.94	0.52
异亮氨酸	2.3	2	2.8	4.8	2.5	0.7
亮氨酸	3.4	6	5.4	7	5.3	1.4
苯丙氨酸	6.5	2	5.6	4.5	2.9	0.8
赖氨酸	5.7	6	5.6	6.4	6.3	1.6
组氨酸	2.1	2.5	1.8	2.0	1.9	0.5
精氨酸	4.2	6.8	5	6.9	4.7	0.9
色氨酸	0.8	2.5	0.3	0.7	1	0.1
蛋白质含量	38.5	40	28	30	30	

资料来源:李爱杰,1996。

水产饲料中添加限制性的氨基酸可以保证饲料的质量,改善饲料氨基酸的平衡,提高蛋白质的消化利用率。有试验表明,在饲料中添加一定数量的赖氨酸和蛋氨酸可以使饲料中蛋白质含量降低超过2%。

氨基酸还有诱食的功能。除了作为营养添加功能外,氨基酸可以改善适口性、诱食性和提高饲料转化率。Johnson 发现,谷氨酸对草鱼有诱食活性;肉食鱼类对甘氨酸、丙氨酸、脯氨酸敏感,通过添加可以增加机体的摄食量,提高生长速度;混合氨基酸的诱食作用比单一氨基酸的诱食效果要好。具体氨基酸的功能如表 3-3 所示。

随着养殖方式向工厂化、集约化、现代化方向发展,鱼类完全生长于人类控制的环境中,鱼类生长所需的一切要素均取自于人工投饲的配合饲料,这就要求配合饲料必须是全价的。而氨基酸添加剂是配制全价饲料所必不可少的组成成分,这是因为鱼料中各种营养成分很难与鱼类营养需求量相一致,因而在鱼全价饲料中添加必需氨基酸成为必然趋势。

表 3-3　必需氨基酸的功能

名称	一般性质和生物作用
赖氨酸	增进食欲,促进生长发育;促进创伤、骨骼等的治愈;增强对各种传染病的抵抗力
色氨酸	与维生素 B_6 有密切协同关系
蛋氨酸	防止肝脏的脂肪浸润,使脂肪的代谢正常进行,提高肝脏的解毒功能;可构成胱氨酸的母体;苏氨酸对蛋氨酸有对抗作用
亮氨酸	对代谢来说,首先是转移氨基,最后成酰基辅酶 A,合成组织蛋白和血浆;亮氨酸对异亮氨酸起对抗作用
组氨酸	物质的合成,特别是在肝脏内合成;在肠内酶的催化反应中,起着辅酶作用;使血管舒张和血管壁渗透性增强
异亮氨酸	与亮氨酸代谢类似的机制,作为糖源的合成材料;在肝脏、肾脏和心脏中进行各种酶的反应
缬氨酸	作为糖原合成的材料,为神经系统所必需
苯丙氨酸	作为体蛋白、甲状腺素和肾上腺素的合成原料;可转化酪氨酸
精氨酸	在肾脏和肝脏内,由其他氨基酸间接合成,为正常生长、发育所必需
苏氨酸	抗脂肪肝的作用

三、鱼类脂类营养

(一)脂类的作用

作为六大营养素之一,脂类在鱼类营养中有着重要的地位,对鱼类有许多生理功能。

(1)体内贮存和提供能量:1 克脂肪在体内完全氧化可产生 9 千卡能量。

(2)维持体温正常:皮下脂肪组织还可起到隔热保温作用;使体温

达到正常和恒定。

(3)保护作用:保护和固定重要器官免受外力伤害。

(4)内分泌作用。

(5)帮助机体更有效地利用碳水化合物和节约蛋白质的作用。

(6)机体重要的构成成分:细胞膜中含有大量脂肪酸。

(二)脂类的组成

与鱼类营养作用有关的脂类主要是磷脂、胆固醇、甘油三酯、脂肪酸和蜡脂。除了胆固醇和蜡脂以外,其他脂类均由甘油和脂肪酸组成。磷脂的主要脂类有卵磷脂(磷脂酰胆碱)和脑磷脂(磷脂酰乙醇胺),它和胆固醇组成鱼体组织的主要结构脂类,即膜成分,甘油三酯是鱼体内的主要贮存脂,常存在于肝肠系膜、肝脏和皮下组织中,其含量和组成显著受饲料组成的影响。

(三)脂肪酸营养及需求

鱼体中含有丰富的脂肪酸,有的脂肪酸鱼体本身可以合成,有的则不能或合成量很少,远不能满足鱼类生长发育各阶段的需要,必须由外源供给补充,这类脂肪酸为鱼类的必需脂肪酸(EFA),如亚油酸、亚麻酸、二十碳五烯酸(EPA,C20:5ω-3)和二十二碳六烯酸(DHA,C22:6ω-3)等。大量基础营养学研究证实,EFA 缺乏或组成不平衡,会导致鱼类生长及饲料转化率下降,并会引发鱼类多种病理缺陷,严重影响鱼类的正常生长。

EFA 在鱼体内营养生理功能主要有以下几个方面:

(1)仔稚鱼阶段:正是脑神经和视神经迅速生长发育的时期,仔稚鱼需要从饵料中摄取 DHA 等重要营养物质,以满足脑神经和视神经发育的需要。用 DHA 强化轮虫,培育真鲷仔鱼,可显著提高仔鱼在缺氧条件下的应激能力。

(2)EFA 是合成前列腺素的前体物质:具有多种生理功能和代谢功能。同时,EFA 是鱼类繁殖所必需的营养物质。研究表明,饲料

C22:6ω-3 含量对某些鱼(如鲤鱼)的卵子发育有明显影响。

(3)EFA 对类脂代谢特别是胆固醇的代谢具有重要作用:胆固醇必须与 EFA 结合后才能在体内转运,进行正常代谢,缺乏 EFA 会影响胆固醇的正常转运和代谢。

(4)EFA 在磷脂内含量最高:并以磷脂的形式出现在线粒体和细胞膜中,对于维持细胞膜、线粒体膜等生物体膜的正常结构和功能,维持体液输送以及体内某些酶的活性都具有重要作用。EFA 是鱼类生长的限制性因素之一,只有稳定供给 EFA 才能保证鱼类正常生长。

不同鱼类对脂肪酸的利用能力存在差异,而且不同鱼类对必需脂肪酸需求的种类和数量差异较大,如表 3-4 所示。

表 3-4　不同鱼类对必需脂肪酸的需求量

水产动物种类	需求量/%
鲤鱼	1%亚油酸+1%亚麻油酸
虹鳟	1%亚油酸+0.8%亚麻油酸
斑点叉尾鮰	1%亚油酸或 0.5%~0.75%EPA+DHA
尼罗罗非鱼	1%亚油酸+1%亚麻油酸
黄颡鱼	2%EPA+DHA

资料来源:Talcon,1990。

(四)脂肪的营养及需求

脂肪是鱼类生长所必需的一类营养物质。鱼类对脂肪需求没有一个确定的量,在鱼类商业饲料中脂肪适宜含量一般为 6%左右。鱼类饲料中脂肪的最适添加量受多种因素影响,如饲料中蛋白质的质量和含量,其他能量饲料(如糖类)的质量和含量,以及供给的脂肪源质量都会影响饲料中脂肪的添加量。鱼类脂肪的需求量也受到种类、食性、水温等因素的影响。一般而言,肉食性鱼类对饲料脂肪的需求量高于杂食性鱼类,杂食性鱼类又高于草食性鱼类,冷水性鱼类高于温水性鱼类。

在鱼类饲料实际生产中，为了充分发挥脂肪对蛋白质的节约作用，提高饲料转化率、降低饲料成本，加大饲料中脂肪的添加量，使其脂肪水平升高。一方面，不同的鱼类对脂肪的利用率不同，引起了不同的蛋白质节约效果。例如，肉食性鱼类对碳水化合物利用能力差，它以脂肪作为能源而使蛋白质沉积的效果就很明显。另一方面，杂食性鱼类如鲤鱼，脂肪节约蛋白质效果没有碳水化合物效果好，这可能是鲤鱼对能量需求较低，饲料中碳水化合物所提供的能量已足以满足其需要。草食性的草鱼与鲤鱼有类似情况。表 3-5 为主要养殖鱼类饲料脂肪的添加量。

表 3-5 鱼类对脂肪的需求量

种类	规格	需求量/%	参考文献
草鱼	100 克	8	毛永庆等，1985
		3.6	雍文岳等，1985
青鱼	当年鱼种	6.5	王道尊等，1986
	1 冬龄鱼种	6	
	成鱼	4.5	
异育银鲫	2.5～3.6 克	5.1	贺锡勤，1988
尼罗罗非鱼		6.2	
		10	长江水产研究所，1986
	＜0.5 克	10	佐藤，1981
	0.5～35 克	8	
	＞35 克	6	Jauncy 等，1982
鲤鱼	鱼苗苗种	8	Watanbe 等，1975
	幼鱼成鱼	5	Tpouukuu 等，1982
	亲鱼	5	ADCP，1987
斑点叉尾鮰		8	ADCP，1987

资料来源：王武，2000。

四、碳水化合物的营养

碳水化合物是鱼类脑、鳃组织和红细胞等必需的代谢供能底物之一，与鱼体维持正常的生理功能和存活能力密切相关。但鱼类主要以蛋白质和脂肪作为能量来源，与哺乳动物相比，鱼类利用碳水化合物的能力较差，被认为是天生的糖尿病患者。饲料中碳水化合物水平一般低于20%，饲料碳水化合物水平过高会抑制鱼体生长，导致血糖水平持续偏高，免疫功能降低。碳水化合物是鱼类饲料中的一种重要的廉价能源物质，在饲料中添加适量的碳水化合物可减少鱼类对蛋白质的消耗量，减轻氮排泄对养殖水体的污染。

(一)碳水化合物的分类

在营养学上通常把碳水化合物分为可溶性碳水化合物(糖和淀粉)和粗纤维(包括纤维素、半纤维素、木质素、果胶等)两大类(图3-1)。糖和淀粉主要存在于块茎、块根与禾谷籽实饲料中，占碳水化合物总量的60%～70%；纤维素通常与半纤维素、木质素等结合在一起，构成植物细胞壁，故主要存在于籽实皮壳及茎秆中。植物在生长的幼嫩时期，细胞壁主要由纤维素组成，随着植物的发育成熟，细胞壁逐渐木质化，其木质素含量比例增高。

(二)鱼类对碳水化合物的需求

过去一直认为鱼类对碳水化合物的利用能力很差，这在海水鱼和肉食性鱼类确实如此，而杂食性和草食性鱼类则不尽然。饲料中缺乏碳水化合物，其他物质如蛋白质和脂肪将被分解作为能量和合成通常来源于碳水化合物的具有重要生物功能的各种物质，因此在鱼饲料中含有适量的碳水化合物是重要的。

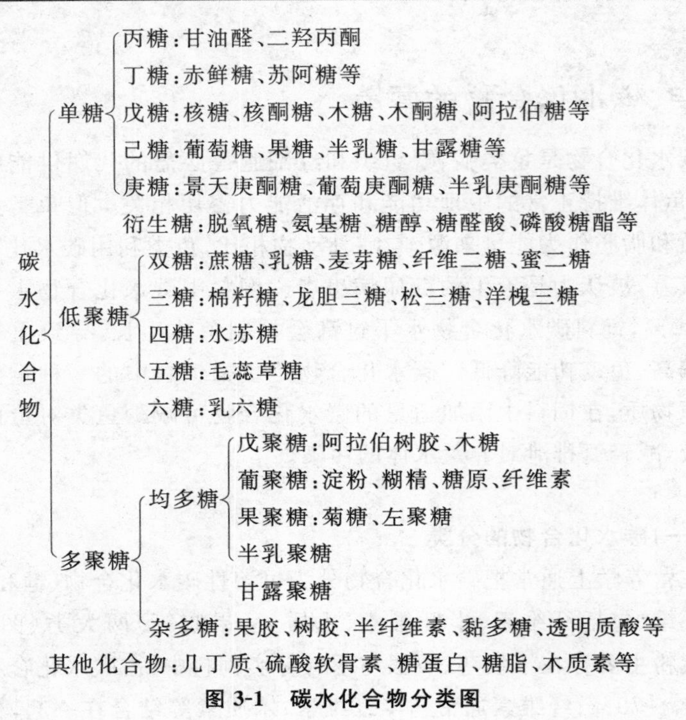

图 3-1 碳水化合物分类图

如表 3-6 所示,不同鱼类对碳水化合物需求量不一样。温水鱼类较海水鱼类和冷水鱼类有更高的需要。食性不同的温水鱼类对碳水化合物需求亦有较大差异,其中以草食性鱼如草鱼最高,其次为杂食性鱼如鲫鱼,再次为肉食性鱼,如青鱼。

(三)鱼类对纤维素的需求

粗纤维是植物细胞壁的主要组成成分,包括纤维素、半纤维素、木质素及角质等成分。细胞壁中纤维素含量越高,细胞壁的致密度就越大。一般鱼类对纤维素不能消化吸收,但是,纤维素能促进肠道蠕动,有助于其他营养素扩散和消化吸收,以及有助于粪便的排出,是一个不可忽视的营养素。饲料中粗纤维对鱼类营养有重要作用,但含量过多

时，则对鱼类生长及营养物质的消化吸收均有影响。表 3-7 为一些学者对鱼类纤维素的需求所作归纳。

表 3-6　鱼类饲料中碳水化合物的需求量

种类	条件	需求量/%	资料来源
青鱼	体重 48.32 克，投喂率 3%	9.5～18.6	王道尊等，1984
		25～35	周文玉等，1988
	鱼种	30	杨国华等，1985
	成鱼	35	杨国华等，1985
草鱼	体重 5.89～7.15 克，投喂率 3%	38	毛永庆，1985
		50	黄忠志等，1985
	投喂马铃薯淀粉	36.5～42.5	麦康森，2003
鲤鱼	体重 7.0 克，投喂率 3%～6%	25	刘汉华等，1991
团头鲂		25～30	石文雷等，1995
罗非鱼		40	麦康森等，2003
异育银鲫	粗蛋白 39.3%	36	贺锡勤等，1985

资料来源：李爱杰，1996。

表 3-7　鱼类对饲料中纤维素的需求量

种类	条件	需求量/%	资料来源
青鱼		8	陈迪虎等，1990
草鱼	体重 5.59～7.15 克，投喂率 3%	15	毛永庆等，1985
	体重 53 克，水温 25～28℃	10	黄忠志等，1983
团头鲂		12	石文雷等，1995
尼罗罗非鱼	体重 5 克，投喂率 5%	14.4	廖朝兴等，1985
异育银鲫	鱼种	12	贺锡勤等，1990

资料来源：李爱杰，1996。

(四)影响鱼类对饲料碳水化合物的因素

影响鱼类对饲料碳水化合物的因素主要有如下八点:①鱼的种类;②饲料碳水化合物水平;③碳水化合物的结构;④饲料中其他营养素的水平;⑤投喂频率;⑥温度;⑦鱼类对饲料组成的适应性;⑧鱼体规格。

五、维生素营养

维生素是鱼类维持正常生理活动必需的五大营养之一。鱼类维生素需求量极小,但维生素大多不能在体内合成或大量贮存于组织中,所以必须经常由食物供给。鱼类对维生素的需求量受多种因素制约和影响,如鱼的种类、规格、水温、养殖方式、饲料及加工贮藏的方法等。在集约化精养中,往往需要添加比较多的维生素。维生素的生理功能主要是调节体内的物质和能量代谢,参与氧化还原反应,如维生素 A 能调节机体体内蛋白质、脂类和碳水化合物的代谢,是鱼类生长发育和维持正常生理功能必不可少的营养素。

(一)维生素的分类

维生素的种类很多,习惯上按其溶解性分为脂溶性维生素和水溶性维生素两大类。脂溶性维生素包括维生素 A、维生素 D、维生素 E、维生素 K,这类维生素均可溶于脂肪和脂肪溶剂而不溶于水,当脂类吸收降低时,脂溶性维生素的吸收也大为减少。水溶性维生素包括 B 族维生素和维生素 C。此外,还有胆碱、肌醇、对氨基苯甲酸硫辛酸等类维生素。

(二)鱼类维生素需求量

维生素在体内不能自身合成或合成很少,必须经常由食物提供。维生素需求受到个体大小、年龄、生长率、应激、疾病或不良环境因素以

及营养物质间关系的影响，因此维生素需要是动态的，在应用表3-8数据时应结合实际生产状况而定。

表3-8　几种主养淡水鱼对维生素的需求量

维生素	草鱼①	青鱼①	斑点叉尾鮰④	鲤鱼④	尼罗罗非鱼⑤	团头鲂⑥
维生素A(国际单位)	5 500	5 000	1 000～2 000	4 000	4 000	
维生素D(国际单位)	1 000	1 000	500	NT	2 000	
维生素E(国际单位)	62	10	50	100	50～100*	
维生素K	10	3	R	NT	10	
硫胺素	20	5	1	0.5	10	
核黄素	20	10	9	7	5	
维生素B_6	4.5～5.5*	7～10**	3	6	10	
泛酸	50	20	15	30	50	50*
烟酸	100	50	14	28	121	20*
生物素	0.5～1.5*	0.5～1.5**	R	1	1	
维生素B_{12}	0.01	0.01	R	不需要	0.05	
叶酸	5	1	1.5	不需要	5	
胆碱	3 000②*	500	400	500	500	100*
肌醇	100	350～450**	NR	440	400	100*
维生素C	600③*	50	25～50	R	100～200	50*

资料来源：1. ①李爱杰，1998。②王道尊，1995。③胡志洲等，1998。④NRC，1993。⑤唐义武，1996。⑥戴祥庆等。2. 带*者为需求量值，**为作者推荐值，R表示尚未确定，NT表示未测定，NR表示不需要。

测定维生素需求量，所采用的标准不同，结果也不一致。一般而言，以酶活性作为评定指标所得的结果与生长曲线测定的需求量相似，而两者一般都低于肝脏最大积蓄为评定指标所测定的结果。总之，确定鱼饲料中的维生素含量是一项十分复杂的工作，很多方面还有待进一步研究。在生产当中是否需要添加维生素、添加什么、添加多少，应根据具体情况具体分析。如鱼类长期对维生素摄食不足或其他原因不能满足生理需要，但添加过多也会引起维生素中毒。因此，在鱼类配合饲料中要正确添加各种维生素，否则会影响鱼类健康和养殖生产。

目前对维生素需求量应注意四个方面：①最小必需量，以预防缺乏症出现为准。②营养需求量，以满足健康生长为准。③保健推荐量，鱼类对不良环境适应、机体损伤和细菌感染后恢复等，均要增加对维生素的需求量，常比上述营养需求量多几倍，但也要考虑到养鱼实践中的经济性。④药理效果期待量，在维生素添加时，必须考虑到加工过程和储存期间的损耗，故某些维生素要适当加大添加量。

(三)维生素缺乏症

鱼类对维生素缺乏的反应较慢。也就是说，鱼类能较长时间在完全没有维生素摄入的情况下生存，一般饲养半个月后生长停止，3 个月后体重下降，同时鱼类缺乏不同维生素时的表现症状也有所不同。

(1)缺维生素 A：皮肤色浅、眼突出、鳍和皮肤出血、鳃盖变形。

(2)缺维生素 D：生长下降。维生素 D 过剩时，鱼生长停滞、不活泼、体色发暗。

(3)缺维生素 E：眼突出、肌营养不良、脊柱前凸、肾及胰脏退化；维生素 E 过剩时，生长停滞、对肝脏有毒。

(4)缺维生素 K：凝血时间延长，伤口愈合慢；过剩时对鱼肝脏有毒，严重时会引起死亡。

(5)缺维生素 B_1：易惊吓、皮下出血、肤色浅。

(6)缺维生素 B_2：消瘦、怕光、易惊吓、皮肤及鳍出血、前肾坏死。

(7)缺泛酸：生长不良、无活力、皮肤出血、眼突出。

(8)缺烟酸：皮肤出血、死亡。

(9)缺生物素：无活力、表皮黏液细胞增加。

(10)缺叶酸：贫血、体色发暗、生长缓慢、发育不良。

(11)缺维生素 B_{12}：贫血和生长不良。

(12)胆碱：缺乏时产生脂肪肝，肝细胞空泡化。

(13)缺肌醇：皮黏膜分泌减少。

(14)缺抗坏血酸(维生素 C)：生长不良，皮肤及鳍出血，抗病力差。

六、矿物质营养

矿物质作为鱼类骨骼的构成成分、血细胞和酶分子的一部分和酶作用中的必需因子，并且在完成渗透压的调节等物质代谢和生理作用的过程中起着重要作用。鱼类和其他动物一样，体内存在的矿物质中包括钙、磷、钠、钾、氯、镁和硫等常量元素，尚有钴、铬、铜、铁、锌、碘、锰、钼、镍、硒、硅、锡、钒和氟等微量元素。虽然还未查明这些矿物质在所有的动物生命现象中是否必不可少，但起码可以认为在鱼类中普遍起了重要作用。

(一)鱼体的矿物质组成

比较研究认为，鱼类对矿物质的营养需求与鱼体的矿物质含量及其组成比例有密切关系。鱼体的矿物质组成因鱼种不同而异，即使在同一鱼种中也会因年龄、季节、栖息环境和饲料的矿物质组成等而有所不同。如鱼体的钙含量因饲料的磷或镁含量而改变，铁或铜的含量因锌的摄取量而变化。就虹鳟而言，孵化后不久体重 0.2 克时，其灰分含量 2%以下，当体重达 1 克以上时，便增至 2%～3%(干样的 9%～13%)，鱼体的钙磷比由 0.19 增至 1.20。骨骼中的钙磷比约为 2，基本上保持定值。鱼体中存在多种矿物质，其中有代表性的鲤鱼的矿物质，组成如表 3-9 所示。

(二)矿物质在鱼体内的生理作用

矿物质的生理功能是多方面的，如骨骼的形成、造血、酶的活性化等均需有矿物质参与。此外，它还与蛋白质一起构成体组织和补充体内成分的消耗。鱼类摄食饲料中的矿物质可提高其对碳水化合物的利用，促进骨骼、肌肉等组织的生长，促进食欲，加快鱼的生长等。各种矿物质在鱼体内所起到的主要生理作用如表 3-10 所示。

表 3-9　鲤鱼的矿物质组成(干样的含量)

鱼体重/克	Ca/%	P/%	Na/%	K/%	Mg/%	Fe/(毫克/千克)	Cu/(毫克/千克)	Mn/(毫克/千克)	Zn/(毫克/千克)
1.80	4.37	2.93	0.57	1.30	0.15	164	6.9	6.4	165
15.0	1.80	1.60	0.38	0.98	0.09	89	1.8	1.7	130
19.0	2.30	1.90			0.11				
19.7	2.20	1.90			0.11				
20.1	2.50	2.00			0.12				
21.0	1.61	1.28	0.31	0.78	0.07	63	4.5	1.3	131

注:引自荻野珍吉《鱼类的营养和饲料》,1980。

表 3-10　各种矿物质在鱼体内的生理作用

元素	主要生理作用
Ca	骨骼和软骨形成,血液凝固,肌肉收缩
P	骨骼形成,高能磷酸酯及其他有磷化合物的构成原料
Mg	脂肪、碳水化合物和蛋白质代谢中大多数酶的辅助因子
Na	细胞间液的主要单价阳离子,参与神经作用和渗透压的调节作用
S	含硫氨基酸和胶原蛋白的必要组成成分,参与芳香族化合物的解毒作用
Cl	细胞中主要的单价阴离子,消化液(盐酸)的成分,与酸碱平衡有关
Fe	血红蛋白、细胞色素、过氧化物等的血红素的必要成分
Cu	血红蛋白中血红素成分,酪氨酸酶和抗坏血酸氧化酶中的辅助因子
Mn	精氨酸酶和某些其他代谢酶中的辅助因子,参与骨骼形成和红血球再生
Co	维生素 B_{12} 的金属成分,防止贫血,参与 C1 和 C3 代谢
Zn	胰岛素结构、功能和必需成分,碳酸酐酶和羧肽酶 A 的辅助因子
I	甲状腺素的成分,调节代谢
Mo	黄嘌呤、氧化酶、氢化酶和还原酶的辅助因子
Cr	参与胶原形成和调节葡萄糖代谢
Se	谷胱苷肽过氧脂物酶的辅助因子,与维生素 E 的作用密切相关
F	骨骼的组成成分

资料来源:Tacon,1990。

大量研究表明，尽管某些元素在鱼体内含量甚微，但其重要的生理作用不容忽视。如铜浓度的改变对肝脏细胞色素氧化酶活性的影响具有显著性($P<0.05$)，而对肝脏羧肽酶A活性影响最大的是钴，其次是锌、铁。矿物质在鱼类体内有的有协同作用，有的有拮抗作用。如锰能促进铜的利用，铜能加速铁的吸收和利用。与此相反，过量锌抑制铁的利用；钼能阻碍铜的吸收。矿物质间的作用相当复杂，而且又相当重要。认识和掌握这些相互促进和制约的关系，无疑对代谢、生理、病理及疾病防治均具有重大实际意义。

(三)鱼类对矿物质的营养需要

鱼类直接从水中摄取各种矿物质的过程已用放射性同位素示踪方法经多次试验后查清。但是用除去某矿物质的饲料喂养鱼时，即使该矿物质溶解于水，鱼也往往出现异常。这说明了单靠水中吸收就可满足营养学需求量的元素是有限的。因此，必须在饲料中添加一定量的矿物质，才能满足鱼类的营养需要。表3-11所示以几种鱼为实验对象所查明的矿物质需求量。

表3-11 主要养殖鱼类对矿物质的需求

矿物质	鲤鱼	罗非鱼	草鱼幼鱼	虹鳟	斑点叉尾鮰
Ca/%	<0.028	0.17～0.65	32.6～36.7	0.24	0.45～1.5
P/%	0.6～0.7	0.8～1.0	22.1～22.8	0.7	0.42～0.50
Mg/%	0.04～0.05	0.06～0.08	1.8～2.0	0.05～0.07	0.04
K/%					
Zn/(毫克/升)	15～30	10	0.44～0.50	15～150	20～150
Fe/(毫克/升)	150	150	4.1～4.6		<30
Cu/(毫克/升)	3		0.02～0.03	3	5
Mn/(毫克/升)	13	12	0.04～0.05	12～13	2.4～25

续表 3-11

矿物质	鲤鱼	罗非鱼	草鱼幼鱼	虹鳟	斑点叉尾鮰
I/(毫克/升)			0.005～0.006	0.6～1.1	
Se/(毫克/升)				0.07～0.38	0.1～0.25
Cr/(毫克/升)				<1.0	
Co/(毫克/升)	0.1		0.04～0.05	0.1	

资料来源：Tacon，1990；李爱杰，1996。

研究表明，饲料中钙磷比以 1∶1 为宜，且鱼类对磷的利用以第一磷酸盐为最佳，第二磷酸盐次之，第三磷酸盐最差。鱼粉作为饲料原料虽然含有较为丰富的磷，但无胃鱼（如鲤鱼）的利用率很差，而有胃鱼（如虹鳟）的利用率很高。像类似情况亦发生在其他矿物质，故不能以总磷量来衡量是否满足需要，须特别注意其利用率。另据报道，鱼类对矿物质的需要还会因水质的改变而发生变化。

（四）鱼类的矿物质缺乏症

尽管鱼类可利用渗透作用直接从水中摄取大量的矿物质，但仍不能满足其生长所需，因此通常尚需在饲料中加以补充，饲料中一旦矿物质缺乏，便会使鱼体出现异常，并造成生理障碍，产生一系列缺乏症。除钙外，其他矿物质缺乏都可引起鱼类发病，其缺乏症状如表 3-12 所示。

表 3-12　鱼类的矿物质缺乏引起的症状

元素	缺乏症状
P	食欲不振，生长缓慢，骨骼异常，头部畸形，脊椎弯曲，体贮脂肪，水分下降，鱼体骨骼含量下降
Mg	生长不良，死亡率高，游泳状态异常，痉挛，骨骼钙增加，脊椎弯曲，肌肉僵直，肾脏结石
Zn	生长不良，死亡率高，皮肤及鳍炎症并糜烂，白内障
Mn	生长不良，骨骼异常，尾基部发育异常
Cu	生长不良，运动迟缓

续表 3-12

元素	缺乏症状
Co	生长不良,低血红蛋白状贫血
Fe	低色素性小球状贫血
Se	肌肉发育代谢异常,死亡率高
I	生长不良,甲状腺功能受阻,鳃的下部出现肿块

钙是天然水体中含有相当溶解量的矿物质,当钙溶于饲养水时,一旦从饲料中除去磷,就会出现明显的缺乏症。然而,除去钙大多数不会产生影响,这可能与鱼类从水中吸收钙的效率高有关。此外,研究证明:鱼类产生某矿物质缺乏时,在饲料添加相应的缺乏元素,经过一段时间的投喂饲养,往往可使其恢复正常。

第二节 饲料配方的优化设计

饲料是发展水产养殖业的物质基础,鱼类维持生命、生长发育和繁殖都需要足够的能量和各种营养物质,而提供这些能量和营养物质的主要源泉就是饲料。从目前水产养殖经济结构的分析来看,以池塘养鱼为例,物化成本约占总成本的80%,其中饲料成本占70%,可见饲料的投入在支出中占有举足轻重的地位。国内外水产业的生产实践证明,在鱼类品种优良和科学管理的前提下,提高饲料效率,降低饲料消耗是提高水产养殖生产效益的关键环节之一。

根据鱼类的营养需要,将多种不同饲料原料,按一定比例均匀混合的产品叫做配合饲料。饲料配方:根据鱼类营养需要、饲料营养价值、原料现状和成本等合理地确定各种饲料的配合比例,这种饲料配比称为饲料配方。一个合理的饲料配方不仅反映组成配方的各种饲料原料间量的关系,而且由于合理搭配使整个饲料发生了质的变化,提高了营养价值，是其中任何单一品种饲料所不能比拟的。饲料配方的优化设计主要包括以下两个方面的内容：一是合理地选择原料，充分满足鱼类营养需要；二是在满足鱼类营养需要的前提下，科学确定各种饲料的配合比例，使单位饲料成本最低。配制的饲料要符合 无公害食品 NY 5072—2002 的要求（附录 4:《渔用配合饲料安全指标限量》）。

一、水产饲料配方设计的原则

1. 科学性原则

水产饲料配方包含了水产动物营养、饲料、原料特性与分析、质量控制等先进知识。饲料配方中各项营养指标必须建立在科学标准的基础之上，满足水产动物对各种营养成分的需要，指标之间具备合理的比例关系，生产出的饲料要具有良好的适口性和利用效率。而饲料的适口性直接影响水产动物的摄食量。例如，菜籽饼适口性较差，在饲料中配比不能过高，若与豆饼、棉籽饼合用，可以提高适口性，做到多种饲料合理搭配，发挥各种营养物质的互补作用，提高饲料的消化率和营养价值。

2. 经济性和市场性原则

在水产养殖生产中，饲料的费用占整个成本的 70%～80%，所以在配合饲料时，要因地制宜，就地取材，精打细算，巧用饲料原料，降低成本，遵循经济、实用的原则。生产中采用高投入高产出或低投入低产出的饲养策略，主要取决于市场。当市场饲料原料价格低廉而产品售价较高时，则应设计高档次的饲料产品，追求饲养效果和饲料转化率；当市场饲料价格坚挺而产品销售不畅、价格走低时，则可设计较低档次的饲料产品，实现低成本饲养，保持一般生产成绩。

3. 安全性和合法性原则

配方设计必须遵守国家有关饲料生产的法律法规，如《饲料和饲料添加剂管理条例》、《中华人民共和国兽药管理条例》、《饲料卫生标准》等。尽量使用绿色饲料添加剂如复合酶、酸化剂、益生素、寡聚糖、中草

药制剂等，提高饲料产品的内在质量，使产品安全、无毒、无残留、无污染，符合营养指标、感官指标和卫生指标。

二、饲料配方设计的依据

饲养标准和饲料营养成分是鱼用饲料配方设计的依据，根据饲料配方生产出的饲料，必须符合或基本符合饲养标准中规定的各项指标要求。表 3-13 为我国有关学者推荐的几种主要养殖鱼类的饲料营养标准。

表 3-13　几种主要养殖鱼类的饲料营养标准　　%

养殖对象		粗蛋白质	粗脂肪	粗纤维	粗灰分	钙	磷
草鱼	鱼种	25	3～8	10	14	0.5～0.7	0.8～1.1
	成鱼	22	3～8	15	14	0.54～0.7	0.8～1.1
鲤鱼	鱼种	32～35	6～8	6	10	0.7～0.9	0.7
	成鱼	30～32	5～6	10	15	0.7～0.9	0.7
青鱼	鱼种	35	6	8	—	0.68	0.57
	成鱼	30	4.5	8	—	0.68	0.57
团头鲂	鱼种	30	5	11	14	1.2	1.1
	成鱼	25	3.5	14	12	0.7	0.6

资料来源：王道尊，1992。

饲养标准是设计饲料配方的重要依据，但也不能机械使用，否则，会导致不良后果。因为任何饲养标准都是有地区性和条件性的。饲料营养成分及营养价值表，同样是设计饲料配方的重要依据之一，因其比较容易查到，这里不再赘述。

三、饲料配方优化设计的方法

常用饲料配方设计方法有，方块法、试差法、代数法及线性规划等多种方式，线性规划是运筹学中被最早提出，理论上也最成熟，应用最广泛的一种优化工具。应用线性规划理论和方法借助计算机实现饲料配方优化的研究，在国际上已有30多年的历史，目前发达国家生产的配合饲料90%以上都是采用性线规划方法和计算机优化饲料配方，这对降低饲料成本，保证配合饲料的质量和养殖业的发展起到了十分重要的作用，也为饲料工业和养殖业带来了巨大的经济效益。所谓的最优化问题通常是指，在一定的条件下如何通过合理的调配，使生产或整个系统处于最佳状态，或者使产量最高、费用最省；或者使某种经济技术指标达到最大。

这类问题的解答通常需要经过以下几个步骤：①建立数字模型；②确定模型中的目标函数；③根据实际问题，确定模型中的约束条件；④根据原料的营养成分和市场价格，确定模型中各参数的数值；⑤调用求解线性规划的工具，进行求解，得到最优解；⑥分析这些最优解值，如果这些数据合理，采用这些数据；否则，修改参数值或约束条件重新求解。

1.建立线性规划模型

饲料配方优化设计的标准数学模型为：

目标函数：

$Z_{\min}=C_1\times X_1+C_2\times X_2+C_3\times X_3+\cdots+C_n\times X_n$

约束条件

$A_{11}\times X_1+A_{12}\times X_2+A_{13}\times X_3+\cdots+A_{1n}\times X_n(<=,=,=>)B_1$

$A_{21}\times X_1+A_{22}\times X_2+A_{23}\times X_3+\cdots+A_{2n}\times X_n(<=,=,=>)B_2$

………………

$A_{m1}\times X_1+A_{m2}\times X_2+A_{m3}\times X_3+\cdots+A_{mn}\times X_n(<=,=,=>)B_m$

$X_j>=0(j=1,2,3,\cdots,n)$

$X_1,X_2,\cdots,X_n$ 是一组决策变量(饲料中各种原料的含量)，它们是模型中可控制因素，也是用户希望通过线性规划确定他们的最优值。

A_{ij} 表示第 j 种原料 X_j 中每单位含有第 j 种营养为 A_{ij} 单位。

$C_1,C_2,\cdots,C_n$ 是一组价值系数，代表各种原料的价格。

Z_{min}表示要求目标函数达到最小值。

约束条件组中右边的常数量 B_1,B_2,B_n 代表每一个约束条件的可使用资源值,这里指饲料中各种营养成分的含量要求。

每一个约束条件中的运算符合可以是<=,或>=中的任意一个,究竟取哪一个,要根据被约束的具体对象而定。

2.构造模型时,应注意的问题

决策变量的选择是构造良好数学模型的第一步,每一个决策变量代表影响解决问题的一个重要因素。原料中含有的各种营养成分很多,有些营养成分在原料中的含量很少。可以暂不考虑这些成分,这样做可使问题更集中,也可简化数学模型。

在最优化模型中,必须有约束条件,而且,这些约束条件常常是相制约的,在解决实际问题时,影响决策的因素很多,我们只能抓住制约问题的主要因素,把它们写入约束条件中。

模型中的各个参数值,必须来源于实际,要求尽量真实准确,否则可以导致计算结果变得毫无意义。

四、饲料配方设计时应注意的问题

1.配方营养水平的控制

饲料原料所含营养成分的高低、营养价值的好坏决定配方饲料的优劣。各种饲料原料营养物质的含量、产地、加工方法都影响饲料营养成分的含量,同时对同种水产动物的消化利用率的影响也大不相同。氨基酸平衡的饲料可提高蛋白质的生物学效价和营养价值,节约蛋白饲料用量。饲料中钙、磷比例要适当,钙、磷比例失调可引起发育不良等症状。各种营养元素间存在的不同相互关系,在制定配方时应予以考虑。在设计配方时,应参照《中国饲料成分及营养价值表》,并结合原料抽样实测指标(干物质、粗蛋白、钙、磷、赖氨酸、消化能等)来调整。在取得准确数据基础上,精密制订出配方。此外,由于多种因素的影响,要求饲料配方中各种营养成分同时达到“标准”是不可能的,在设计配方时应注意水产动物对营养物质的优先需要顺序。

2. 某些原料的限用

限用料主要考虑两个方面，其一是料中含有不良因素，如棉籽饼（粕）含有游离棉酚，不但对动物有毒，且还能与饲料中赖氨酸结合，影响蛋白质的营养价值，去毒处理后可适当使用，当饲料中的游离棉酚和硫葡萄糖苷含量达到400毫克/千克时，鲤鱼会产生可观察到的中毒症状；当以棉粕或菜粕作为唯一饲料单独饲喂草鱼时，12周后草鱼死亡率上升。其二，杂粕中蛋氨酸、赖氨酸含量较低，氨基酸组成不平衡，大量使用易造成鱼类必需氨基酸摄入不足，影响鱼类的正常生长。因此，在设计配方时应尽量选用适口性好、易于消化吸收、生物学效价高的饲料原料，如鱼粉、豆粕等；少用适口性差、难以消化吸收的饲料原料，如菜籽饼（粕）、棉籽饼（粕）等。

3. 配方的经济性和质量

鱼类是需高蛋白的动物，低（值）蛋白饲料增大了非生产性的维持需要消耗，降低了蛋白质利用效率。而且低（值）蛋白饲料的饲料系数高，大量废物排入水中污染水质，降低溶氧，亚硝酸盐的含量升高，降低血红蛋白的载氧能力，使饲料在鱼体内的转化能力降低，增大了发生病害的可能。

由于饲料系数高，在一定程度上，低（值）蛋白饲料所能降低的只是饲料单价，而单位养殖产量的饲料成本（每千克鱼的饲料成本）往往高于高（值）蛋白优质饲料。因此，要因地制宜地尽量选用营养丰富而价格低廉的饲料进行配合，不能只追求利润，以降低饲料质量为代价，导致生产性能下降。

4. 水产饲料数据库资料的累积与更新

饲养标准和原料的有关参数是设计配方的基础，我国目前已经颁布了鲤鱼、草鱼和尼罗罗非鱼饲料以及虾、鳗鱼等配合饲料的营养标准，对饲料的各种营养指标提出了较为详细和科学的推荐值，为设计配方提供了参考标准。

了解饲料原料中各种营养素的含量和可利用值对设计准确合理的

饲料配方是不可缺少的,《中国常用饲料成分及营养价值表》中有常用饲料的营养成分,但缺乏鱼、虾饲料的可利用价值的数据,导致可消化能、可消化蛋白及脂肪酸等重要的营养控制指标未能很好运用,大大降低了配方精度。因此,水产饲料设计者要收集零星散落于文献资料中的相关数据,并结合自己的经验对该数据判断、取舍,应用到配方设计中,且根据生产中的反馈信息不断改进,使配方不断完善,饲料品质不断提高。

饲料配方的制订是理论与实践的结合,最终用于实践的过程。配方制定后必须经生产检验,在实践中不断完善,才能真正发挥其作用。

五、主养淡水鱼类配合饲料配方

下面介绍国内主要养殖淡水鱼类的饲料配方,以供参考。应结合本地的实际情况,进行选用。

1.草鱼配合饲料配方

(1)配方一:米糠 40%、麸皮 38%、豆饼 10%、鱼粉 10%、酵母粉 2%,该配方饵料系数为 1.9;如另加青饲料,则饵料系数为 2.2。该配方由珠江水产研究所提供。

(2)配方二:稻草粉 80%、豆饼 10%、米糠 10%,该配方由长江水产研究所提供,饵料系数为 4.9。

(3)配方三:玉米料粉 70%、鱼粉 10%、豆饼粉 15%、麸皮 5%,其添加物和黏合剂为:甘薯 12%、食盐 0.5%、复合维生素 2%、磷酸氢钙 2%,饵料系数为 4.8。该配方为山东水产学校研制。

(4)配方四:甘薯藤粉 80%、豆饼粉 15%、麸皮 5%,其添加剂和黏合剂是:甘薯粉 12%、食盐 0.5%、复合维生素 2%、磷酸氢钙 2%,饵料系数为 4.5。该配方为山东水产学校研制。

(5)配方五:鱼粉 5%、豆饼 33%、麦麸 26%、淀粉渣 12%、松针粉 7%、矿物质 2%、油脂 1%、粗蛋白质含量 25%、饲料系数 2.1。该配方由湖北省水产研究所提供。

2.鲤鱼配合饲料配方

(1)配方一:麸皮45%、豆饼40%、大麦10%、鱼粉5%,添加复合维生素、无机盐、赖氨酸、蛋氨酸适量,饲料系数为2。该配方由北京市水产科研所提供。

(2)配方二:麸皮45%、鱼粉30%、豆饼15%、大麦10%,添加剂量同配方一,饵料系数为2。该配方由北京市水产科研所提供。

(3)配方三:豆饼50%、鱼粉15%、麸皮15%、米糠15%、复合维生素1%,无机盐、抗生素下脚料各1%、黏合剂2%,饵料系数为2.7。该配方由上海市水产科研所提供。

(4)配方四:鱼粉30%、蚕蛹12%、豆饼10%、芝麻饼5%、米糠10%、麸皮10%、小麦粉15%、玉米5%、油脂1.5%、添加剂1.5%、粗蛋白质含量37%、饲料系数为1.92%。该配方由湖北省水产研究所研制。

3.青鱼配合饲料配方

(1)配方一:干草粉40%、蚕蛹30%、菜饼10%、大麦20%,饵料系数为3。该配方由浙江淡水水产研究所提供。

(2)配方二:青干草40%、棉饼30%、豆饼10%、菜籽饼5%、蚕蛹5%、鱼粉5%、元麦5%,饵料系数为3。该配方由上海水产学院提供。

(3)配方三:豆饼47.5%、鱼粉35%、酵母1%、无机盐等16.5%,饵料系数为2.26。该配方由上海市水产科研所提供。

(4)配方四:棉籽饼40%、豆饼20%、大麦20%、蚕蛹20%、蛋粉2%、食盐1%、粗蛋白质含量为35.3%,饲料系数为2.44。该配方为浙江省淡水水产研究所提供。

4.罗非鱼配合饲料配方

(1)配方一:麦麸30%、豆饼35%、鱼粉15%、玉米粉5%、槐树叶粉5%、大麦8.5%、生长素1%、食盐0.5%,粗蛋白质含量34.6%,饲料系数2.03。该配方由长江水产研究所研制。

(2)配方二:鱼粉8%、豆饼5%、芝麻饼35%、米糠30%、玉米8%、

麦麸12%、矿物质2%、粗蛋白质含量27.9%,饲料系数2.4。该配方由湖北省水产研究所研制。

(3)配方三:鱼粉10%、肉骨粉10%、豆饼35%、麸皮25%、干豆渣20%,饲料系数2.06。该配方由北京食品研究院研制。

5.团头鲂配合饲料配方

(1)配方一:鱼粉4%、豆饼29%、菜籽饼14%、大麦粉26%、麸皮24.5%、植物油3%、矿物质1.5%,粗蛋白质含量为27.2%。该配方由上海市水产研究所研制。

(2)配方二:鱼粉2%、豆饼30%、菜籽饼35%、麸皮10%、混合粉19%、无机盐4%、粗蛋白质含量27.8,饲料系数1.92。该配方由上海水产大学研制。

(3)配方三:鱼粉2%、黄豆粉15%、芝麻饼15%、棉籽饼10%、麦麸13%、稻谷粉30%、食盐0.5%,粗蛋白含量23.9,饲料系数2.5。该配方源自湖北省宜昌。

第三节　配合饲料加工工艺及常用设备

一、水产饲料加工工艺

水产饲料大约需经过清理、粉碎、混合、调质、成形、颗粒后熟化、外涂七个或其中几个工段加工,才能成为到达养殖户手中的成品。在各个工段中,水产饲料生产对设备及加工参数有以下要求。

1.清理

在清理工段,由于水产饲料加工中颗粒原料如玉米、大麦等用量较少,而鱼粉、饼粕等粉状或细小粒状原料用量大,清理工段中必须加强粉状原料的清理。一方面要保证粉料清理设备的清理效率,另一方面要保证粉料清理设备的生产能力。粉料清理工段的实际生产能力不单受粉料清理设备的机型影响，如果清理设备前后的自流管、料仓、输送机械等设置不当也会使清理工段的生产能力下降，严重时甚至导致清理工段无法工作。

2.粉碎

较大型水产饲料厂的粉碎工段可采用二级粉碎。先进行常规粉碎，而后再微粉碎，以减小微粉碎机的工作压力，并降低粉碎引起的物料温升。在常规粉碎与微粉碎之间进行物料分级，仅让细度不合格的部分进入微粉碎机，以提高粉碎产量，降低粉碎能耗。采用二级粉碎，增加了粉碎工段的灵活性。当生产某些对原料细度要求不高的成鱼饲料时，就可单独用常规粉碎机来进行生产。一些中、小型水产饲料厂为缩短工艺流程，减少设备投资，也可采用一台微粉碎机进行粉碎。不管采用一级粉碎还是二级粉碎，在微粉碎机后设置分级设备组成循环粉碎，对提高微粉碎产量、控制粉碎细度、防止物料过热等都有益处。

物料经微粉碎后，细度比畜禽料小得多，同种物料，粉碎得越细小，其流动性越差。如正常水分条件下：玉米的休止角为20°，粗玉米粉休止角为30°，细玉米粉休止角为35°；小麦休止角为25°，小麦粗粉休止角为28°，小麦细粉休止角为40°。诸如鱼粉、肉骨粉等的休止角可达60°以上。要使存放这些物料的配料仓具有良好的放料特性，仓体的防结拱设计相当重要。对于水产饲料配料仓，可采用以下措施来改良物料的放出特性，如尽量增大仓底角，采用底部不对称仓、曲线形仓或双截仓，设仓内嵌入体等。以上方法如仍不能奏效，则可采用助流装置，如振动助流器、气流助流器等。

经微粉碎的物料，不管采用怎样的防结拱措施，如管理不当，仍有发生严重结拱的可能。在管理上应特别注意两点：一是避免高水分物料入仓，物料水分的增加与物料的休止角呈正相关，一些高水分细粉末的休止角几乎接近90°。水产饲料中有时含有一些鲜湿的糟渣、鱼品加工厂副产品等，如过早与其他粉状料混合后入仓，就很难从料仓中顺利放出。二是尽量缩短物料在仓中的存放时间，经微粉碎后的物料表

面积增大，易于吸收空气中水分而使其流动性变差；此外，仓中下部物料受上部物料重力作用的时间越长，被压实的程度越高。物料压实后，物料强度增高，成为流体而自由流动的能力就下降。为此，单班生产的水产饲料厂要避免物料在仓中过夜，三班连续工作的饲料厂对易于结拱的物料应采用"小批多次"的进料方式。

对于专门生产水产饲料的工厂，可考虑采用"先配料后粉碎"工艺。与"先粉碎后配料"工艺不同的是："先配料后粉碎"工艺将众多的配料仓置于粉碎之前。配料仓中存放的是未经粉碎的颗粒原料或粗粉料，仓中物料的流动性明显好于粉碎后的物料。同时，未经粉碎的原料容重大，提高了配料仓的容量并使配料仓利用率更高。一些水产饲料厂使用该工艺的结果证明："先配料后粉碎"工艺为减少料仓、避免配料仓结拱带来了很大的便利。水产饲料厂应加强设备的密封性能，同时安置有效的回风管和吸风装置。

3. 混合

粒度细小的物料流动性差，如混合过程中加入液态料或高水分料，流动性会更差。流动性差的物料需要较长的混合时间才能混合均匀。采用普通的螺带式混合机，3～4 分钟可将畜禽料混合均匀，但生产水产饲料时则需混合 4～5 分钟。但流动性差的物料一经混合均匀，其输送、仓储等加工过程中产生自动分级的现象就比较和缓，物料均匀性较为稳定。

4. 调质

水产饲料厂所用的调质器有以下几种，可根据原料状况和产品要求进行选择。

(1)单轴桨叶式调质器：单轴桨叶式调质器是国内外饲料加工中使用最早、最广的调质器。粉粒在调质器内吸收蒸汽，并在桨叶搅动下进行两个方向的运动，一是绕轴转动，二是沿轴向前推移，各粒子的运动轨迹近似于螺旋线，由于物料仅有两个方向的运动，因此，必须以较快的移动速度向前推进，否则粘壁滞留将大幅度增加。一般前进速度为 0.1～0.2 米/秒。粉料过快地向前推进，限制了物料的调质时间及蒸

汽与粉料的混合均匀性。现用的单轴桨叶式调质器有效调质长度一般为2～3米。物料调质时间10～30秒,调质作用力相对较弱。此外,单轴桨叶式调质器对物料的推进方式制约了调质器内物料“先进先出”的可能性,“粘壁滞留”是单轴桨叶式调质器的另一缺陷,各部分物料在调质器内的停留时间有较大差异,导致调质不均匀。

水产饲料加工中要求有较高的调质强度。很多水产饲料厂将两条或三条单轴桨叶调质器串联使用,使调质时间达到1分钟左右,无疑其效果比单条调质器好。

(2)双轴桨叶式调质器:为增强调质作用,在单轴桨叶式调质器的基础上又发展出双轴桨叶式调质器。物料的径向运动路线由仅是绕轴旋转发展为既有绕轴旋转,又有两轴间穿插。运动路线呈“8”字形。与单轴调质器相比,物料的径向运动路线大为增加。径向路线的增长,使物料轴向移动的速度有更宽的可变范围。调质器有限长度仍为2米左右,但物料的调质时间可在十几秒至3分钟内可调,长时间的调质使物料的软化、油脂的吸收、营养素可消化率提高等有利作用更为充分。同时,具有较高相对运动速度的两桨叶能相互“洗刷”,使这一类型的调质器有很强的“自洁”能力,有效避免了物料的粘壁滞留现象,使物料得到较均匀的调质。

(3)调质罐:含粗纤维高或液体组分添加量大的饲料进行调质时,希望有更长的调质时间。这种状况下采用调质罐效果更好。蒸汽或加入的液体料经普通单轴调质器混合后进入调质罐。罐内保持一定的温度(90℃左右),有些调质罐并能保持一定的压力。调质罐中物料受刮板搅动并逐层下移。整个调质过程连续进行,物料的调质时间可达10～20分钟。

(4)重复制粒:通过两台制粒机串联,第一台制粒机采用大孔、薄壁压模,将物料与压模、压辊的摩擦热和压力加到饲料上,使饲料迅速升温和密度升高。第一台压粒机压出的颗粒立即通过第二台颗粒机再次压制。第二台颗粒机的模孔壁较厚,使颗粒的紧密程度、温度进一步上升。这种重复制粒工艺中的第一台制粒机实际上起着调质作用。对于

水产饲料，这种工艺的产品有较好的耐水性，对于粗纤维含量高的配方，这种工艺仍能制得质量较好的颗粒饲料。

5.成形

制作硬颗粒时，颗粒的结构紧密有利于颗粒耐水性的提高。提高颗粒产品紧密度的有效方法之一是增加压模孔的长径比。生产普通禽畜饲料，通常采用的模孔长径比为(6～10)：1，但生产鱼虾饲料时，常采用(10～12)：1的长径比，如采用某些特殊原料或制造幼小鱼虾饲料，模孔的长径比需要大至(12～16)：1。

不同的成品要求及原料状况下，亦应考虑采用不同的挤压机机型，双螺杆优于长单螺杆，长单螺杆优于短单螺杆。

采用普通颗粒机或挤压机所得到的颗粒直径常大于或等于1.5毫米。美国最近采用一种新工艺制取直径为0.5～1.5毫米的颗粒，以适应幼小鱼虾的需要。本工艺中，先采用挤出机制取小直径的软颗粒。由于颗粒直径太小，在出机时如立即将其切短，颗粒与颗粒在切口处会黏成一团。采用特殊的旋转齿盘，将长条形颗粒剪切成长度合格的小颗粒，再经冷却干燥后，得到适合幼鱼、幼虾的开口饵料。

国内生产幼鱼及幼虾饲料常先生产直径2.0毫米的颗粒，而后用破碎机破碎成小颗粒。这种小颗粒呈不规则型，且在破碎过程中产生较多的碎末。为提高生产率和产品的均匀性，水产饲料生产中采用的颗粒分级筛常需多层筛面，使破碎后的颗粒按粒度进行几种级别的归类，以得到适合不同规格鱼虾的饲料。

6.硬颗粒后熟化

后熟化器有加蒸汽和不加蒸汽两种。不加蒸汽的后熟化器使刚出颗粒机的物料有一保温、保湿过程。在此期间消除压制过程中产生的颗粒内应力，阻断毛细管通道，并进一步对颗粒料进行水热处理，从而提高颗粒耐水性。制取普通鱼饲料，采用不加蒸汽的后熟化器已能奏效，但要生产虾饲料则需加强后熟化作用，有必要采用加蒸汽的后熟化器。物料经后熟化后，耐水性将会明显增高，但受压模孔壁磨擦作用而得到的光洁颗粒表面受到水汽的侵蚀，产品表面将失去光泽而显得毛糙。

7. 外涂

国外使用较广泛的外涂机有转盘式、滚筒式和自流式3种类型，其共同点是在颗粒下落过程中，将成雾状的液体料喷向颗粒，使颗粒与雾滴在空中接触。

外涂机的主要技术要点为：一是使液体尽量雾化，雾化的液滴越小，液体在颗粒中的分布越均匀，要做到这一点，喷雾头的设计非常重要。二是颗粒料和液体料的重量匹配。外涂过程是一个连续操作过程。颗粒料和液体都在不停地流动。液体料的流量可控制泵的转速及阀门的开启度来进行控制，但颗粒料的流量有很大的随意性，如颗粒料中粉末的多少，颗粒的直径、长短、比重等都是影响流量变化的因素。很难保证颗粒料以一个恒定的流量向前移动。为了保证颗粒与液体的重量匹配，由颗粒的重量来控制液体的喷量。由于是连续作业，颗粒的称量工作以极高的频率反复进行，一些设备做到每分钟测定800次瞬时流量，将所测数值通过专用计算机软件处理后控制液体加入量。采用这种匹配方法，最小喷量已可达到万分之一，在1吨颗粒饲料中可均匀喷入100毫升液体添加料，配比准确度达到2%，并可同时加入多种液体。

二、水产饲料主要加工设备

1. 粗细粉碎机

具有国际先进水平的优胜88水滴型系列粉碎机，带有自清式磁铁的叶轮式喂料器或带式磁选喂料器，可根据粉碎机电机的负荷大小自动调节进料量，确保粉碎机满负荷工作。粉碎室采用二次打击粉碎设计，可提高产量15%，使粉碎粒度更均匀。改变锤片在转子上的位置，可形成两种锤筛间隙，分别适用于普通粉碎和细粉碎。

2. 微粉碎机

生产对虾、甲鱼等特种水产饲料时，主要是粉碎鱼粉，其粒径要求

更细小，应选用微粉碎机。

微粉碎机按机型结构分为配有微细分级机的有筛型微粉碎机（如SWFM 60×36马蹬锤型）和自带风力（气流）分级器的无筛型微粉碎机（如SWFL系列立轴式微粉碎机、SWFM系列无网微粉碎机）。

选用无筛微粉碎机或带气流分级器的无筛微粉碎机，可排除筛板影响，产量比有筛的高。有筛的要另配微细分级机，在工艺设计上要组合布置，且占地面积大。自带气流分级器的微粉碎机，将微粉碎机与分级器组合成整体，可省掉回料处理，便于安装，且料温低、电耗省。

微粉碎机的气流分级器由分级室、转速可调的转子及调节风门等组成。工作时，系统中高压风机产生的气流将微粉碎机粉碎过的粉料吸入分级器。在分级室内，物料随高速气流作回旋运动，依据每一物料的自重进行分级。将分级器的调节风门开大，微粉碎机的吸风量就增加，粉碎料的粒径随之增大。相反，粉碎料的粒径随之减少。

分级器转子的转速通过调频（速）电机来控制，但调速范围是一定的，SWFL立轴式微粉碎机的调速范围为245～2 450转/分钟，SWFM无网微粉碎机的调速范围为120～1 200转/分钟。转速加快，粉碎料的粒径就减小。相反，粉碎料的粒径就增大。

3. 高效混合机与油脂添加系统

SSHJ系列双轴桨叶混合机由两个旋转方向相反的转子组成，利用两转子交叉重叠处形成瞬间失重的原理，使物料在机体内全方位复合循环翻动，广泛交错无死角，从而达到均匀扩散混合。混合过程柔和，不产生偏析，不含破坏物料的原始物理状态，混合周期短，混合均匀度高。混合时间为60～150秒时，变异系数CV值≤5%。出料采用底卸式大开门结构，排料迅速无残留，出料门密封可靠，无漏料现象。

生产水产饲料用的混合机大多配备油脂添加系统和压缩空气喷吹系统。添加的油脂主要是大豆油、菜籽油和鱼油。添加量根据水生动物的品种和饲料原料来确定。添加油脂的目的是：增加饲料的能量值，使鱼体长得更肥满；增强对水溶性维生素的保护作用。

4. 强熟化调质器

调质是指对物料进行水热处理，使淀粉糊化、蛋白质变性、物料软化、便于制粒，改善饲料的适口性和水中稳定性，提高其消化吸收率；并杀灭各种有害菌，降低能耗，减少环模和压辊的磨损。根据国内外制粒机的实际使用情况，目前调质时间一般在10～30秒。延长时间可通过以下方法实现。

(1)降低调质轴的转速：当调质轴转速在200～450转/分钟时，物料基本充满筒体上部，调质时间短，调质效果差；当转速在小于200转/分钟的某一转速时，物料基本上是搅拌输送，充满系数高，调质时间长，便于提高颗粒的质量。

(2)改变叶片的安装角度：一般在出厂时叶片的安装角度为常规设计角度，实际使用时可根据需要进行调整。调整的方法是：松开浆叶的紧固螺母，扳动或敲打叶片，按需调整，然后再拧紧紧固螺母。一般90°时充满系数大，调质时间最长，进料口一般为45°，末端2～3片改为0°，其目的为匀料和改变流动方向。

(3)增加调质筒体长度：对于某一安装角，筒体越长，调质时间越长。由于单层调质筒体长度一般不超过4米，目前常采用多层调质器，一般采用三层，总长可达9米，调质时间可达2分钟。

提高蒸汽调质效果还有以下方法：

(1)提高蒸汽品质：对蒸汽品质的要求主要有以下三点：①进入调质器的蒸汽应是干饱和蒸汽；②根据原料和配方不同应选用合适的蒸汽压力；③蒸汽的压力一般为0.2～0.4兆帕，制粒过程中蒸汽压力波动不大于0.05兆帕。蒸汽添加量一般为制粒产量的4%～6%，若蒸汽添加量小，达不到一定的温度，物料的熟化度低，压辊和环模的磨损大，制粒产量低，粉化率高，颗粒表面粗糙；若蒸汽添加量过大，则容易导致环模堵塞，影响生产，同时温度过高，易造成局部物料过热，从而影响颗粒的质量。

(2)选用多层叠加组合型夹套强调质器：此类调质器的夹套之间加入蒸汽起保温作用，能有效减少热损失，提高调质后的粉料温度，冷凝

水由出水口排出机外;同时由于可选用多层夹套调质筒体,因而延长了调质时间,物料与蒸汽能充分接触混合,有充分的时间吸收水分,且在温度和水分的共同作用下,提高熟化程度。

(3)选用双轴差速调质器:此类调质器壳体由直径不同的两个大半圆筒体焊接而成,并带有清理门和液体、蒸汽添加口。由于双轴作转速不等、旋向相反的差动运动,使物料和蒸汽、液体在桨叶叶片的搅拌下从两个搅拌轴中间向上抛起并形成对流,充分剪切交错和混合,双调质轴中一轴起输送作用,另一轴起混合搅拌作用,物料调质时间最长可达180秒,淀粉熟化程度高。

与膨胀器组合使用进行二次制粒,此时膨胀器仅为高温强调质器使用。制粒机主机和膨胀器组合使用,可生产三种不同成品的料:膨胀料、颗粒料和膨胀颗粒料。物料经喂料、调质、膨胀器螺杆螺套的强烈挤压和剪切,形成短时间的高温高压。由于强烈的挤压、剪切及高温,促进淀粉的熟化,再经制粒机模辊强烈挤压成形,淀粉熟化程度进一步提高。

选用调质密压机进行二次制粒。调质密压机采用双层夹套调质筒体,夹套内加蒸汽起保温作用,减少热损失,提高调质温度。调质筒体上设有多个液体、蒸汽添加口,有效增加液体的添加比例。物料经充分调质后进入调质密压机上的环模和压辊,经初步挤压后进入压制主机,再经模辊强烈挤压进行二次制粒形成颗粒料。

压力调质器采用双层夹套调质筒体,夹套内加蒸汽起保温作用,减少热损失。压力调质是指粉料在一定压力下进行调质,物料与蒸汽充分接触混合,有充分的时间吸收水分,且在温度和水分的共同作用下,熟化程度高。

卫生调质器采用双层夹套调质筒体,夹套内加蒸汽起保温作用,减少热损失,保持和提高粉料温度,调质轴采用满面式螺带,起输送作用。由于调质轴转速低而又有高温保温蒸汽的共同作用,物料调质时间最长可达 6 分钟,粉料温度可达 95℃,能基本杀灭沙门氏菌等各种有害菌。

蒸汽使用的一般原则是：高压输送，低压使用。由锅炉产生的0.6～0.8兆帕饱和蒸汽，被高压输送到制粒机旁的分汽缸中。输送管路必须保温和设置疏水阀，而且锅炉尽可能靠近主车间，一般不超过30米。完整的蒸汽管路包括分汽缸、疏水器、减压阀、汽水分离器、截止阀、安全表、压力表、过滤器、观视镜、检查阀等附件。

5. 环模制粒机

主要生产硬颗粒饲料，适用于底栖鱼类或虾类。水产颗粒饲料最好不要破碎，破碎后颗粒表面粗糙，易于吸收水分而溃散，而直接压制成的小颗粒，外表光洁，不易被水侵蚀，提高了颗粒在水中的稳定性。制粒机要求切刀机构固定在箱体上，方便观察和定位，而且打开门盖时无需退出切刀机构，环模模孔孔径一般为Φ1.5～3毫米，长径比一般为(1∶10)～(1∶30)(可根据用户需要而改变)，切刀紧贴环模的外表面，确保环模能一次出料。

6. 膨化挤出机

膨化饲料不仅因为淀粉的胶凝糊化作用，也因为熟化具有明显的消毒、杀菌作用，故在水产养殖中应用既可降低饲料成本，又可改善工艺特性。

在膨化过程中物料的温度有所增加，其中一部分是膨化机的螺旋、物料及壳体之间的摩擦产生的，另一部分是由蒸汽直接或间接加热产生的。摩擦作用可以改变原料的细胞结构，膨化使淀粉的营养性提高10%，而使颗粒的粉化率降至最低程度(2%以下)，使产品更加容易被动物所消化吸收。

大豆(豆粕)中含有胰蛋白酶抑制因子、抗血凝聚因子、抗维生素因子以及尿素酶等活性物质，这些物质妨碍动物对蛋白质的消化吸收，妨碍动物的正常生长发育。经过膨化，对抗营养因子的破坏率达90%～100%，提高了饲料的转化率，从而可用植物蛋白代替动物蛋白，降低饲料成本。

用SPHS168等湿法膨化机能生产具有优异持续稳定性和上浮性的浮性饲料，还能生产沉性饲料，并可控制饲料下沉的速度，使颗粒缓

慢下沉，不污染水质，而且能控制颗粒饲料的密度，使其上浮、半浮半沉和下沉，适合各类水生动物的需要。

生产膨化料的要求：调质后温度65～95℃，水分25%～30%；出模温度130～150℃（浮性料）不大于60℃（沉性料）；切刀与挤压模的距离为0.1～0.2毫米；物料细度要求：模孔φ2～2.5毫米，物料95%过100目筛，100%过80目筛；模孔φ3～3.5毫米，物料95%过80目筛，100%过60目筛；模孔φ3.5毫米以上，物料100%过60目筛。

7. 颗粒稳定器、稳定干燥组合机和稳定冷却机

稳定冷却机集稳定保温与逆流冷却于一身。主要适用于水产饲料厂制粒工段中，使从制粒机出来的颗粒料（温度高达80～105℃）在稳定部分保温一段时间，颗粒进一步熟化，改善硬颗粒料的品质，提高其耐水性。稳定后颗粒通过摆杆式排料机构进入冷却部分，利用逆流冷却原理对高温、高湿的颗粒进行逆向逐步冷却，可避免突然冷却而引起的颗粒表面开裂现象，冷气从机器底部进入冷却器，进风面积大，冷却效果显著，能耗低，操作简便。

8. 摆式冷却器

根据膨胀器生产需要研制的新产品摆式冷却器比相同型号逆流冷却器的体积容量扩大1.3倍，特别适合膨胀后物料体积增大的需要；上部设有旋转匀料机构，使机内料层维持同一水平，冷却效果更均匀。采用摆杆式排料机构，可根据需要调节其速度和频率，且颗粒粉化度小，冷却温度不高于室温5℃。

9. 油脂添加或油脂喷涂及液体添加

饲料配方一旦确定以后，为了提高饲料能量水平和添加酶制剂、生物菌种等有益菌，往往需添加油脂、酶制剂等。制粒前添加少量的油脂（不大于生产能力的2%）有利于制粒，否则会影响制粒效果，导致制粒后的颗粒松散，硬度低。如要添加3%～8%的油脂，则应在制粒后或分级后对颗粒饲料表面进行处理，即油脂喷涂。由于物料经高温调质和模辊的强烈挤压，温度可达90℃以上，虽然可以杀灭沙门氏菌等有害菌，但也会使最稳定的酶和生物菌种失去活性。为了提高饲料中酶

的数量，将酶制剂及生物菌种溶解后喷涂于冷却后的颗粒上，提高饲料的适口性和营养，延长保质时间。喷涂时要确保使液体尽量雾化，合理选择喷嘴的形式，必要时与压缩空气一起使用。

10.破碎和分级设备

破碎机一般采用两台或三台组合使用，工艺上实现既能串联使用，又能并联使用。串联使用时两台的齿形牙距上大下小，齿形分别采用斜齿和圆周齿。为了保证喂料的均匀，常配备喂料辊。

分级设备根据工艺要求选用不同的分级筛理设备，有一进多出供选用。

在实际生产中，须了解水产饲料的配方和加工的特殊性，选用正确的工艺参数和加工设备，以降低生产成本，提高水产饲料的内在和外观质量。

第四节　配合饲料的选择与投饲技术

一、如何正确选择优质饲料

鱼用配合饲料是根据养殖鱼类的营养需求，将多种原料按比例配合制成的一种营养完善的混合饲料。配合饲料种类很多，目前养殖生产上利用配合颗粒饲料养鱼，已基本取代了传统的养鱼方式，饲料成本已占到养殖成本的60%以上。饲料的选择不当将会导致养殖成本上升，效益下降。因此，如何正确选择好鱼用配合饲料并科学投喂，对水产养殖业的发展和经济效益的提高意义重大。

判断一种饲料品质的好坏，应从外观质量和内在营养两方面来考虑；应从企业规模、设备、技术、人力等条件去评估。但作为水产养殖户，对鱼饲料品质最直接、最原始的辨别，多为感官辨别。只有选择优

质高效的产品，才能获得较好的经济效益。

1.颜色

鱼用饲料种类繁多，从颜色上比较难以判断。专业鱼饲料生产厂家的产品，其生产原料一般为鱼粉、豆籽粕、菜籽粕、棉籽粕等蛋白原料，故从产品外观颜色上具有其原料组成的属性，一般呈深黄褐色或者褐色。但同一厂家、同一品种、不同时间生产的产品，由于受原料来源渠道不同的影响，外观颜色有可能会略有差异。

2.气味

专业厂家生产的鱼饲料一般具有菜粕香味、鱼腥味，少数厂家产品中添加有抗菌类药物——大蒜素，而具有大蒜味。但是，部分厂家为了说明他们的产品中含有鱼粉量大，以假乱真，采取添加鱼腥宝、鱼香精等香味剂的办法。此类产品一般具有较浓的鱼腥味，倘若将其用水浸泡一段时间后，鱼腥味马上减淡或者消失。

3.耐水性

部分养殖户总希望鱼饲料的耐水性越长越好，他们认为只有耐水时间长，才可以减少饲料的浪费，其实这种认识是片面的。我们常见的青、草、鳙、鲫、鲤等鱼类，都属鲤科鱼类，不具有胃，需要经常摄食。经过驯化后，摄食剧烈，只要增加投饲次数即可达到不浪费饲料的目的。饲料的耐水性一般在3～6分钟为宜。

4.规格

正规专业厂家一般根据鱼类生长期的特点，分别适时推出粉料、小破碎、大破碎等系列产品，并有效进行产品跟踪服务。同一规格产品均匀一致，表面光泽鲜亮，断面切口平整，颗粒长度一般为粒径的1.5～2.5倍。市场上常见的劣质鱼饲料，具有表面粗糙、规格单一、断面不平、长短不一等特点。如果鱼饲料的长度与粒径比例失调，会严重影响鱼对食物的适口性，造成饲料损耗。

5.粉碎细度

鱼类对食物的消化吸收是在肠道中，靠肠道的蠕动，在消化酶的作用下消化吸收，一般排空时间为1.5～2小时。这则要求食物粒度越细越好，越细其利用率就越高。市场产品中，高品质饲料具有粒度较细、组分均一等特征；而部分设备陈旧的企业受生产工艺的制约或一些小作坊为压缩生产费用等，往往对粉碎细度不够重视，在其产品外观中就可见粒状组成。

6. 沙土含量

为了降低产品在市场上的竞争价格，不断追求产品利润，少数企业在产品中往往掺加部分沙土。对此，养殖户可随机取样，采取口尝的方法，若有碜牙的感觉或有泥土味，则证明含有沙土。其次可将少量样品置于一透明玻璃杯中，用水浸泡样品至全部散开，并多次搅动，静置观察，若上层出现浑浊，杯底有细沙，说明有沙土存在，并可见细沙的含有量。

二、投饲技术

随着淡水鱼养殖密度和产量的逐渐提高，饵料的投入在整个养殖成本中已占主导地位。因此，饵料投喂技术的高低会直接影响饵料的转化率和最终的养殖效果。如果投喂不当，即使是一种好的饵料，也不一定获得好的效果，甚至适得其反。一年中饵料投喂应遵循"早开食，抓中间，带两头"的投喂规律，将全年的饵料主要集中在6～9月份，鱼摄食旺盛，生长最快的季节投喂，春季尽量提前投喂，秋季应延长投喂期。是否掌握运用好饵料的投喂技术也反映在最终的饵料系数上，饵料系数的高低又取决于投喂次数和投喂量，投喂次数是由饵料通过鱼类消化道的时间来决定的，投喂量是以鱼的最佳饱食量为依据。不适合的投喂次数和投喂量都会影响鱼的正常生长和最终的经济效益。因此，掌握运用好饵料的投喂技术，是一个不容忽视的重要问题。

（一）养殖淡水鱼类摄食的条件

1. 水温20～30℃为鱼类强度生长期

一般温水性鱼类，水温在10℃以上即开始增长，但在生产上有实际意义的较显著的增长在15℃以上，所以应把15℃以上划分为鱼的生

长期，在生长期之内鱼的生长速度仍然随着水温的变化而变动。在20～28℃生长最强烈。所以特称为强度生长期，而超过30℃之后生长又急剧减慢，甚至完全停止。

2. 鱼的摄食量

一般随着水体溶氧的升高而增加，在温度等环境条件适宜的情况下，溶氧在3毫克/升以上，鱼类摄食强度大，饲料利用率高；当溶氧低于3毫克/升时，鱼类的摄食和生长就会受到一定的限制。

（二）养殖淡水鱼摄食后的消化时间

（1）水温高时：鱼的活动量大，新陈代谢快，日摄食次数多，每次间隔时间短。如：夏季鲤鱼一般日摄食4～5次，每次间隔2～3小时，鱼苗的排空时间为1～2小时。

（2）水温低时：鱼活动量小，新陈代谢慢，日摄食次数少，间隔时间长。如早春和晚秋鲤鱼一般日摄食量2～3次，每次间隔4～7小时。

（3）水温异常时：水温降到10℃以下或超过30℃以上时，一般鱼都停止摄食。

（三）投饲量的计算方法

技术人员根据生产技术部提供的不同品种养殖鱼类在不同季节的日增重量和饲料系数来计划每日的投饲量，当然必须参考每个池塘的实际情况及天气、水质等方面的因素。

例：7月份鲂鱼日增重量为3克，饲料系数为2，每亩有鲂鱼1 500尾。则每亩投饲量为

3克×1 500(尾)×2＝9 000克＝9千克。

如果鲂鱼目前的规格在0.2～0.25千克，投饲率则为：

9/(0.2～0.25)×1 500×100%＝2.4%～3.0%

再参考投饲率表进行调整。最后定为2.5%。

（四）投饲次数

投饲次数首先根据鱼的消化时间而定。其次由溶氧、水温、天气和

鱼体的健康程度而定。浮头、鱼病害发生时的预防和治疗当然比投饲更重要了,此时投饵量应减少。

(五)投饲时间

由水温和溶氧来定,如果水温适宜,溶氧大于3毫克/升以上,保证鱼类消化时间的同时,应该不受任何限制。

每次投饲时间没有定论,根据鱼的数量和吃食状态而定,必须保证所有的鱼吃到适量的食物。当然最主要的还要看鱼的实际情况。

如何识别饲养鱼类的饥饱或者投饲量过多过少:

(1)留心观察:鱼类的吃食情况和吃食时间的长短。如果投入一定的饲料后,不到半小时就已吃完,就说明饲料量不足。另外,如果鱼群吃完饲料后仍在食场附近表层水体中游来游去不肯散去,这种现象表明鱼未吃饱。如果鱼群摄食后从食场散开,食台还有剩料,这说明可适当减少投饲量。

(2)在巡塘时:发现水面极不平静,鱼类活动频繁,而鱼体上又没有检查出大量的寄生虫,水体溶氧正常,这说明鱼类处于饥饿状态。如鱼苗鱼种成群结队,在池周围疯狂游转,这也表明鱼类处于严重的饥饿状态。

(3)定期检查饲养鱼类生长情况:如果发现鱼类的生长没有达到预定的规格,且个体大小差异悬殊,这说明鱼类常处于饥饿状态。

(六)投饲要求

1.早投饲早停饲

每天早晨水体溶氧大于3毫克/升时必须开始第一次投饲工作,无须非得定时在8点或9点。对于浮头、鱼病等特殊情况特殊对待。

2.早投饲早停饲的益处

高温季节可以尽量避免许多不可预测的情况造成的投饲不足。如果水质条件好、溶氧充足,还可以根据鱼的消化规律增加投喂饲料,促使鱼类更好更快的生长。另外,在高温季节,常常会遇到这样的情况,

养殖鱼类总是早晨吃料不好，下午最好，所以最后两顿投饲量较大。这有两种原因：水体溶氧的变化引起的正常现象；另一种是鱼体的摄食量较大，造成夜间鱼体耗氧较大，直至第二天清晨还没有恢复正常，形成一种恶性循环，这种情况很多，绝大多数技术员简简单单地认为是水体溶氧不足造成的，这其实是误解。其次，早投饲早停食，可以减轻或完全避免夜间浮头现象的发生。

3. 特别注意检测水体温度和溶氧变化，切不可受天气变化的影响而随意减料

主要是水温在 20～28℃ 水体溶氧最低值仍高于 3 毫克/升时，也应该正常投饲，这种情况在春季和秋季最为普遍。当然，如何把握此原则关键在于技术人员对水质溶氧变化幅度的预测能力和准确度，如何根据水色来判断溶氧变化规律需要长期的实践积累，我们可以通过长期水体检测帮助提高此方面的水平。有一种情况不符合此原则，那就是“天降雷阵雨”所造成的减量。

(七)“二定二活”是最佳投饲技术

建立最佳投饲技术是“二定二活”，而不是常规的“四定”法。

(1)“定点，定质”是符合养鱼实际的：实践证明，这种技术是科学的、有益的，应该继续“定”下去。

(2)“定时、定量”是不符合养鱼实际的：如池水溶氧充足时，鱼摄食时间可能比所“定”时间早，比如“定时”8 点投饲喂鱼，其实，7 点时就饥饿难耐，聚集到食场要吃食了。怎么办？是及时投饲还是眼看着鱼挨饿等 8 点时刻到再投喂呢？如池水溶氧不足，鱼群因池水缺氧而浮头，鱼摄食时间要比原定时间晚，比如定时 8 点而现在 8 点鱼群正在浮头不吃食，出现这种情况怎么办？

又如夏季是多变的，忽风忽雨。忽阴忽晴，忽冷忽热，忽闷忽燥，可能变化多端，受其影响鱼的食欲时高时低，时有时无，在规定时间内鱼不一定有食欲，不在规定时间内鱼不一定没有食欲。

那么“定量”呢？从理论上讲，鱼每天都在生长之中，其个体鱼增重

和群体增重可谓日新月异。鱼一天比一天大，摄食量一天比一天增多，投饲量应该一天比一天增加，如果不能满足鱼每天生长的需要，其结果必然是饲料量相应提高，而生产量相对减少。

如果水温适当时，水体中溶氧提高，鱼的摄食量也相应增加，水体中溶氧降低，鱼的摄食量也随之减少。即使溶氧高于 3 毫克/升，但 3 毫克/升和 5 毫克/升鱼的摄食量是不同的，我们怎么“定量”呢？

因此，最佳的投饲技术是“二定二活”，即根据天气、水温、溶氧和鱼体健康程度灵活调整我们的投饲率，甚至在这些变化的因素中，我们巧妙科学地利用其最佳条件来保持最基本的投饲量，维持鱼类的正常生长，达到最佳的养殖效果。

思考题

1.什么是鱼类营养？鱼类主要需要哪些营养素？

2.影响鱼类蛋白质需求量的因素主要有哪些？

3.碳水化合物主要分为哪几类？

4.鱼类缺乏维生素会出现哪些症状？

5.矿物质的生理作用是什么？鱼类缺乏矿物质有什么症状？

6.什么叫做配合饲料？

7.水产饲料配方设计的原则是什么？

8.水产饲料主要加工工艺及加工设备有哪些？

9.如何正确选择优质的配合饲料？

10.投饲过程中要注意哪些要点？

第四章

卫生、消毒与防疫

提 要 本章对引起发病的因素进行分析，提出保持和改良水环境的措施，对控制与消灭病原体的办法及怎样增强机体的抗病能力进行阐述，以期为读者开展健康养殖在疾病控制方面有所帮助。

随着我国淡水渔业的不断发展，工业化、集约化程度的不断提高，养殖的水域越来越广，单产水平越来越高，养殖的品种也越来越多，满足了人民生活的需要。但是由于养殖技术、基础设施、管理机制等方面还存在诸多问题，致使水产动物的养殖环境（包括生物、物理及化学因素）不断恶化，导致病原微生物种类增多，传播速度加快，病害发生逐年加重，给我国的鱼类资源和水产养殖业造成严重损失。我国共有 800 余种淡水鱼类，目前已经灭绝的有 30 多种，濒危种类有 92 种，濒危、渐危种类占总数的 70%。在近百种已经推广或正准备推广的淡水养殖品种中，病害种类已发展到 200～300 种，各种鱼病在全国各地频繁发生和流行，全国有 10%～15%的养殖面积受到不同程度的影响，每年因病害造成的产量损失就达 15%～30%，直接经济损失就达百亿元。如何减少病害的发生，控制病害的流行，是渔业工作者和养殖者的重要任务。

第一节　水产动物的病因

水产动物的病害不仅是病原体侵袭的结果，而且是病原体、水体环境条件以及水产动物自身体质三者之间相互作用的结果。只有了解水产动物的病因，才能采取有效的治疗和防治措施。

水产动物的病害分为以下几个类型：①病原体有病毒、细菌、真菌、藻类等植物性病原生物，由它们引起的病害称传染性疾病。②病原体还有原生动物、蠕虫、甲壳动物、软体动物等动物性生物，由它们引起的疾病称侵袭性疾病或寄生虫性疾病。③环境因素引发的病害，如机械损伤、感冒和冻伤、窒息、气泡病、饥饿和营养不良以及由水生生物、化学物质等引起的中毒、放射性损伤等。

一、病原体侵害

一般来说，前两类的病原体引起水产动物病害，都需要有适宜的条件，如草鱼呼肠孤病毒在温度低于 20℃时，繁殖受到抑制，即使鱼受到感染也不会发病；若池塘水温在 28℃左右，有一株毒力强的病毒感染鱼类后，则其发病率可高达 80%以上。病原体是导致水产动物病害的极为重要的条件，控制病原体进入养殖水体的途径，破坏病原体传染与致病的条件，对控制水产动物疾病的发生，是十分重要的。当然，还有一些敌害生物，也会危害水产动物的养殖生产。

二、恶劣的环境条件

引起水产养殖环境条件变差的原因有很多，主要有以下几个方面。

1. 水源污染

由于工业废水、生活污水的排放以及渔业生产中产生的次生污染，引发渔业污染事故，造成巨大的经济损失。

(1)江河污染首当其冲：我国江河水系污染十分严重，若直接引用或间接引用江河水进行养殖，势必引起养殖动物疾病的大量发生。

(2)湖泊受害日益加重：湖泊作为天然鱼类的捕捞场和人工养殖的重要基地，在我国渔业中发挥着举足轻重的作用。近年来，随着工业污染的加剧，生态环境不断恶化。对全国主要湖泊的调查显示，已达富营养化的湖泊占调查总数的51.2%，仅山东省微山湖附近的企业每入排进湖的污水量达68万吨，含有20多种有害物质，造成的直接经济损失达700万元。

(3)水库富营养化逐年加重：随着集约化网箱渔业的发展，加上工业和生活污水的排放，导致了水库水质的富营养化，养殖动物病害频繁发生，饵料系数上升，水产动物生长减缓，给网箱养鱼造成了危害，养殖经济效益下降。

(4)池塘水质不断恶化：池塘养殖是我国淡水渔业的主体，但在池塘养殖迅猛发展的同时，也潜伏着不少隐患。特别突出的是一些城市周围的池塘，受工业污染和生活污染严重，造成池塘水质恶化。

2. 理化因子的变化

水产动物在水体中摄食、代谢、生长、发育，始终处于一种动态的变化中，受多种因素的影响，主要的影响因素有：溶解氧、pH值、水温、无机盐等。

(1)溶解氧：如果水体中的溶解氧丰富，可使养殖动物摄食旺盛，饲料系数提高，水产动物发育好，生长快，减少病害的发生。反之，如果水体溶解氧降低，不仅水产动物生长缓慢，饲料系数升高，当其低于水产动物对溶解氧需求的临界值时，会导致水产动物窒息死亡。另外，水体中溶解氧不足还会引起有机质分解不彻底而增加有机酸和分子氮、硫化氢、甲烷、二氧化碳等有毒物质的积累，从而加重对水产动物的毒害。

(2)pH值：养殖水体的pH值一般来说以7～8.4为宜。在酸性水中,水产动物鳃分泌黏液增多,影响呼吸;酸性水还能使水产动物的血液 pH 值下降,降低其载氧能力,使代谢功能急剧下降,生长受到抑制。

(3)水温:水产动物为变温动物,各种水产动物的生存水温都有其上限和下限,在这一范围内还有其最适生长水温。在养殖生产中,应注意水温变化情况所造成的影响。水温骤然下降会造成鱼卵、鱼苗大批死亡。水温差过大会影响鱼类的代谢功能,一般情况下,鱼类在转塘时水温差不能超过 5℃。水温的变化对越冬保种的影响很大,如罗非鱼在越冬保种以 17～18℃为宜,而淡水白鲳则以 20℃为好,水温过低时,鱼类病害明显增多。对一般病原微生物而言,在一定的水温范围内,随着水温的升高,其繁殖加快,毒性加大。

(4)有毒物质:长期养殖的池塘,其底部往往存在大量生物尸体、残饵、粪便沉积物等腐殖质,在缺氧条件下,微生物分解这些有机物会产生大量的有机酸、氨、硫化氢、甲烷等,使水体 pH 值下降,从而抑制水产动物生长,甚至会危及生命。硫化氢在鱼类黏膜和鳃表面会很快溶解,与组织中的钠离子形成有强烈刺激作用的硫化钠。硫化氢还能抑制某些酶的活性,造成组织缺氧、麻痹而窒息死亡。

3. 人为因素

包括放养密度、池塘设施、管理措施等。在养殖过程中,由于未实施操作规程,不能及时发现病鱼和发病征兆,没有及时采取有效治疗措施,往往导致水产养殖动物病害发生、蔓延和流行。

(1)基础建设滞后:如不能及时清淤,渠系不配套,排灌不方便,机械设备缺乏,不能保持池水溶氧,导致池塘养殖产量增长缓慢,病害蔓延。

(2)缺乏持续发展措施:一些地方的水库、湖泊由于发展以网箱为主的"三网"养殖,导致水质富营养化,而没采取必要的治理措施,致使死鱼事件屡有发生。

(3)稻鱼兼顾不当:稻田养鱼兼顾得当可以增产增值,但是两者也有矛盾,如稻田需要施肥、需要农药,这与养鱼的需求相矛盾,这就需要采用科学的方法,使两者协调发展,相得益彰。

(3)放养密度不合理：养殖水体对水产动物容量具一定范围，在适宜范围内养殖动物能正常生活，超越水体容量，则限制了其活动，从而减弱其对环境的适应能力，抑制水产动物的生长发育，体质下降，为疾病发生创造了条件。

(4)操作不谨慎：养殖过程中需要拉网、过筛等操作，如果操作过于粗放，很容易导致养殖动物擦伤、卡伤，引起细菌、真菌等感染，导致发病。

(5)饲养管理不当：饲料投喂不科学，会发生各种营养性疾病。如饵料营养不合理，缺乏多维素和矿物盐、油脂氧化、或饲料中含有有毒物质等，都会不同程度地影响水产动物生长，损害机体正常的组织结构和生理生化功能，降低其免疫力。当水体环境变差，如高温、水质恶化、病原大量繁衍时，极易患病。另外，生产管理上的疏漏，未能定期进行换水、消毒及药饵的预防等，都会引起疾病的发生。

4. 生物因素

生物因素主要包括养殖环境中的病原体生物、微生物、浮游植物、浮游动物及其他养殖品种，这些生物有些能消除残饵、粪便，有些能改良水质，有些是水产动物的饵料，而有些则是养殖动物的致病病原体。养殖中应保持有益生物占优势，从而可抑制有害生物生长，保持优良环境，减少病害的发生。

三、水产动物本身的抗病力

病原体对寄主有一定的选择性，如果有大量病原体的存在，但缺乏易感动物，水产动物仍不会发病。养殖动物对病原体具有非特异性免疫能力和特异性免疫能力。

1. 非特异性免疫力

非特异性免疫力是指鱼体由于遗传及生理功能对病原体具有的抵抗力，与遗传及生理有关，它作用广泛而非针对某一病原。影响非特异免疫能力的因素有年龄、体温、营养条件、呼吸能力等方面。而影响非特

异免疫的身体结构因素主要有鱼鳞、皮肤黏液分泌、吞噬作用及炎症反应能力等。当非特异免疫能力处于较佳水平时，水产动物对病原的抵抗能力强，不易受病原体的侵袭，而当水产动物在生理因素需要上得不到满足，身体结构上再出现毛病时，势必招来病害，因此在养殖中应增强机体的非特异免疫能力，培养健康鱼类，是预防病害发生的重要措施。

2.特异性免疫力

特异性免疫能力是由于抗原（如病原体入侵或给予疫苗等）刺激养殖动物导致养殖动物对其产生的抵抗能力，特异性免疫能力获得的途径有先天获得、病后获得、人工接种等，大多数特异性免疫能力一次获得后能维持一定时间，随时间延续而消逝，少数特异性免疫能力一次获得后能终身免疫。虽然特异性免疫持续时间长短不一，但对养殖生产意义重大，可应用此途径预防疾病的发生。

水产动物的抗病能力除与非特异性免疫及特异性免疫能力相关外，还与其营养水平、生理机能及环境影响密切相关。

总之，水产动物疾病的问题，预防是第一位的。因为水产动物生活在水中，它们的活动人们不易观察，在发病初期难以及时发现和诊断，就可能丧失有效治疗的时机。另外，给药途径受到限制，治疗也比较困难，内服药需要添加在饲料中投喂，而患病较严重的鱼已失去食欲，即使有特效药也很难奏效。相反，同池饲养的尚未受到感染的动物，却有可能大量摄食药饵而产生药害或者导致药物在其体内超量残留，直接关系到水产品的食用安全性。外用药物一般采用全池泼撒或浸泡的方法，这对小面积的池塘适用，而对于大面积的河道、湖泊和水库就难以使用。以水为传播介质的水生病原体传播速度比陆地上以空气为传播介质的病原体更快，水产动物传染性疾病一旦发生，其蔓延速度往往很快，导致大量水产动物死亡给养殖者造成很大的经济损失，特别是一些名贵的养殖品种，需要花费很大气力才能培育出来，患病后即使病愈也可能已经失去了观赏价值和经济价值。

针对水产养殖动物疾病的特点，为了尽量减少或避免由于疾病造成的损失，养殖者必须掌握水产动物疾病流行规律，遵循“无病先防、有

病早治、防重于治”的方针，做到“无病先防、有病早治”，才是减轻水产动物疾病发生的保证。在长期的生产实践中，人们总结出了独特的“四消四定”（四消指鱼体消毒、饵料消毒、工具消毒和食场消毒；四定指定质、定量、定时、定位）的有效预防措施，使养殖鱼类的发病率大为降低，在预防措施上，既要消灭病原，切断疾病传播的渠道，又要注意保持和改善生态环境，控制病原体数量或消灭病原体，提高鱼体的免疫力，采取综合的预防措施，才能防止或减少病害造成的损失。

第二节　改善生态环境

水产动物离不开水，改善生态环境，是指保持和改良水环境，水环境的好坏决定着水产动物能否健康、快速生长。为做到这一点，必须做好以下几个方面的工作。

一、养殖场建设应符合防病要求

1. 水源要求

水源条件的优劣，直接影响养殖过程中病害的发生频率，因此在建场前首先要对场址的地质、水文、水质、气象、生物及社会条件等方面进行综合调查，在各方面都符合养殖要求时才能建场。首先要对养殖水源进行周密调查，保证水源水质清新，无工农业及生活污水的污染，不带病原体（尤其是目前尚无法治疗的），各项理化指标符合养殖标准，理化性状适合养殖对象的生长；其次要保证水量充足，在枯水季节不会断绝水源，在洪水季节不被淹没；水温适宜水产动物的要求；此外，养殖场进、排水系统要独立，在设计进、排水系统时，应使每个池塘有独立的进排水口，如能配备蓄水池就更理想，水经蓄水池沉淀、自行净化，或进行过滤、消毒后再引入池塘，就能有效防止病原体从水源中带入，尤其在

育苗时更为需要。水产养殖水质要求达到国家颁布的《渔业水质标准》(GB 11607—89)，见附录1。

2. 土质要求

池塘土质的酸碱性要适中，不致使水的pH值达到不适合于水产动物正常生活，土质要求透气性好、不渗漏，能保持水容量、不漏肥，土壤中无污染源及其他有害物质，以壤土为好，黏土次之，符合GB 18407.4—2001的规定和要求。

二、采用理化方法改善生态环境

1. 清整池塘

池塘经过多年养殖以后，淤泥中有许多有害物质，如池中腐烂的尸体，排泄物、腐烂的残饵等，分解产生大量的有机酸、氨、硫化氢等有害物质，导致水质恶化。另外，池底还存在大量寄生虫、细菌、病毒等病原体，对水产动物都是有害的，有的能直接引起水产动物发病和死亡，有的会间接地给水产动物造成危害，如过多的淤泥可造成有害细菌的大量繁殖和藻类的过度繁殖，导致水质恶化，严重影响鱼、虾、蟹的健康养殖与生长。所以必须在冬季清淤，挖去过多的淤泥，并且将池底充分暴晒和冰冻，使淤泥中的部分有害物质分解后变成气体逸出或成为藻类能利用的物质，同时杀灭细菌和寄生虫。此外，还应根据所养殖种类的需要，有的要清除池边杂草，有的则要在池中有计划地栽种水草；有的要在池底开挖沟坝，有的则要在池底铺敷沙土，根据养殖技术的要求进行。

2. 调节池水的酸碱度

如定期在池水中泼撒生石灰(pH值低时)或碳酸氢钠(pH值偏高时)，使池水的pH值保持在最适的水平。

3. 定期向池中加注清水或换水

保持水质肥、活、爽、嫩及高溶氧。

4. 主要生长季的维护

在主要生长季节，用水质改良机吸出一部分底部的淤泥洒到池边，

使泥中的一些耗氧物质，在空气中氧化，并减轻它们对池水中溶氧的消耗，以改善池塘溶氧，提高池塘生产力，形成新的食物团，供滤食性动物利用，增加池水透明度。但要注意，这项工作只能在晴天的中午进行，吸取的塘泥每次也只能限于1/3～1/2池塘，不能在阴雨天进行，也不能满池翻搅。

5.控制溶氧量

注意池水溶氧的含量，当溶氧低时，应开动增氧机来提高水中的溶氧量和及时偿还底层的氧债。

6.改良水质及底质

定期泼撒水质改良剂或底质改良剂来改善水质及底质，当池水藻类过度繁殖时，应设法换水或使用药物杀灭藻类。

三、采用生物方法改善生态环境

虽然抗生素及化学药物可缓解水产动物病害，但过量使用会导致一系列问题，抗生素超标将破坏水产动物肠道内菌群的结构，使动物体内的微生态失调，病原菌耐药性增强，因药物残留而引发水产品质量安全问题。目前提倡的水产健康养殖采用生态养殖模式，即通过向养殖环境中添加外源活菌（益生菌），净化水体中的排泄物和残饵，消解底泥，改善水质，提高水中溶氧量，调节养殖池中生态系统的平衡；通过竞争性抑制作用，减少有害菌等的数量，减少病害，促进养殖生态系中的正常菌群和有益藻类生长；将益生菌拌入饵料投喂，直接增强水产动物的防病抗逆能力，促进健壮生长，实现水产养殖业的健康和可持续性发展，生产出高品质的天然有机食品。

益生菌是指能够在生物体内存活，对宿主的生命健康有益的一类微生物，水产益生菌包括乳酸菌属、双歧杆菌属、弧菌属、假单胞菌属、芽孢杆菌、硝化菌、光合细菌等。其中乳酸菌、芽孢杆菌、酵母菌等作为饵料添加剂应用于水产动物，起到很好的防治疾病和增进健康的作用；光合细菌对水质改良的作用十分显著，已经得到广泛应用。

(一)益生菌在水产动物上的应用

益生菌能促进水产动物的生长和生长性能,降低生产成本,提高产品质量,减少疾病的发生,改善环境的污染是益生菌能够提供的各项优势。益生菌作为饲料添加剂,可解决当今饲料及养殖业的许多难题。它无毒副作用、无残留和抗药性,不污染环境,能够获得较好的社会效益和经济效益,将来很有可能成为抗生素的替代品,有着较好的发展前景。

1. 作为饵料添加剂,营养作用

大部分益生菌菌体含有丰富的蛋白质,可作为蛋白源饵料或饲料添加剂。饲用后能在水产动物消化道内生长和繁殖,产生多种营养物质,如氨基酸、维生素、脂肪酸、蛋白肽、促生长因子等,参与水产动物的新陈代谢,利于水产动物的生长。有的益生菌还可以产生消化酶,如芽孢杆菌具有很强的蛋白酶、脂肪酶及淀粉酶活性,还能降解某些饲料中较复杂的碳水化合物,协助动物消化饵料,加强营养代谢,提高饵料转化率。

2. 竞争抑制

在水产动物体内,益生菌对病害菌的竞争性抑制,可分为占位抑制与营养抑制。益生菌通过对体内固定位点的竞争,使益生菌自身在体内占到优势,降低病害菌的数量和密度,起到防病的作用。益生菌分泌物的功能之一是抑制有害菌的固着能力,从而使自身在竞争固着位点时处于有利地位。当饲料中营养素缺乏时,益生菌能更有效地利用有限的营养,而导致病原菌营养缺乏,使自身在竞争中取得胜利。利用微生物间的拮抗作用,即通过病原菌在水产养殖环境中能被其他有益微生物杀死或削减作为生物防治的一种处理方法。当有益菌在消化道内占优势菌群地位时,就可以抑制消化道黏附的病原菌,维持肠道微生态平衡,排除或控制潜在的病原体。

益生菌能调节水产动物体内的微生态平衡,增强新陈代谢,促进生长发育,从而起到防治疾病和增进健康的作用。应用较多的是乳酸菌(*Lactic acid bacteria*)、芽孢杆菌(*Bacillus*)、酵母菌(*Yeast*)等。

3. 提高机体免疫力

益生菌是良好的免疫激活剂,水产动物体内的益生菌群能有效提

高干扰素和巨噬细胞的活性，通过产生非特异性免疫调节因子激发机体免疫，增强机体免疫力和抗病力。研究发现多糖和益生菌对免疫功能低下的水产动物具有免疫调节作用，还能提高幼体的消化功能，提高生长效率。

4. 在养殖水体上的应用

养殖过程中残余的饵料、水产动物残骸及排泄物等有机物的累积产生了许多有毒有害物质，滋生大量病原菌，污染生态环境。益生菌可以降解和转化水体中的有机物，减少或消除氨氮、硫化氢、亚硝酸盐等有害物质，抑制病原微生物的生长，改善水质，促进水产动物生长。

光合细菌具有光合作用能力，能利用水中有机物、氨氮，还可利用硫化氢，并可通过反硝化作用除去水中的亚硝酸氮，具有很高的水质净化能力，从而改善水质，促进水产动物生长。光合细菌除了能改善养殖生态环境外，还对弧菌有一定的抑制作用，通过抑制和降低池中弧菌的数量，来预防细菌性疾病的发生。在水产养殖中用于水质净化的制剂由枯草杆菌、绿脓杆菌、史都哲氏假单胞菌、荧光假单胞菌、亚硝酸单胞菌、硝酸菌等微生物组成。使用后能迅速繁殖而成为优势菌，并以其活跃和丰富的酶系统将养殖池塘中多余的残饵、生物排泄物、动植物尸体及其他有机污染物分解为二氧化碳和水，从而达到减轻污染，净化水质，减少病害的目的，已经得到广泛的应用。

(二)益生菌在水产养殖中的具体用法

1. 池塘养殖

(1)池塘处理：池塘注水前 1 周，用 100～300 倍的益生菌菌液制作的防虫液代替石灰、漂白粉等均匀喷洒，消毒和净化池塘，用量 2.5 千克/亩。

(2)水质净化：在放养前 3～10 天，用益生菌菌液稀释液泼撒水面。视水质情况，开始 15 天 1 次，以后为每月 1 次，水质较差的地方，适当缩短泼撒时间，为了均匀喷施，先将益生菌菌液稀释后使用(下雨时喷洒效果最佳)。一般 1.5 米以下用 1 千克/亩益生菌菌液。

(3)饲料处理：一般水产饲料为颗粒状，可用200倍益生菌稀释液喷洒，喷湿为度，立即投喂，以免散开。也可用100倍益生菌稀释液与粉状饲料一起搅拌均匀，制成团状饲喂。

(4)有机肥和粪便的处理：要投入水体的有机肥(青草液肥)和粪便应先用菌液处理，发酵3～5天后方可投入水面粪便处理。通常以益生菌：粪便为1：50的比例发酵后投入水体。

(5)疾病防治：鱼浮头或泛塘，每亩可用益生菌2千克制成稀释液均匀泼撒水面，隔2天再泼1次。

2. 水产品保鲜

水产品保鲜水槽每隔1～2天喷洒1次500倍的益生菌稀释液，可延长水产品活鲜期和保持体表光洁。

3. 注意事项

(1)益生菌不要与化学药剂同时使用：若混用造成池水变臭，要立即换水，再按技术要求用益生菌拌料投喂和稀释液喷洒。

(2)益生菌饲料须保持新鲜：喂养时即配即喂，混合1次喂1天，全部喂完。如有剩余应密封保存，防止变质。若使用热饲料喂养，需冷却至40℃以下方可掺入益生菌发酵饲料。

第三节　控制或消灭病原体

一、严格执行检疫制度

为控制和消灭病原体，必须要严格执行检疫制度。对水产养殖动物检疫，能了解病原体的种类、区系及对养殖品种的危害、流行季节，以便及时采取相应措施，杜绝病原体的传播和流行。水产养殖动物，特别是特种水产养殖动物，其种苗及成品的流动区域较广，易造成病原的扩

散，应认真进行其检疫工作。

养殖场内的养殖动物发病，首先应采取隔离措施，对发病池或地区封闭，池内养殖的动物不向其他池或地区转移，工具专用，死亡动物及时捡出进行掩埋或销毁，对发病池进水、排水渠道消毒并及时诊断病情，制定防治方案。

二、彻底清塘

水环境是水产养殖动物生活栖息的地方，也是各种病原体滋生和贮藏的场所，水环境的优劣，直接影响鱼虾等水产动物能否健康、快速生长和正常繁殖。投放养殖动物前，需进行清淤及消毒工作。清淤指清除池内污泥及杂物，清淤后进行消毒，以杀死池内残留病原生物或中间宿主。

（一）干塘清塘，加固塘基

在冬季捕鱼后，将塘水排干，挖去一层污泥，让阳光暴晒，可达到清除虫害的目的。若需要养殖过冬鱼虾，未能冬季干塘，可用排污机将塘底污泥抽提一部分，或用竹篓将污泥捞取，运到岸上，作植物基肥，减少塘底的污泥量，有利于减少病原体的滋生繁殖。另外，还应清除塘埂上的杂草，以减少昆虫等产卵的场所。同时加固塘基，预防渗漏。

（二）药物清塘

塘底是很多鱼类致病菌和寄生虫的温床，药物清塘是利用药物杀灭池中有害的病原体、寄生虫和各种凶猛鱼、野杂鱼及其他敌害生物，避免因病害或敌害影响养殖品种正常生长发育，从而提高养殖效益。常用的清塘药物有生石灰、漂白粉、强氯精、鱼用强力消毒剂、茶粕、氨水等。

1. 生石灰清塘

生石灰即氧化钙，其清塘作用机理是：生石灰遇水后发生化学反应，产生氢氧化钙，并放出大量热能。氢氧化钙强碱性，短时间内能使池水的 pH 值提高到 11 以上，从而能迅速杀死野杂鱼、各种卵、水生昆虫、螺类、青苔、寄生虫和病原体及其孢子等。同时生石灰与水反应，变成碳酸钙，能使淤泥变成疏松的结构，改善底泥通气条件，加速底泥中有机质分解，加上钙的置换作用，释放出被淤泥吸附的氮、磷、钾等营养素，使池水变肥，起到了间接施肥的作用。生石灰清塘方法有两种：干法清塘和带水清塘。

(1)干法清塘：将塘水抽干或留水深 6～9 厘米，每亩水面用生石灰 50～60 千克。清塘时在塘底挖掘几个小潭把生石灰放入乳化，趁热立即泼撒全池，包括塘坝和池壁。清塘时间要选在晴天的中午太阳强烈照射时效果最好。清塘后一般 7～8 天药力消失，即可放鱼。

(2)带水清塘：每亩水深 1 米，用生石灰 130～150 千克。通常将生石灰放入木桶或水缸，乳化后立即趁热全池泼撒。7～10 天后药力消失即可放鱼。实践证明，带水清塘比干法清塘防病效果好。带水清塘不必加注新水，避免了干法清塘后加水时可能将病原体及敌害生物随水带入，缺点是成本高，生石灰用量比较大。

2. 漂白粉、强氯精、鱼用强力消毒剂清塘

此类药物为含氯消毒剂，经水解产生次氯酸，次氯酸立即释放出新生态氧，它有强烈的杀菌和杀死敌害生物的作用，具有高效、快速、杀菌力强等特点。漂白粉一般按每亩(水深)用量为 13.5～20.0 千克，将其溶化后全池均匀泼撒；强氯精和鱼用强力消毒剂，带水清塘一般每亩(水深 1 米)用 1～2 千克 ，溶水后全池泼撒。漂白粉易挥发和潮解，使用时应先检测其有效氯含量(一般含有效氯 30%)，如果含量不够，需适当增加用量。

此类消毒剂有很强的杀菌作用，并且能杀死野杂鱼、蝌蚪、水生昆虫和螺蛳等。4～5 天后药力消失即可放鱼。漂白粉清塘具有药力消失快，用药量少，有利于池塘的周转等优点，缺点是没有增加肥效的作用。

3. 茶粕清塘

茶粕又称茶籽饼，是山茶科植物的果实榨油后剩下的渣滓。茶粕含有皂素，能杀死野杂鱼、螺蛳、河蚌、蛙卵、蝌蚪和一部分水生昆虫，但

是对细菌、寄生虫的杀灭作用不大。茶粕的蛋白质含量较高，是一种高效肥料，对淤泥少、底质贫瘠的池塘可起到增肥作用。

茶粕清塘一般采用带水清塘，使用时先将茶粕捣碎，在桶中用热水浸泡过夜后即可使用，一般每亩（水深 1 米）用 40～50 千克，浸泡好的茶粕加入大量池水后，全池均匀泼撒。由于皂素易溶于碱性水中，使用时每 50 千克茶粕加 1.5 千克食盐和 1.5 千克生石灰，药效更佳。最好选择气温高的晴天使用，效果更佳。清塘后 6～7 天药力即消失。茶粕有施肥作用，但防病效果不如生石灰好。因此，施用茶粕后，再用鱼用强力消毒剂或强氯精等消毒药，按每亩水面（水深 1 米）用 0.5～1 千克的剂量，溶于水后，全池泼撒，以杀灭病毒、细菌。

4. 氨水清塘

氨水是一种很好的液体氮肥，呈强碱性（pH 值为 11.2）。不仅能起到鱼池施放基肥的作用，高浓度的氨水还能杀灭野杂鱼类和杀菌灭虫，有较好的防病作用。使用时一般将池水排干或留水深 6～9 厘米，每亩用氨水 12～13 千克，加适量水全池均匀泼撒，过 4～5 天即可加水放鱼。氨水清塘的优点是成本低，促使鱼成活率高，生长快，发病少，缺点是不能杀灭螺蛳。

无论用哪种药物清塘，在鱼苗、鱼种入池前，都应先放“试水鱼”，做到安全生产，防止发生死鱼事故。

三、机体消毒

即使是健康的水产动物，也难免某些个体的体表及鳃上带有病原体，因此，经过清塘的池塘，若放养未经消毒处理的苗种或亲本，仍有可能把病原体带入塘中，一旦条件适宜，便可能引起大量繁殖，导致发病。为了切断传染途径，预防疾病的发生，在放养、换池及分塘时，都应当对放养的水产动物进行消毒。消毒前应做好病原体的检查工作，以便针对病原体的不同种类与特点，选择适当的药物和采取正确的方法进行消毒。常用的方法和药物有：

(一)漂白粉药浴

用10～20毫克/升的漂白粉(含有效氯30%)水溶液对水产动物进行药浴,消毒时间视水温高低、水产动物游动情况灵活掌握,需10～30分钟,可杀灭体表及鳃上的细菌,防治细菌性皮肤病和鳃病。由于漂白粉在空气中会吸收水分和二氧化碳而缓慢分解,使有效氯成分下降,所以在使用前先测量其有效氯含量。另外,也可用漂白粉精或二氯异氰脲酸钠药浴,其用量为漂白粉的一半。虾卵用1～5毫克/升的漂白粉精水溶液药浴5分钟。

(二)漂白粉和硫酸铜合剂药浴

每立方米水体用漂白粉10克和硫酸铜8克。使用时注意二者分别溶解后再混合,浸洗20～30分钟,可杀灭细菌和除形成胞囊及孢子虫外的原虫。除能防治细菌性皮肤病和鳃病以外,还能防治由原生动物引起的大部分寄生虫病。

(三)高锰酸钾药浴

用10～20毫克/升的高锰酸钾水溶液,水温在10～20℃时,浸洗10～30分钟。可杀灭水产动物体表及鳃上的细菌、原虫(孢子虫及形成孢囊的原虫除外)和单殖吸虫等。用于防治锚头蚤病、指环虫病和三代虫病,并可杀死体表及鳃上的细菌。高锰酸钾是一种氧化剂,应现配现用,而且药浴所用的水应是含有机质较少的清水(否则药物浓度应适当提高),背光进行药浴。

此外,还有多种药物可以用于鱼体消毒。例如,用4%～5%食盐水溶液药浴5～10分钟,可杀灭体表及鳃上的一些细菌和原虫(孢子虫及形成孢囊的原虫除外)。10毫克/升敌百虫(90%晶体)、福尔马林、伏碘、强效杀虫灵、孔雀石绿等的水溶液杀灭有关病原体等方法。详见鱼种浸洗消毒用药表(表4-1)

表 4-1　鱼种浸洗消毒用药表

项目药名	浓度(克/立方米)	水温(℃)	浸洗时间(分钟)	可预防治疗的疾病	注意事项
硫酸铜与漂白粉合用	8 10	10～15	20～30	细菌性烂鳃病、赤皮病、隐鞭虫病、口丝虫病、车轮虫、斜管虫、毛管虫等	1. 浸洗时间视鱼体健康程度和水温高低作适当调整 2. 使用漂白粉时要测定含氯量(低于 10% 时不可用),使用时要现配现用,时间长后无效 3. 两种药物合用时,分别在容器中溶解,待全部溶后一同泼撒
硫酸铜	8	10～15 15～20	20～30 15～20	隐鞭虫病、口丝虫病、车轮虫、斜管虫、毛管虫等病	
漂白粉	10	10～15 15～20	20～30 15～20	细菌性皮肤病和鳃病	
高锰酸钾	20 20 14 10	10～20 20～25 10～20 20～30 30 以上	20～30 15～20 1～2 小时 1～2 小时 1～2 小时	三代虫、指环虫、车轮虫、斜管虫、锚头蚤等	1. 浸洗时间视鱼体健康程度和水温高低作适当调整 2. 药液须现配现用,长时间失效 3. 不可在阳光直射下浸洗 4. 鲢鳙鱼浸洗不超过 1 小时;草、鲤、鲫鱼可浸洗 1.5～2 小时
食盐	3%～4%		5	水霉病、车轮虫病、隐鞭虫病	
敌百虫面碱合剂	5 3	10～15	20～30	三代虫、指环虫病	1. 须现配现用 2. 敌百虫为 90% 晶体

注:表中硫酸铜、漂白粉等药在使用时,浸洗时间还应考虑鱼的体质、视鱼的忍耐程度而定。

注意事项:一是在采用药浴方法进行机体消毒时,每次药浴放入的水产动物数量不宜过多,以免因缺氧而造成死亡。二是药浴时间的长短,与药液浓度、水温高低、耐药能力等因素有密切关系,应灵活掌握。对于全池水产动物,应分批进行药浴,第一批药浴的水产动物应数量少一些，如药浴效果明显，又无不安全的征兆出现，以后每批的数量就可适当增多。三是每次药浴结束后，最好将水产动物连同药浴的水溶液一起倒入养殖池，尽可能少用抄网抄捕，以防擦伤机体。四是每一批药浴时，都要用新配的药液，不要多批反复用同一桶药液，以免影响效果。五是任何一种药浴，都要避免使用金属容器，应尽量采用陶缸、木盆、塑料盆等容器。

四、饲料消毒

为了防止疾病传染，用来喂养水产动物的饲料，要清洁、新鲜、不带病原体。一般情况下不必进行消毒，而对于一些特殊的饲料则应消毒，如用水草喂养草食鱼类，为防止水草将不洁水域的病原体带入养殖池，就需对水草进行消毒（陆生植物可不进行消毒处理），方法是用 6 毫克/升的漂白粉将水草浸泡 20～30 分钟；动物性饵料，如螺蛳等一般采用活的或新鲜的洗净即可，若用卤虫幼体喂养水产动物苗种的，在卤虫卵孵化前应先将卤虫卵漂洗干净后，用 0.3 克/升的漂白粉消毒，再用清水淘洗至无氯味时将卤虫卵进行孵化；肥料，如粪肥 500 千克加 120 克漂白粉消毒处理后投放入池。

五、工具消毒

在发病池塘用过的工具，包括拉网、抄网、网箱、桶等，往往都是传播疾病的媒介，所用过的工具，必须与其他池塘所用的工具严格分开，以免病原体从传播。若工具数量不足无法分开时，必须将工具经消毒处理后再使用。一般网具可用 20 毫克/升硫酸铜、50 毫克/升高锰酸钾、100 毫克/升福尔马林或 5%盐水浸泡 30 分钟以上；木制和塑料工具，可用 5%的漂白粉水溶液消毒，然后用清水洗净后使用。

六、食场消毒

食场消毒：食场范围内常有残余的饲料，腐败后成为病原体繁殖的温床，尤其在高温季节，食场水域常是病菌集中的场所，所以除了投饲料时要注意适量，尽量减少残饵外，还应清除剩余饲料和清洗食台，在疾病流行期，每隔 1～2 周，在鱼类吃食以后，在食场周围水域遍洒漂白粉和硫酸铜、强效杀虫灵之类的药物来杀菌、杀虫。在进行食场消毒时，所选用的药物和药量可根据养殖场历年来的鱼病流行情况，食场的大小、水的深度以及水质肥瘦而定，一般需投 250～500 克。

七、疾病流行前的药物预防

大多数水产动物发生疾病都有一定的季节性，多数疾病在 4～9 月份流行。因此，应掌握发病规律，及时有计划地在疾病流行季节来到之前进行药物预防，具体做法有：

(一)体外疾病的药物预防

1. 药物挂袋预防

这种方法是在食场四周悬挂装有药物的布袋或竹篓，使药物慢慢地溶入食场周围的水域中，形成一个消毒区。当水产动物到食场摄食时，势必通过这个消毒区，从而达到杀灭体表和鳃上的病原体的目的。该方法的优点是用药量少，方法简单易行，不易出事故，副作用少，并可用作疾病的早期治疗。但药达到预期效果，必须注意下列问题。

(1)必须选择水产动物的回避浓度高于治疗浓度的药物，否则无效：如白鲢对硫酸铜，50％的回避浓度是 0.3 毫克/升，而全池遍洒的治疗浓度是 0.7 毫克/升，回避浓度低于治疗浓度，所以硫酸铜不能被用来作为挂袋预防的药物。相反，敌百虫和漂白粉，则是回避浓度高于治疗浓度，所以常常被用作挂袋预防的药物。

(2)食场周围的药物浓度应控制适当,过高和过低都是不适宜的:过低时,水产动物虽然进入挂袋药水域,但因药物浓度过低,起不到杀灭病原的作用;过高时,药物对水产动物有刺激,它们不进入挂药区摄食,也同样达不到预防的目的。第一次挂上药袋后,应在池边观察1小时,看水产动物是否进入食场区摄食。如果无水产动物进入食场区,则表明浓度过高,应减少挂袋。通常挂袋数为3~6只,每只内装漂白粉100~150克或晶体敌百虫100克。所用的袋对控制水中药物浓度也有影响,一般布袋用布越紧密药物溶入水中的速度越慢,水中药物浓度也较低,持续时间较长。具体的挂袋数量和袋内的药物量,应视食场区域大小及水深情况而定。

(3)药物浓度的保持:食场周围水中的药物浓度,一般应保持不少于1个小时,否则迟来进食的水产动物就得不到消毒效果。另外,水产动物的每一个体,在食场停留的时间实际是很短暂的,只有当它多次进入食场进食,才能起到消毒作用。

(4)挂袋前的准备工作:为了使池中绝大多数水产动物都能前来摄食,一般应在挂袋前一天,停止投喂饲料,使它们处于饥饿状态,在挂袋后投喂饲料时,能够踊跃进入食场区摄食。同时药在挂袋期间投喂水产动物最喜爱的饲料。饲料的数量可略少于平时投喂的量,使它们既能吃到饲料但又不能很饱,以便于第二天继续挂袋时仍能踊跃进入食场区。

(5)培养定点定时摄食的习惯:如果水产动物没有定时集中到食场摄食的习惯,那应先培养它们定点定时摄食的习惯,方法是每天固定时间,在池边的固定位置投饲,大约经过1周,即可养成水产动物到固定食场摄食的习惯,然后再进行挂袋预防。

2.中草药沤水预防

一般可以就地取材,在病害多发季节,将某种中草药扎成小捆,放入池中沤水,能起到杀灭体表病原体的作用。如用乌桕叶沤水,可以预防细菌性烂鳃病;用楝树的枝叶沤水预防车轮虫病等。这种方法具有副作用小的优点,还可用于疾病的早期治疗。

(二)体内疾病的药物预防

一般采用口服药物,由于药物一般都有苦味或酸味,若直接投喂药物,水产动物都会拒食而起不到预防的效果,必须将药物拌入饲料中投喂。对于鱼、鳖、虾、蟹、蛙类最好将药物掺入饲料制成颗粒饲料,这样可以使药饵在水中保持较长时间的稳定性,药物不致散落,效果较好。中草药也可作为体内疾病的预防药物,必须预先进行加工处理,将中草药加工成粉末状掺入饲料制成颗粒,使用中草药的优点是不易产生耐药性的。体内疾病药物预防的注意事项如下:

(1)用药物掺入饲料做成的药饵:必须是水产动物喜欢吃的饲料,营养全面,不含与药物有拮抗性的物质。因此,在制作药饵时,除营养物质和药物之外,不应加入矿物质及任何饲料添加剂。饲料应尽可能碾成粉末,粉末的颗粒越细越好,并且使用较常规饲料略多的黏合剂,这样,做好的颗粒饲料在水中才能比较稳定,掺入的药物不易散落和溶入水中。

(2)药饵在制备过程中:必须搅拌得非常均匀,使每一颗饲料都含有一定量的药物。

(3)药饵的大小:必须适口。

(4)药饵的药量:应根据水产动物的体重和不同药物的特性来确定。每天投放饲料的量一般是其体重的3%~5%,在用药饵进行疾病预防和治疗时,为使所有投放的药饵全部被水产动物摄食,投放药饵的总量应比平时投喂量少20%~30%,因此每天药饵的投放量不能不超过全池水产动物总体重的3%,根据每天投喂量精确计算添加药物的用量。

(5)用药物预防体内疾病:一般应坚持连续3天投放药饵,切不可投喂一天就停止。因为内服药多数是起抑菌作用,如只投喂一天药饵就不能起到完全抑制的效果,从而达不到预防的目的。

八、消灭陆上终末端寄主及带病原体的陆生动物

有些寄生虫是以水产动物为中间寄主而引起水产动物发病的，它们的终寄主可能是陆生动物，因此，消灭这些陆生动物也就切断了致病寄生虫的生活史，起到了防病的效果。如鸥鸟是许多寄生虫的终末寄主，要用枪击和威胁的方法，使它们不进入池塘。

九、消灭池中椎实螺等中间寄主

椎实螺是双穴吸虫、血居吸虫等寄生虫的中间寄主，应结合清塘工作，杀灭池中的椎实螺（一般夜间附着在水草上），每天傍晚将扎成小捆的草放入池中，第二天早晨将草捞出，将附着在草上的椎实螺杀死。一连几天可以杀死大部分椎实螺，切断上述寄生虫的生活史，预防疾病的发生。

第四节　增强机体抗病能力

病原体是否能引起水产动物生病，要看水产动物本身对疾病的抗病力和外界环境条件。在已知的水产动物疾病中，有许多疾病的病原体是条件致病菌，如嗜水气单胞菌，它是导致淡水鱼类、鳖、蛙等致病的一种危害极其严重的病原体。但它是一种条件致病菌，在通常情况下，当水中这种菌的数量不多，而水产动物的体质较好，抗病力较强时，嗜水气单胞菌并不引起水产动物发病；当水质恶化时，嗜水气单胞菌大量繁殖，在水产动物体质较差或体表受伤的条件下，这种细菌就成为一种危害性很大的致病菌，严重时它能引起鱼、鳖、蛙、蚌等的暴发性败血病，造成死亡率极高的后果。因此，在改善养殖环境、消灭病原体的同

时，不能忽略增强水产动物自身体质和抗病力这一重要环节。增强机体抗病力的工作应包括以下几个方面。

一、选育健壮苗种

在鱼类饲养过程中，常常可见到如下的现象，即在同一个养殖水体中饲养的同一种水产动物，当某种疾病流行时，总会出现一部分水产动物患病，另外一部分不患病的现象，而病后存活下来的鱼，往往都长得很好，这表明同种水产动物的不同个体对相同病原体存在不同的抵抗力。水产动物对病原体感染的抵抗力强弱主要是由其内在因素决定的，而不同个体间的种内遗传差异是导致其抗病力差异的主要原因，这种差异往往是非特异性的。因此，要想达到预防和消除某些疾病的目的，就可利用这种非特异性的个体差异，有计划地选育抗病力强的新品种。

(一)选育自然免疫的鱼类品种

在鱼类养殖过程中，可以见到一些发病严重的池塘，在大部分鱼已因病死亡的情况下，有少数鱼能安然无恙地生存下来，这些生存下来的鱼，可能由于本身有较高的抗病能力，或体内产生了某些抗体，对病原体有免疫作用。根据鱼类病后可获得免疫性的原理，用专池将这些鱼饲养起来，系统地观察某个体和子代是否对某些病原体具有免疫力，有目的地去选育抗病力强的鱼类品种。

(二)应用生物技术改良鱼类品种

根据养殖环境条件，选择生长性能好、抗逆抗病能力强的优良种质，是发展健康养殖的重要前提。生长性能好的良种养殖，可提高饲料转化率，缩短养殖周期，减少劳力、饲料、肥料、能源、水资源的投入，降低环境污染风险，提高养殖效益；抗逆、抗病能力强的品种，能降低养殖过程的病害风险，从而减少大量使用药物造成环境蓄积、机体残留、危及人类健康的可能。采用最新的生物技术，通过杂交培育、理化诱变、细胞融合和基因重组等技术培育抗病品种。

二、科学管理

（一）科学混养和密养

根据当地的水源水质、饲草资源、饲料来源、饲料价格，市场需求、技术水平及防病能力等因素综合考虑主养的品种，然后搭配其他品种。搭配的品种中，应有改善底质的鲫鱼和控制水质的鲢、鳙鱼；放养抢食能力弱的主养品种不可搭配抢食能力强的品种；放养抢食能力强的养殖品种，可以搭配放养抢食能力弱的品种；还应注意上、下水层及养殖时间的利用。总之，应本着高产高效，维持良好生态，少患病害这一原则对混养品种灵活搭配。

另外，放养的密度要合适，养殖密度与池塘水源、水质、配套机械和养殖的品种有关，池塘水源、水质条件好，养殖密度可大些，反之则可小些；池塘增氧机械配套好，养殖密度可增加，反之，则密度小。不合理的混养，往往会造成不同种类之间的矛盾。水质环境对某种类的水产动物是适宜的，对另一些种类也许是有害的，这样就可能引起这些不适种类的水产动物体弱多病；密养也是如此，密度稀会影响动物水体的产量，使经济效益不高，但是过密往往会引起水中溶氧不足，饲料不够，甚至互相残杀，水质变坏等问题，会使水生态环境恶化而体质下降。根据养殖条件不同，选择合适的养殖密度。如无增氧机械，则亩产控制在300～400 千克；如果配有 0.3 千瓦/亩的增氧机械，亩产控制在700 千克左右；0.6 千瓦/亩增氧机械，亩产控制在 1 000 千克左右；1.0 千瓦/亩增氧机械，产量控制在1 000～1 500 千克；1.5 千瓦/亩增氧机械，产量控制在 2 000～2 500 千克。另外，还应根据养殖种类的不同，选择不同的养殖密度，集群快、抢食能力强的鱼，养殖密度可大些；集群慢、抢食能力弱的鱼，养殖密度可小些；耐氧能力强的鱼类，养殖密度可大些；

耐氧能力差的鱼类,养殖密度可小些。

(二)科学投喂

我国水产养殖动物的饲料质量有待提高,目前的饲料系数大多数均高于1.5,氮磷的排放可低于30%,有些渔农仍然使用饲料原料投喂,这会导致很高的饲料系数和饲料成本,水产养殖氮、磷排放高,水产养殖大量的氮磷排放进入天然水体,导致湖泊和近海的富营养化,破坏水生态系统,引发水产动物病害暴发、品质下降,对病害的处理通常会导致新的食物安全问题,如抗生素等一系列问题。不合理的饲料配方和较差的水质往往会导致严重的鱼病问题。

合理的饲料和科学的投喂方法是保证水产动物正常生长、获得较高产量与质量的重要措施,也是增强水产动物抗病力的重要措施。应根据不同养殖品种,选择能满足各生长阶段所需营养物质的饵料,使养殖动物能摄食到适口及营养适宜、蛋白水平适宜但不过高的饵料,满足其生长、生活能量需求,同时提高抗病力。投喂饲料应做到"四定",即定质、定量、定时、定位。定质是指投喂的饲料要新鲜、有营养且不含病原体或有毒物质;定量是指每次投饲的数量要均匀适当,一般以3～4小时内能吃完的量为适宜,若有吃剩的残饵,应及时捞出,不应任其在池内腐烂发酵,破坏水质;定位是指投饲要有固定的食场,使鱼能养成到固定地点池食的习惯,这既便于观察鱼类动态,检查池鱼吃食情况,在鱼病流行季节又便于进行药物预防工作;定时指投饲要有一定的时间,但这一时间又不是机械的,而是根据季节、气候、生长情况和水环境的变化而调整,保证水产动物能吃饱、吃好,而又不浪费以致污染水质。

(三)加强日常管理,谨慎操作,降低应激反应

日常管理内容较多,主要包括以下几个方面。

(1)定时巡塘:巡视水产动物的活动情况,以便及时发现问题进行处理。水产动物的疾病发生前会有一定的预兆,如身体消瘦、体色发黑、离群独游、鱼体浮出水面狂游或打转;鱼的池食量突然减少;池塘中出现死

鱼等。只要在管理过程中细心观察，就能及时发现并及早做出有效的处理。另外，要定时清除残饵、粪便、处理动物尸体、清除杂草、螺等，以免病原生物的繁殖和传播，把疾病造成的损失控制在最小的范围内。

(2)水质调节：7～9月是水产动物生长旺季，这段时间气温、水温较高，水质容易恶化，因此应做好水质调节，减轻病害的发生。水质调节的方法有：

①定期排换水，将污物等排出，保持水质的清新，增加溶氧。池水若长期过肥，有害微生物大量繁殖，产生对鱼体有害的 NO_2-N、NH_3-N、H_2S 等，影响鱼体的正常生长，因此要适时换水。生长旺季每7～10天要加注一次新水，每次注水20～30厘米。

②定期泼撒生石灰，调节池水pH值，pH值是反映水质的一个重要指标，pH值的不稳定影响水体的自净能力，同时引起水产动物的不适。一般15～20天泼撒一次石灰水，使池水浓度达到20～25毫克/升，既可消毒灭菌，又能增加钙质，调节pH值，改善水质。

③全池泼撒漂白粉，使池水浓度达1毫克/升，能起杀菌并净化水质的作用。

④溶解氧的调节，一般鱼类、虾类适合生长的溶解氧含量分别在5毫克/升、3毫克/升以上。适宜的溶氧水平能促进水产动物摄食、促进饲料转化、促进废物分解、减少磷的溶解、增加氮的损耗、改善鱼品质、改善排放水质量。养殖期间，由于残饵等可溶性有机质在塘内不断积累，结果必然造成该环境中异养细菌的大量繁殖和底质总耗氧量的增加，占池塘总耗氧量的52%～74%。池水中溶解氧的变化是有规律的，白天由于浮游植物的光合作用使DO值保持在较高的水平，而夜晚则由于虾池的各种生物的呼吸作用使DO值降低，黎明达到最低点，因此在养殖过程中要经常注意DO变化，发现DO过低要及时采取措施，及时开动增氧机。精养高产塘应坚持“三开两不开”，即晴天中午开，次日清晨开，阴雨天气半夜开；晴天傍晚不开，阴雨天中午不开。当然，如果发现浮头，不管什么时候都要及时开机抢救，避免因缺氧造成死亡。

(3)理化指标检测：定期检测池水的理化指标并抽样养殖动物进行病原体检查分析，以便早发现问题及时采取措施。

(4)谨慎操作，防止受伤：如在清洗池塘、排污时不要伤及水产养殖动物，分选操作时，应选用适宜分选器，并做好准备工作，在分选过程中应尽量避免损伤动物或对养殖动物产生应激反应，防止由于损伤或产生应激后，养殖动物对病原体的抵抗力下降。一般而言，病原体在入侵水产动物的过程中会受到体表黏液、鳞片、皮肤等一系列非特异性免疫防御系统的阻止。黏膜和皮肤是水产动物抵御各种病原体入侵的第一道防线，这些屏障的保护作用是极为有效的。由表皮黏液细胞产生的黏液，极易将碎屑和微生物黏住而将其从机体上清除掉。当水产动物的鳞片脱落、皮肤损伤、黏液分泌殆尽时，都会导致水产动物防御能力降低。因此，在水产养殖过程中，采取适宜的措施，尽量保护水产动物的这些非特异性防御屏障，就能充分发挥其非特异性防御系统的屏障作用，避免或者减少病原体的感染而导致养殖动物发生疾病。在具体操作过程中，要避免水产动物受伤，对于放养的苗种，应选择身体健康、不受伤的苗种用来养殖生产。坚决不从发病地区输入苗种，有的则需注射疫苗或投喂糖类免疫药物等方法来提高水产动物的抗病能力。

(5)控制底泥：底泥含有动物排泄物、残饵饲料、生物尸体和有机淤泥，这些物质的腐败会产生 NH_3-N、H_2S 等有毒物质，严重地影响水生生态环境的平衡，因此池塘土质改良至关重要。

(6)隔离控制：一旦发现水产动物生病，应采取隔离措施，以避免疾病传播、蔓延，扩大疫情，对水体实施隔离控制应做到以下几点。

①控制排水，使其不能流入别的养殖水体。

②发病的个体禁止向其他养殖池转移。

③对发病水体使用的工具要严分开，如果在其他水体使用需经过消毒处理和阳光暴晒。

④生产人员禁止乱入养殖水体，如果生产需要，也需先进行消毒处理。

⑤积极采取治疗和预防措施。

(四)人工免疫

人工免疫就是用人工的方法给鱼体注射、喷雾、口服、浸泡疫苗等，促进其获得免疫性。人工免疫是控制某些危害较大、治疗困难的疾病的有效方法。近年已有多种疫苗、菌苗等用于水产养殖动物疾病的控制，养殖者可根据养殖品种疾病发生情况，选购疫苗，预防疾病的发生。养殖者也可将生病养殖动物的主要组织器官磨浆、离心、灭活制作土法疫苗进行预防。

(五)定期投喂药饵

根据疾病的流行规律，于流行高峰期定期投喂一些抗病药物或提高养殖动物生理机能的药物来预防疾病发生。常用方法为将药物掺入饵料中，如一些对病原体敏感的抗生素及维生素、中草药类如板蓝根、大黄、大蒜、黄连、矿物质等，以满足水产动物特定需求，并提高其生理功能。

(六)及时治疗

发现鱼病要及时治疗。药物使用要符合无公害食品 NY 5071—2002 的要求(详见附录 5:各类渔用药物的使用方法)。

思考题

1. 引起鱼病的因素有哪些？
2. 怎样保持和改良水环境？
3. 用哪些办法控制与消灭病原体？
4. 增强机体抗病能力的措施有哪些？

第五章

品种与引种

提　要　本章对当前养殖的常规鱼类及名优养殖品种的基本情况加以介绍，包括当前养殖情况、营养价值、生物学习性（栖息、食性、溶氧需求、适应盐度、生长等）。每个品种都有自己的特性，繁殖及养殖中有相同之处，还有许多不同点。本章对当前的主要养殖品种在繁殖过程、苗种的培育及不同养殖模式部分特殊之处加以强调等，以使养殖者根据自己的情况，选择养殖品种和养殖方式。并对选择的品种有一个基本了解，在繁育及养殖过程中要特别注意本章所涉及的技术环节。

水产养殖业与农业一样，优良品种对于养殖产量、质量的提高和养殖结构的调整起着十分重要的作用，也是21世纪我国水产养殖业可持续发展的重要保证。水产养殖品种主要来源有两个，一是引种，即将外地优良品种、品系或类型引进本地，经过试验作为推广品种直接应用于生产，可以起到定向改造鱼类区系组成，提高鱼类的产量和质量，充实育种材料的作用。如果引种得当，则见效极快，常可收到立竿见影的效果。二是育种，即应用传统的选育技术和现代的生物技术改良原有品种，培育新品种。培育新品种虽然费时多，困难大，但一旦成功，往往收到一本万利的效果。引种和育种都是改善和改良水产品种工作中不可缺少的组成部分，两者相辅相成，互为补充，在我国渔业生产中发挥着重大作用，做出了重大贡献。据不完全统计，我国引进鱼类的年产量约为30万吨，占全国水产养殖产量的10%左右，通过改良和培育新品种也为我国的水产养殖增加了巨大产量，如建鲤、湘云鲫等品种每年就为我国增加了上百亿元的产值。

第一节　概述

一、品种概念

品种是指经过人工选择而形成遗传性状比较稳定、种性大致相同、具有人类需要的性状的栽培植物群体。品种须有相当数量的个体和品系组成，以保证在品种内能够选优繁衍，而不致被迫近交。一般品种具有较高的经济价值。

品种按培育程度一般分为原始品种和育成品种。原始品种又称地方品种或土种，是在粗放条件下经长期选育而成，高度适应当地生态条件，但生产力一般较差。育成品种，也称培育品种，是在集约条件下通过水平较高的育种措施培育而成，生产效益好。某些品种的特有性状往往可以在动、植物育种中发挥重要作用。

二、有关引种

1. 简述

鱼类的引种指从外地或外国引进优良品种，使其在本地区的水域繁衍后代并达到一定的数量；鱼类的驯化指人类按照自己的需要把野

生鱼类培育成养殖品种的过程。尽管引种和驯化在驯养鱼类的手段和方法上有差异，但最终目标都在于增加养殖对象的数量和提高其质量。引种驯化既可从国内外引进已被证实有显著经济效益的养殖鱼类，使其在当地的池塘或其他水体中生长繁殖；也可以开发国内江河、湖泊中的某些野生经济鱼类，使驯养的鱼类能够适应池塘或水库等环境，成为新的养殖对象。

引种具有简单易行、速效、经济等优点，所以经常为养殖者所采用。通过引种可以尽快地解决当地对特有品种的急需，如在水草多的水库、河流引进草鱼，既防止了水草的危害又增加了渔业产量。引入品种能取代生产上原有品种，是解决生产中迫切需要获得的优良品种的重要途径，使优良品种的养殖面积得以迅速扩展，大范围地提高养殖产量。多品种混养是我国淡水养鱼的传统经验，通过引种驯化可以增加新的养殖对象，改变当地品种的种类、品质及养殖方式，合理利用水体的空间和饵料，实现高产稳产。

我国大规模的新品种引进工作始于 20 世纪 50 年代末。早在 1957 年，我国就通过民间渠道从越南引进莫桑比克罗非鱼。1959 年我国政府接受朝鲜民主主义共和国赠送的原产于北美洲的虹鳟发眼卵 5 万粒和稚鱼 6 000 尾。之后，特别是改革开放以来，先后从孟加拉、日本、埃及、美国、泰国、越南、非洲、墨西哥、苏联、印度、澳大利亚、英国等引进了上百种水产养殖新品种。如莫桑比克罗非鱼(越南)、虹鳟(朝鲜)、白鲫(日本)、露期塔野鲮(泰国)、尼罗罗非鱼(苏丹)、奥利亚罗非鱼(以色列)、蟾胡子鲇(泰国)、革胡子鲶(埃及)、加州鲈鱼(美国)、斑点叉尾鮰和云斑鮰(美国)、麦瑞加拉鲮鱼(印度)、淡水白鲳(巴西)、匙吻鲟(美国)等，其中有的种类已在全国各省、市进行养殖。我国引进新的品种，丰富了我国的水产种质资源。而且大多数品种也不同程度地得以推广应用。有效地促进了我国水产养殖业的发展，并为我国创造了巨大的经济和社会效益。推广应用较好的淡水鱼类品种有罗非鱼、淡水白鲳、斑点叉尾鮰、革胡子鲶、露斯塔野鲮、虹鳟、淡水鲨鱼、条纹鲈等。

2.引种目的

(1)增殖引种:目的在于使被引入种在天然水域中完成全周期驯化,最终能够完全适应该水域,开展渔业利用。例如,我国许多大中型水库进行银鱼的增殖,引入的银鱼已逐步适应新环境,能够自然繁衍并达到了一定的数量和具有一定的分布区域,成为各地重要的渔业资源和出口创汇的紧俏渔产品。

(2)培育引种:目的在于利用生物某一阶段的驯化潜力,驯化阶段主要是养殖、人工繁殖等。以适应苗种繁育、池塘养殖、网箱养殖和大水面放养的需要。例如,四大家鱼能在新环境中肥育、成熟,但不能自然产卵,只有在人工条件下才能繁殖。又如,罗非鱼在长江流域及以北地区地区自然条件下,只能肥育、繁殖,而不能完成其生命周期。

(3)特定目的引种:目的在于某种特殊的需要,如抑制底质种类、消灭敌害生物或病原体,利用特殊饵料资源或充实空闲水体空间等。例如,南方大口鲇等凶猛肉食性鱼类,以适当的数量和大小引入水库等,可以捕食野杂鱼类,从而提高经济鱼类的产量。又如,主养鲢、鳙鱼的池塘引入罗非鱼,可以充分利用水体空间和不同的饵料,提高水体生产力。

3.当前引种存在的问题

(1)存在一定的盲目性和重复引进:随着改革开放政策的不断深入,对外交流与合作渠道不断扩大,不少单位自行联系,往往造成同一技术、同一种类由不同地区和单位重复引进,如虹鳟鱼、罗非鱼、南美白对虾、澳洲龙虾、条文鲈等多次从国外引进,有的因引种后的保种及纯系复壮工作做得不够,导致很快失去其经济优良性状而不得不再次引进等,造成了人力、物力和财力的浪费,同时,也影响了水产养殖业的发展。

(2)推广应用的力度不够:不少单位由于种种原因,包括小集体意识,往往自行引进、自行试验,自然推广生产,导致许多技术和品种引进

后多年仍难以推广，难以形成规模效益，是技术和种质资源的一大浪费。我国引进的不少品种和技术尚未能达到规模化和产业化。多数未建立行之有效的保种和推广基地以及与之相应的各级苗种繁育和养殖基地。引种通常只是引进少量亲体，然后经由这些亲体大量、反复地繁育后代以形成新的种群。引种的初期，经精心选择的品种会表现出令人满意的优良品性。但是随着规模的扩大，与当地环境的融合，与当地相近种群的混合，引入品种会在各方面有些变化，一些特点因缺乏及时的补充而渐渐消失，直接影响到生产的连续性。

(3)检疫工作仍未引起高度重视：一些单位在新技术、新品种引进过程中不能按规定进行检查、检疫。有的虽履行了检查、检疫手续而未能真正做到检查、检疫，甚至有的单位和个人通过民间渠道及企业的商务活动引进的种类根本不履行检疫手续。因此，难以杜绝和查处病虫害的带入。

(4)有些品种对当地生态环境造成影响：物种进入新环境，适应后一般会获得长足的发展，因为新环境中通常缺乏限制其发展速度的天敌。因此，如果对此估计不足或缺乏防范措施，引种的结果弊大于利，好事就可能变成坏事。如克氏螯虾的引种就是一个例子。该虾原生长在美国南部，有一定的食用价值，大约 50 年前被引入我国。这种虾生命力极强，被引种后迅速在我国淡水资源丰富的南方产稻区繁衍开来。由于其性情凶猛，喜穴居，捕食幼蟹，毁坏庄稼，对当地自然物种和埂田堤坝有危害，因此被当地的居民视为敌害。藻类引种也是这样，在尚未对欲引进种的生态习性、生活史等各方面进行详细的了解之前盲目进行引种会引起一系列的生态问题，如引种进入自然环境后进行侵略性生长，使原生境中的种类生长不良或消失，原有的生态平衡被打破。

鉴于以上问题，引种之前应进行认真调查研究和论证工作，引种之前应严格控制养殖范围，在充分进行研究后再推广。

第二节 常规养殖品种介绍

一、鲤鱼

鲤鱼是我国的主要养殖鱼类，我国进行鲤鱼养殖已有 3 000 多年的历史。经过长时间的自然分化、人工选育，形成了形态多样、体色丰富、有鳞无鳞、对特殊环境具有较强适应性的多个地方种群和品种，鲤鱼的种类很多，约有 2 900 种。当前鲤鱼养殖产业全球年产量超过 300 万吨。经选育而成的锦鲤品种有很高的观赏价值。

鲤鱼营养全面。据报道，每 100 克肉中含蛋白质 17.6 克、脂肪 4.1 克、钙 50 毫克、磷 204 毫克及多种维生素。其中，维生素 A 25 微克，核黄素 0.09 克，尼克酸 2.7 毫克，维生素总 E 1.27 毫克，钾 334 毫克，镁 33 毫克，锌 2.08 毫克，硒 15.38 毫克。氨基酸含量完全。鲤鱼蛋白质不但含量高，而且质量也佳，人体消化吸收率可达 96%，并能供给人体必需的氨基酸、矿物质、维生素 A 和维生素 D；鲤鱼的脂肪多为不饱和脂肪酸，能很好地降低胆固醇，可以防治动脉硬化、冠心病。因此，多吃鱼可以健康长寿。

自然条件下，鲤鱼单独或成小群栖息于平静且水草多的泥底的池塘、湖泊、水库及河流中。各种水草和水生植物滋生繁茂的水域，也是各种浮游生物和底栖生物繁衍生息之所，鱼类可以在这里摄取到丰盛食物。水草茂盛处又是鱼类绝佳的排卵产床，每年春天繁殖季节，这类地方都是鱼儿的聚集之所。鲤鱼虽属底栖性鱼类，但这其活动区域常随季候变化、水温冷暖、风力风向、气压高低、水质清浊、水流大小、水位涨落、水体溶氧、饵物环境等随时改变，常进行较大幅度的位置移动。鲤鱼属于底栖杂食性鱼类，荤素皆吃，以荤为主。幼鱼期主要吃浮游生

物,成鱼则以底栖动物为主要食物。小鱼、小虾、红虫、俎虫、螺肉、水蚯蚓以及藻类果实等都能摄食。是它的美味佳肴。随着气候和水温的变化,其摄食口味也会发生某些改变,有时有明显的选择性。鲤鱼的吻部长而坚,伸缩性强,常拱泥摄食,并随之泛起气泡,时常把水搅浑,增大混浊度,对很多动植物有不利影响。鲤鱼与多数淡水鱼一样属于无胃鱼种,且肠道细短,新陈代谢速度快,故摄食习性为少吃勤食。鲤鱼的消化功能同水温关系极大,摄食的季节性很强。冬季(尤其在冰下)基本处于半休眠停食状态,体内脂肪一冬天消耗殆尽,春季一到,便急于摄食高蛋白食物予以补充。深秋时节,冬季临近,为了积累脂肪,也会出现一个摄食高峰期,而且也是以高蛋白饵料为主。人工养殖条件下,可摄食各种饵料。

鲤生长很快,个体大,平均长度达 35 厘米左右,最大个体超过 100 厘米,重 22 千克以上。抗逆性强,可活 40 年以上。自然条件下,鲤鱼一般 2～3 年达到性成熟,人工养殖,鲤鱼雄鱼 1 龄可达性成熟。达到性成熟年龄的亲鱼在非生殖季节:雌鱼体宽,背高,头小,腹部较大而柔软,胸腹鳍小而圆宽,泄殖腔扁平或稍突出,有辐射褶;雄鱼体狭长,头较大,腹部小而硬,胸腹鳍大而尖长,肛门略向内凹,无平行皱折。生殖季节:雌鱼腹柔软呈圆囊形,肛门和生殖孔较大,略红而突出;雄鱼腹部较小,鳃盖、胸、腹鳍具有明显的副性征"追星",肛门和生殖孔内凹,不红肿,轻压腹部有乳白色精液流出。可据以上特征进行亲鱼的挑选。

当水温上升并稳定在 16℃以上时便可催产。产卵鱼巢选择质地柔软、韧性好、无毒、不易腐烂的材料,如松树枝、棕片、聚乙烯片(编织袋)、杨树根等制作,使用前要清洗、扎把、消毒。采用催产药物注射后自然产卵的方式或人工授精方式进行产卵。采用自然孵化或脱黏孵化地孵化方式。天气突变,水质不好,溶氧低,鱼卵被霉菌寄生等都影响孵化率,应设法防止其危害。

鲤鱼的养殖可采取各种模式。可以根据各地的条件加以选择。在南方地区可采用当年养成,北方地区一般需两年养成商品鱼。

当前养殖的主要鲤鱼品种有:丰鲤、建鲤、颖鲤、荷包红鲤、兴国红鲤、散鳞镜鲤、元江鲤、德国镜鲤、荷元鲤、三杂交鲤、芙蓉鲤、岳鲤、锦鲤等。

二、鲫鱼

鲫鱼又称鲋鱼、鲫瓜子、鲫皮子、肚米鱼等，是我国的重要养殖鱼类。隶属于鲤形目、鲤科、鲫属。当前养殖的品种主要有：经过选育的地方优良鲫鱼品种，如高背鲫(20 世纪 70 年代中期在云南滇池及其水系发展起来的一个优势种群，具有个体大、生长快、繁殖力强等特点)、方正银鲫(原产于黑龙江省方正县双风水库，是一个较好的银鲫品种)、彭泽鲫(由江西省水产科技人员选育出的一个优良鲫鱼品种)、淇河鲫等；杂交品种异育银鲫(以方正银鲫为母本，以兴国红鲤为父本，人工交配所得的子代。异育银鲫比普通鲫鱼生长快 2～3 倍，生活适应能力强，疾病少，成活率高，既能大水面放养，又能池塘养殖，是适合养殖的杂交品种)等；湘云鲫(应用细胞工程技术和有性杂交相结合的方法，培育出来的三倍体新品种，自身不能繁育，可在任何淡水渔业水域进行养殖，不会造成其他鲫品种资源混杂)；引进的外来鲫鱼品种——白鲫(原产于日本琵琶湖的，是一种大型鲫鱼，其适应性强，能在不良环境条件下生长和繁殖，对温度、水质变化、低溶氧量等均有较大的耐受力)。

鲫鱼肉质细嫩，肉味甜美，营养价值很高，它含有蛋白质、脂肪、糖类、无机盐、维生素 A、B 族维生素、尼克酸等。据分析，每 100 克鲫鱼肉含蛋白质 13 克，脂肪 1.1 克，糖 0.1 克，硫胺素 6.6 毫克，核黄素 0.07 毫克，尼克酸 2.4 毫克，钙 54 毫克，磷 203 毫克，铁 2.5 毫克。鲫鱼药用价值极高，其性味甘、平、温，入胃、肾，具有和中补虚、除湿利水、补虚羸、温胃进食、补中生气之功效，尤其是活鲫鱼汆汤在通乳方面有其他药物不可比拟的作用。临床实践证明，鲫鱼肉防治动脉硬化、高血压和冠心病均有疗效。

鲫鱼适应性很强的鱼类，栖于江河、湖泊、池沼、河渠中，尤以水草

丛生的浅水湖和池塘较多。鲫鱼是偏植物食性的杂食性鱼类。自然条件下,成鱼主要以植物性食料为主。植物性饲料在水体中蕴藏丰富,品种繁多,供采食的面广。维管束水草的茎、叶、芽和果实是鲫鱼爱食之物,在生有菱和藕的高等水生植物的水域,鲫鱼最能获得各种丰富的营养物质。硅藻和一些状藻类也是鲫鱼的食物,小虾、蚯蚓、幼螺、昆虫等它们也很爱吃。鲫鱼采食时间,依季节不同而不同。春季为采食旺季,昼夜均在不断地采食;夏季采食时间为早、晚和夜间;秋季全天采食;冬季则在中午前后采食。

鲫鱼在自然条件下,每年可多次成熟产卵。批量生产,要进行人工繁育和育苗。辨别雌雄的方法:成熟雄鱼体形修长,胸鳍末端呈尖状,轻压腹部生殖孔有乳白色精液流出;雌鱼腹部膨大,胸鳍末端呈圆钝形,成熟好的雌鱼轻压腹部,生殖孔有卵子流出。人工繁殖采用催产剂注射后自然产卵或人工授精的办法,鱼巢孵化或脱黏后用环道等孵化设施进行孵化,池塘进行苗种培育。

鲫鱼的成鱼养殖可采用池塘主养、网箱养殖、稻田养殖及与鲤鱼、青鱼、草鱼、鲢鱼、鳙鱼、鳊鱼、鲂鱼等多品种混养等多种形式。混养可采用在成鱼池中混养、鱼种池套养、亲鱼池套养等方式。在成鱼池中混养鲫鱼,应放养大规格鱼种。放养时间宜早不宜迟,即冬季放养较春季放养效果好。放养密度每亩水面 150～250 尾。

因鲫鱼品种多,鱼种优劣差别大,养殖户在购买鲫鱼鱼种时,要根据拟养的鲫鱼品种的生物学特征,正确分辨,避免上当受骗蒙受损失。

鲫鱼的抗病能力较强强,但在水质差的情况下常罹患锚头鳋病,症状表现为:浮水慢游、色泽淡白;鱼体表的腹部、背脊两侧(细鳞部位)可见针状虫体寄生;虫体着生处有绿豆或豌豆大小的充血红斑,病灶部位鳞片松动或脱落,黏液增多,少数形成明显的溃疡。病原体为鲤锚头鳋。另外,可罹患车轮虫、肠炎等寄生虫或细菌性疾病。

当前主要养殖的鲫鱼品种有:方正银鲫、异育银鲫、高背鲫、百花鲫、彭泽鲫、松浦银鲫、白鲫、湘云鲫等。

三、草鱼

草鱼(*ctenopharyngodon idellus*)又称鲩、油鲩、草鲩、白鲩、鲩鱼、混子、草根鱼、草青等,隶属鲤形目、鲤科、草鱼属。是中国淡水养殖的"四大家鱼"重要鱼类之一。

草鱼肉质肥嫩,味道鲜美。每百克可食部分含蛋白质15.5~26.6克,脂肪1.4~8.9克、热量83~187千卡[①]、钙18~160毫克、磷30~312毫克、铁0.7~9.3毫克、硫胺素0.03毫克、核黄素0.17毫克、尼克酸2.2毫克。草鱼肉味甘、温、无毒,有暖胃和中之功效。草鱼含有丰富的不饱和脂肪酸,对血液循环有利,是心血管病人的良好食物;含有丰富的硒元素,经常食用有抗衰老、养颜的功效,而且对肿瘤也有一定的防治作用。其胆性味苦、寒,有毒。动物实验表明,草鱼胆有明显降压作用,有祛痰及轻度镇咳作用。江西民间用胆汁治暴聋和水火烫伤。胆虽可治病,但胆汁有毒,常有因吞服过量草鱼胆引起中毒事例发生。中毒过程主要为毒素作用于消化系、泌尿系,短期内引起胃肠症状,肝、肾功能衰竭,常合并发生心血管与神经系病变,引起脑水肿、中毒性休克,甚至死亡,对吞服草鱼胆中毒者尚无特效疗法,故不宜将草鱼胆用来治病,如必须应用,亦需慎重。

草鱼广栖息于平原地区的江河湖泊,一般喜居于水的中下层和近岸多水草区域。性活泼,游泳迅速,常成群觅食。为典型的草食性鱼类。其鱼苗阶段摄食浮游动物,幼鱼期兼食昆虫、蚯蚓、藻类和浮萍等,体长达10厘米以上时,完全摄食水生高等植物,其中尤以禾本科植物为多。草鱼摄食的植物种类随着生活环境里食物基础的状况而有所变化。具河湖洄游习性,性成熟个体在江河流水中产卵,产卵后的亲鱼和幼鱼进入支流及通江湖泊中,通常在被水淹没的浅滩草地和泛水区域以及干支流附属水体(湖泊、小河、港道等水草丛生地带)摄食育肥。冬

---

①1千卡=4.184千焦耳,全书同。

季则在干流或湖泊的深水处越冬。

在人工养殖的条件下，不能自然产卵。需要进行人工催产。生殖季节为4～7月份，水温稳定在18℃左右时可以进行繁育。

草鱼生长快，个体大，最大个体可达40千克。草鱼因食性简单，饵料来源广泛，且生长迅速，产量高，常被作为池塘养殖和湖泊、水库、河道的主要放养对象。养殖模式有池塘主养及套养的多种鱼的养殖池塘进混养。也是大水面增值放流的主要对象。

近20多年来，在我国的南方地区开展了草鱼的脆化养殖，以提高肉质质量。主要是通过改变草鱼的食物结构使其肉质变脆，脆化后的草鱼称“脆肉脘”，其肉质紧硬而爽脆，不易煮碎，即使切成鱼片、鱼丝后也不易断碎，肉味反而更加鲜美而独特。经过这种方式养殖的草鱼，市场易销售、售价高，平均高出0.2～0.5倍，亩增效益1 000元左右，具有较高的经济效益和社会效益。从春季水温15℃以上草鱼开始摄食一直到冬季停食前都可以进行脆化养殖处理，每批脆化养殖的时间不得少于60～70天。期间饲料以高蛋白的蚕豆为主，外加少量青草，但不能添加其他任何饲料。开始时，可停食2～3天，然后投喂少量浸泡后的蚕豆(可将蚕豆用1%的食盐水浸泡12～24小时)，等到草鱼能正常摄食后定时、定量投喂。

草鱼的抗病能力较弱，在养殖过程中病毒性的出血病、细菌性的赤皮病、肠炎病、烂鳃病“三大病”或并发症制约着草鱼养殖的发展。草鱼养殖必须保持水质的清新，要根据不同的发病症状及时采取防治措施。当前许多地方通过草鱼免疫注射防御“四病”发生，达到了一定的效果。另外，草鱼罹患水霉病、小瓜虫病、锚头鳋病等，亦要引起注意。

四、青鱼

青鱼也称鲭、青鲩、乌青、螺蛳青、黑鲩、乌鲩、黑鲭、乌鲭、铜青、青棒、五侯青等。隶属鲤形目、鲤科、青鱼属。主要分布于我国长江以南的平原地区，长江以北较稀少；它是长江中、下游和沿江湖泊里的重要

渔业资源和各湖泊、池塘中的主要养殖对象，为中国淡水养殖的“四大家鱼”之一。

青鱼肉厚且嫩，味道鲜美，富含脂肪，刺大而少，是淡水鱼中的上品。其每百克可食部分蛋白质 15.8～19.5 克，脂肪 2.6～5.2 克，热量 96～125 千卡，钙 25～72 毫克，磷 171～246 毫克，铁 0.8～0.9 毫克，硫胺素 0.13 毫克，核黄素 0.12 毫克，尼克酸 0.17 毫克。青鱼肉性味甘、平，有益气化湿、和中、截疟、养肝明目、养胃的功效；主治脚气湿痹、烦闷、疟疾、血淋等症。其胆性味苦、寒，有毒，可以泻热、消炎、明目、退翳，外用主治目赤肿痛、结膜炎、翳障、喉痹、暴聋、恶疮、白秃等症；内服能治扁桃体炎。胆汁有毒，过量吞食青鱼胆会发生中毒，轻者恶心、呕吐、腹痛、水样大便；重者腹泻后昏迷、尿少、无尿、视力模糊、巩膜黄染，继之骚动、抽搐、牙关紧闭、四肢强直、口吐白沫、两眼球上窜、呼吸深快。如若治疗不及时，会导致死亡。

青鱼栖息的水层下层，一般不游近水面。多集中在食物丰富的江河弯道和沿江湖泊中摄食肥育，在深水处越冬。行动有力，不易捕捉。耗氧状况与草鱼接近，水中溶氧量下限 1.6 毫克/升，窒息点 0.6 毫克/升。生存水温范围 0.5～40℃。繁殖与生长的最适温度为 22～28℃。喜微碱性清瘦水质。主要摄食螺、蚬、幼蚌等贝类，兼食少量水生昆虫和节肢动物。幼鱼期摄食轮虫和无节幼虫、枝角类、桡足类和摇蚊幼虫；体长达 3 厘米左右时食性渐渐分化，开始摄食小螺类。人工池塘养殖，幼鱼喜食粮食饲料，至体长 15 厘米后咽齿压碎功能增强，食性出现转变。2 龄前死亡率较高，食性杂，主食粮食性饵料；2 龄后，特别是体重长至 1 千克时，食性转向软体水生动物，能磨碎坚硬的甲壳后吐壳吞肉。除冬季食欲较弱外，春、夏、秋三季摄食猛烈，且能在气压较低、大多数底栖鱼类普遍厌食的情况下咬钩吞饵。青鱼在“四大家鱼”中生长最快，个体较大，成鱼最大个体可达 100 多千克。

长江流域青鱼首次成熟的年龄为 3～6 龄，一般为 4～5 龄，雄鱼提早 1～2 龄。雌鱼成熟个体一般长约 100 厘米，重约 15 千克。雄鱼成熟个体一般长约 90 厘米，重约 11 千克。繁殖季节为 5～7 月。江河水

的一般性上涨即能刺激其产卵。产卵活动较分散,延续时间较长。人工养殖条件下一般自然产卵,需使用激素催产。绝对怀卵量每千克体重平均为10万粒(成熟系数14%左右),人工催产每千克体重约可获卵5万粒。生殖期间,雄鱼的胸鳍内侧、鳃盖及头部出现珠星,雌鱼的胸鳍则光滑无珠星。

青鱼与鲢、鳙和草鱼等混养,是池塘养殖的主要方式。由于主要摄食螺类,有限的饵料资源影响了青鱼养殖的发展。现采用人工配合饵料已获初步成效。饵料中蛋白质应含28%~41%,视生长的不同阶段增减。

当年青鱼易患出血症,2龄鱼多发肠炎、烂鳃病等,也罹患孢子虫病、车轮虫、三代虫、指环虫等疾病。

五、鲢鱼

鲢鱼又称白鲢、水鲢、跳鲢、鲢子,隶属于鲤形目,鲤科,是著名的四大家鱼之一。为我国主要的淡水养殖鱼类之一。分布在全国各大水系。

其肉质鲜嫩,营养丰富。鲢鱼味甘、性温,入脾、胃经;有健脾补气、温中暖胃、散热的功效,尤其适合冬天食用。可治疗脾胃虚弱、食欲减退、瘦弱乏力、腹泻等症状;还具有暖胃、补气、泽肤、乌发、养颜等功效。

鲢鱼属中、上层鱼。春、夏、秋三季,绝大多数时间在水域的中、上层游动觅食,冬季则潜至深水越冬。鲢鱼性急躁,善跳跃。有逆流而上的习性,但行动不是很敏捷,比较笨拙。鲢鱼喜肥水,个体相仿者常常聚集群游至水域的中上层,特别是水质较肥的明水区。鲢鱼喜高温,最适宜的水温为23~32℃。炎热的夏季,鲢鱼的食欲最为旺盛。耐低氧能力极差,水中缺氧马上浮头,有的很快便死亡。

属于典型的滤食性鱼类,肠管长度为体长的6~10倍。鲢鱼终生以浮游生物为食,在鱼苗阶段主要吃浮游动物,长达1.5厘米以上时逐渐转为吃浮游植物,并喜吃草鱼的粪便和投放的鸡、牛粪。亦吃豆浆、

豆渣粉、麸皮和米糠等，也摄食人工微颗粒配合饲料。对酸味食物很感兴趣，对糟食也很有胃口。鲢鱼的饵食有明显的季节性。春秋除浮游生物外，还大量地吃腐屑类饵料；夏季水位越低，其摄食量越大；冬季越冬少吃少动。适宜在肥水中养殖。

鲢鱼的性成熟年龄较草鱼早1～2年。成熟个体也较小，一般3千克以上的雌鱼便可达到成熟。5千克左右的雌鱼相对怀卵量4万～5万粒/千克体重，绝对怀卵量20万～25万粒。产卵期与草鱼相近。

鲢鱼生长速度快、疾病少、产量高。在天然河流中可重达30～40千克。在池养条件下，如果饵料充足的话，1龄鱼可达到0.8千克左右。

鲢鱼主要的养殖模式是套养，套养在主养鲤鱼、鲫鱼、草鱼、团头鲂等鱼类的池塘中。另外，鲢鱼是大水面增值放流的主要品种，水库、湖泊都流鲢鱼进行水质的调节与渔业资源修复。

鲢鱼易患的疾病主要是打印病和指环虫病等。

六、鳙鱼

鳙鱼也称花鲢、胖头鱼、大头鱼、黑鲢等。隶属鲤形目、鲤科、鲢属。也是我国的主要养殖鱼类。分布水域很广，从南方到北方几乎全中国淡水流域都能看到它的身影。

鳙鱼，其味甘、性温，能起到暖胃、补虚、化痰、平喘的作用。适用于脾胃虚寒、痰多、咳嗽等症状。体质虚弱的人最好多吃胖头鱼的鱼头，它的温补效果很好，还能起到治疗耳鸣、头晕目眩的作用。痰多、眩晕的人可以用胖头鱼和豆腐一起煮食。鳙鱼营养丰富，据测定：每100克鳙鱼含热量100千卡，蛋白质15.3克，脂肪2.2克，碳水化合物4.7克，钙82毫克，铁0.8毫克，磷180毫克，钾229毫克，钠60.6毫克，铜0.07毫克，镁26毫克，锌0.76毫克，硒19.5微克。另外，含多种维生素。该鱼鱼头大而肥，肉质雪白细嫩，是鱼头火锅的首选。鳙鱼脑富含多不饱和脂肪酸，它的主要成分就是我们所说的“脑黄金”，这是

一种人类必需的营养素，主要存在于大脑的磷脂中，可以起到维持、提高、改善大脑机能的作用。因此，有多吃鱼头能使人更加聪明的说法。另外，鱼鳃下边的肉呈透明的胶状，里面富含胶原蛋白，能够对抗人体老化及修补身体细胞组织；所含水分充足，所以口感很好。

鳙鱼性温顺，不爱跳跃，生活在水体中层，具有河湖洄游习性，平时多生活在有一定流速的江湖中。鳙鱼属于滤食性鱼类，主要吃轮虫、枝角类、桡足类（如剑水蚤）等浮游动物，也吃部分浮游植物（如硅藻和蓝藻类）和人工饲料。

鳙鱼的生长速度比鲢鱼快，在天然河流和湖泊等水体中，通常可见到 10 千克以上的个体，最大者可达 50 千克。适于在肥水池塘养殖。在饲料充足的条件下，1 龄鱼可重达 0.8～1 千克。性成熟年龄与草鱼相同或稍早。初成熟个大部分地区体重达 10 千克以上，在两广地区，通常不足 10 千克的亲鱼也可产卵。催产季节多在 5 月初至 6 月中旬，其他繁殖生态条件大致与鲢鱼相同。

鳙鱼一般作为套养鱼类，套养在多种鱼类养殖池中，也可在大水体用网箱进行养殖。也作为淡水湖泊、河流、水库增值放流的重要品种。

该鱼常出现的疾病与鲢鱼相似。水质条件差时有时罹患异形碘泡虫病。

七、鳊鱼

人们通常将身体侧扁、体较高、呈斜方形体型轮廓的一些淡水鱼通称为“鳊鱼”。根据科学分类，可以将它们归入 2 个属，即鳊属和鲂属。在我国已发现的鳊属鱼类有长春鳊、壮体长春鳊、辽河鳊等种和亚种。其中长春鳊分布最广，数量最多，除我国西北、西南地区外，东自上海，西至重庆，北从黑龙江流域，南达海南岛的江河、湖泊中均有分布；壮体长春鳊仅发现于黑龙江；辽河鳊仅产于辽河下游。鲂属鱼类有三角鲂、团头鲂、广东鲂等种，其中三角鲂分布广泛，全国许多大中河流、湖泊中产此鱼；广东鲂仅分布于广东、海南等地；团头鲂仅在长江中游的一些湖泊中发现。但因团头鲂肉味鲜美，适于人工养殖；已在我国许多地区作为重要的养殖对象。这些品种体态相似，食性基本相同。

三角鲂其外形特征与长春鳊基本相同。主要区别在于：三角鲂的上颌与下颌等长，长春鳊的上颌稍长于下颌；三角鲂的腹棱较短，由腹鳍基部起至肛门，长春鳊的腹较长，由胸鳍基部起至肛门；三角鲂的头背和作背面为灰黑色，侧面为灰色带浅绿色泽，腹面银灰色，各鳍青灰色，长春鳊整个身体呈银白色；三角鲂每个鳞片中部为灰黑色，边缘较淡，组成体侧若干灰黑色纵纹，长春鳊则无；三角鲂尾鳍叉深，下叶稍长，长春鳊尾鳍两叶等长。三角鲂与广东鲂、团头鲂的区别是：前者上、下颌有发达的角质缘，背鳍最后硬刺长大于头长，而后二者上、下颌角质缘不明显，背鳍最后硬刺长小于或约等于头长。团头鲂与鳊鱼的差异比较明显的。它与三角鲂有着"近缘"关系，存在较小的差异。

鳊鱼性温，味甘；具有补虚，益脾，养血，祛风，健胃之功效；可以预防贫血症、低血糖、高血压和动脉血管硬化等疾病。

在天然水域中，鳊鱼多见于湖泊，较适于静水性生活，为中、下层鱼类、冬季喜在深水处越冬。其食性为草食性鱼类，摄食能力和强度均低于草鱼。鱼种及成鱼以苦草、轮叶黑藻、眼子菜等沉水植物为食，也喜欢吃陆生禾本科植物和菜叶，还能摄食部分湖底植物碎屑和少量浮游动物，因此食性较广。在水草较丰茂的条件下，鳊鱼生长较快，一般 1 冬龄体重可达 200 克，2 冬龄能长到 500 克以上。以后生长速度逐渐减慢，最大个体可达 3～5 千克。团头鲂生长速度较快，三角鲂生长速度快于长春鳊。鳊鱼具有性情温顺，易起捕，适应性强，疾病少等优点，许多地方开展人工养殖。

鳊鱼 2～3 龄可达性成熟，繁殖季节比鲤、鲫鱼稍迟，比家鱼稍早。长江中下游地区多在 4 月底至 6 月初，即水温在 20～29℃的时节为产卵期。在湖泊中，于水生植物繁盛的场所产卵，受精卵具黏性，附在水草或其他物体上发育。池塘培育的鳊鱼亲鱼，在繁殖季节，如有微流水或其他条件刺激，能造成不集中的自然产卵。所以每年开春后，就要将雌雄亲鱼分开培育，届时人工催情，集中成批繁殖，生产鱼苗。

人工繁殖鱼苗，可采取自然产卵或人工催产方法。鳊鱼的雌雄鉴别比较容易，从鱼种阶段开始，雌鱼胸鳍的第一根鳍条薄而平直，雄鱼的厚则呈“波浪”形弯曲。性成熟后，雄鱼胸鳍的前数根鳍条的背面，尾柄的背、腹侧缘都有密集的“珠星”，用手摸有粗糙感，腹部较小，轻压后腹部有乳白色精液流出；雌鱼仅眼眶骨及背部有少量“珠星”，腹部膨大而柔软。由于鳊鱼鱼卵为黏性，可使卵附着在人工设置的等鱼巢上，然后在静水中孵化。也可以采用人工采卵授精，然后将受精卵脱粘，再进行流水式人工孵化。

养殖方式有池塘主养或混养，有在水草较丰茂的湖库水面粗养，也可利用网箱进行集约式养殖。

八、罗非鱼

1. 概况

罗非鱼属鲈形目，丽鱼科，起源于非洲，是联合国粮农组织推广养殖的种类之一，目前全世界有 85 个国家和地区养殖罗非鱼，年产量 120 多万吨。我国罗非鱼年产量达 70 多万吨，占世界总产量的 60％左右。罗非鱼共有 100 多种。我国先后从国外引进并已大量推广养殖的有：莫桑比克罗非鱼（俗称非洲鲫鱼）、尼罗罗非鱼、奥利亚罗非鱼以及红尼罗罗非鱼（彩虹鲷）。目前，养殖罗非鱼种类以尼罗罗非鱼、奥尼鱼、单性罗非鱼和彩虹鲷为主。为了加快罗非鱼的生长速度，使其快速长成国际市场所需的大规格商品鱼，联合国 ICLARM 机构联合菲律宾、挪威等国科研机构合作，通过 4 个非洲原产地直接引进的尼罗罗非鱼品系（埃及、加纳、肯尼亚、塞内加尔）和 4 个亚洲养殖比较广泛的尼罗罗非鱼品系（以色列、新加坡、泰国、中国台湾）经综合选育，获得优良尼罗罗非鱼品系，称吉富罗非鱼。目前，吉富鱼已选育到第 13 代。在世界各国的养殖试验显示，吉富鱼每向下选育一代，其生长速度就加快 6％～12％。

中国大陆罗非鱼出口仅有 10 年历史。出口总量和出口金额逐年迅速增长，形势十分喜人。2004年罗非鱼产品出口数量居水产品出口的第二位，出口金额居水产品出口的第三位。出口市场主要分布在美国、墨西哥、加拿大等地。2002—2004年各类罗非鱼出口价格出现下降，2005年有了改观，国际市场对罗非鱼的需求量不断增长，我国罗非鱼出口数量持续上升，出口总量以20%的速度递增，价格上涨了15%以上。目前，美国、加拿大、德国等国家对我国罗非鱼要货量最大。

2.生物学习性

(1)温度适应性：罗非鱼属热带鱼类，要求较高的水温，适温范围是14～38℃，在28～32℃生长最快，低于13℃时行动呆滞，不摄食少动，据报道：尼罗罗非鱼的临界温度为8.61℃±0.15℃，而奥利亚罗非鱼为7.13℃±0.07℃。致死温度，尼罗罗非鱼为6.14℃±0.11℃，而奥利亚罗非鱼3.95℃±0.24℃。除我国的海南、台湾、广东的部分地区，在其他大部分地区都不能自然越冬。必须在有热源的地方越冬保种后，进行养殖，在9月至11月初出池上市。

(2)盐度适应性：罗非鱼是广盐性鱼类，在淡水、半咸水(盐度0.3～24.7)甚至咸水中正常生长。因此，可适应不同盐度水体养殖。盐碱地半咸水资源适宜于罗非鱼养殖开发，如山东省沿黄及黄河三角洲地区广阔的盐碱水域得到极大发展。罗非鱼不同品种耐受盐度存在差异。各品种适宜的范围如下：尼罗罗非鱼 ＜13，奥尼罗非鱼 ＜17，彩虹鲷 ＜21，奥利亚罗非鱼 ＜25。养殖时根据半咸水的盐度选择适宜品种。另外，不同规格罗非鱼耐受盐度不同。一般规格越大耐受盐度能力越强。盐度高的水域放养时尽量放养大规格苗种。放养时盐度要逐步由低到高驯化放养。

(3)对溶氧的需求：罗非鱼能耐低氧，溶解氧降到1.5毫克/升时仍能正常生活，1.0～1.2毫克/升时出现浮头，0.3～0.4毫克/升时窒息死亡。虽然罗非鱼可耐低氧至1毫克/升以下，但是它对低溶氧非常敏感，当水中溶解氧低于2.5毫克/升以下时，罗非鱼就开始浮头，长时间的浮头不但影响其摄食、消化、生长，还很容易引起疾病发生。因此，养殖时，正常溶解氧应在3毫克/升以上。

(4)食性:罗非鱼是以植物性饲料为主的杂食性鱼类,自然条件下,在幼鱼阶段主要摄食浮游生物;成鱼的食物种类很多,各种藻类、嫩草、有机碎屑、底栖动物和水生昆虫等都是摄食对象,并能消化其他鱼类不能消化的蓝藻和绿藻。人工养殖罗非鱼的食性很广,能食几乎所有商品饲料,如糠麸类、饼(粕)类、水陆生植物及动物性饲料(如蚯蚓、蝇蛆、小昆虫等),这些饲料来源很广,价格低廉。但是为了提高饲料的利用效率,减少水质污染,加快生长速度,特别是半精养、精养池塘中,应该投喂饲料系数低、质量好的配合饲料,并经常施肥,培养天然饵料。

(5)不同品种(系)习性区别:奥利亚罗非鱼对低温的耐受能力比尼罗罗非鱼略强,临界温度为 7.13℃±0.07℃,致死温度为 3.95℃±0.24℃。其耐盐性也比尼罗罗非鱼强,耐盐度可达 5%。在食性上,奥利亚罗非鱼在鱼苗时,主要摄食浮游生物,特别是浮游动物,2 厘米后摄食丝状藻类等,鱼种到成鱼主要为杂食。由于它食性广,能消化一些其他鱼类不易消化的藻类和不喜欢摄食的食物,所以池塘养殖可采用施肥与投饲相结合的方法。投喂人工饲料,我国主要以植物蛋白为主要饲料蛋白源,粗蛋白质的含量应控制在 28%以上,特别是集约化养殖时,粗蛋白质含量应控制在 30%为宜。其精养和集约式养殖,增产潜力很大。

奥尼罗非鱼(奥尼鱼)是用奥利亚罗非鱼为父本与尼罗罗非鱼为母本进行杂交,而获得的杂交子一代。奥尼杂交罗非鱼具有双亲形态的大部分特点。其形态较接近母本尼罗罗非鱼,体态较双亲更丰满肥厚。体形、尾柄短而高。尾鳍末端呈钝圆形;背鳍、臀鳍有黑白相间的斑纹。尾鳍上有类似尼罗罗非鱼的黑白相间的条纹。背鳍边缘蓝黑色,性成熟时尾鳍边缘呈红色。体侧有不规则黑色条纹和斑点。一般奥尼鱼尾鳍条纹没有尼罗罗非鱼的整齐、清晰,特别是越靠近边缘条纹越乱。奥尼鱼的优点很多,特别是它的雄性率高,达到 83%~100%,平均在 92%以上,对养殖雄性罗非鱼,提高个体规格和群体产量极为有利,基本上能解决罗非鱼在养殖过程中繁殖过多的问题。奥尼鱼的制种方法比较简便,只要水温稳定在 18℃以上,将成熟的上述雌雄亲本放入同一繁殖池中，水温上升到 22℃时，它们就能自行产卵受精育出鱼苗。在水温达 25～30℃的情况下，每隔 30～50 天可繁殖一次。

奥尼鱼的生长速度比父本鱼快 17%～72%，比母本鱼快 11%～24%；群体产量超过福寿鱼，增产效果显著。其临界温度下限为 8.25℃，致死温度 5.5℃，抗寒能力比尼罗罗非鱼和福寿鱼都略强。其含肉率比福寿鱼也略高，肉质清爽。其抗病能力也较强。但是奥尼鱼制种时的产苗率较低，因为尼罗罗非鱼(♀)与奥利亚罗非鱼(♂)这一组合的杂种产苗量较少。据报道，奥尼鱼的产苗率仅为奥利亚罗非鱼纯种繁殖产苗率的 1/6～1/3，仅为尼罗罗非鱼纯繁苗的 3/5。所以在进行杂交组合时，根据制种计划，应考虑增加亲本数量。

罗非鱼广为养殖的还有红罗非鱼。即彩虹鲷，是尼罗罗非鱼体色变异，经选择而来。体色存在差异，并与一些性状相关联。养殖过程中粉红色生长最快，橘红次之，橘黄最慢，这表明罗非鱼的生长虽与体色有关，但主要受到一些遗传因素的影响；在苗种培育过程中发现粉红色成活率低，抗逆性稍差，橘红次之，橘黄色生存力最强，在苗种越冬过程中尤其明显；体色粉红、橘红、橘红间黑点的鱼腹膜均为白色，橘黄色间黑斑的鱼腹膜黑色或间黑色。

3. 苗种繁育

苗种质量对养殖效果起很大作用，优良苗种是成功的关键，罗非鱼尤其如此。罗非鱼品种多、成熟早、繁殖快、易混杂，混杂后造成种质质量下降。必须采取一定措施，保证其种质纯度。罗非鱼苗种的繁殖采取两种方法，即自然繁殖与人工繁殖。

(1)自然繁殖：所用亲鱼来源清楚，种质纯正，血缘关系远，体质健壮无疾病、无伤残、无畸形、发育良好，种质标准符合国家有关《尼罗罗非鱼》和《奥利亚罗非鱼》水产行业种质标准。初次繁殖雄亲鱼体重在 300 克以上，雌亲鱼体重 220 克以上，年龄在 6 个月以上。最长使用年限不超过 6 冬龄。雌雄比例按(3～4)：1，放养数量：每亩 500～800 尾。放养温度：当水温稳定在 18℃以上时，将亲鱼放入池塘进行繁育。

雌雄鉴别：雌鱼腹部臀鳍前方有肛门、生殖孔和泌尿孔，成熟个体的生殖孔突出；雄鱼腹部臀鳍前方有肛门、泄殖孔，成熟个体的泄殖孔大而突出，用手轻压鱼体腹部有乳白色的精液流出。

管理：

①每周加注新水30厘米以上，每半个月换水一次(1/3以上)，保持池水透明度25～30厘米。

②7～9月份每半个月泼撒一次生石灰，浓度为15～20毫克/千克，每月泼撒1毫克/千克漂白粉和灭虫剂，预防疾病发生。

③根据水温和天气情况调整投饵量，投饵率为2%～5%，分4次投喂，所用饲料营养全面，含蛋白质30%以上，无变质。

④出苗后，每天清晨沿池边用密网将小苗捞出，计数后放专池培育。

⑤专人管理，做好各项记录。

(2)人工繁殖

①人工繁殖在育苗车间进行，用水经先进的设施严格消毒、过滤，繁殖出的幼苗从小池到大池逐级进行培育。

②亲鱼选择同自然繁殖，选择后雌雄个体分开，放养在不同培育池。

③经半月强化培育后，将亲鱼放入产卵池进行产卵或注射激素进行催产，对自然产卵群体，每7天放水后，将含卵亲鱼吐卵，收集计数后放孵化设施孵化。

④经催产的亲鱼采取相应的措施获得受精卵，收集计数后放入孵化设施孵化，将亲本分别放入培育池继续培育。

⑤孵出的幼苗移入培育池进行培育。

4. 苗种培育

苗种培育是养成中的重要环节，生产优质苗种是养成大规格商品鱼的前提，必须严格按操作规程进行，在北方需要越冬的地区，入温室越冬的鱼种，入温室时规格达到20尾/千克左右。当自然池塘水温达到并稳定在18℃以上时，即为适宜投放的时间。可以投放刚孵出的幼苗、2 厘米左右的乌仔或 3 厘米的寸片。根据来源确定。

5. 越冬保种

罗非鱼作为一种热带性鱼类，在我国大部分地区冬季需要在有热源的地方进行越冬保种。在长江以北地区每年有 5～6 个月越冬期。罗非鱼越冬，关键要掌握越冬入池的时间、鱼池消毒、放养密度、水质和水温的调节、饲养管理、病害防治等技术。秋季室外水温降至 18℃前鱼种入越冬池，春末室外水温回升并稳定在 18℃以上后，鱼方可出越冬池。越冬方式有多种，常用的是室内水泥池越冬及塑料大棚越冬。水源可有工厂余热水及地下温泉等。鱼池可建在温室内，通过加温保暖越冬，也可利用热源进行室外流水保温越冬。

6. 成鱼养殖

罗非鱼生长快、食性杂、抗逆性强，可用多种方式进行养殖。如池塘养殖、网箱养殖、流水池养殖、稻田养殖、藕池养殖等。只要温度适宜，能够用于其他鱼的养殖方式、养殖池塘大都可养罗非鱼。

7. 病害

罗非鱼抗病能力强，很少有暴发性疾病发生，但当环境条件不适宜，特别是在越冬期间，也会发生疾病。当发现鱼有不正常行为时，应立即调查原因采取有效的防治措施，控制鱼病的发展。在用药方面，要对症下药，不能滥用药物，杜绝使用易被鱼体积累和污染环境的有机物、剧毒农药、重金属、抗生素、呋喃类、磺胺类等药物。罗非鱼常见疾病有：溃疡病、爱德华氏菌病、水霉病、链球菌病、车轮虫病、指环虫、三代虫病、罗非鱼暴发性综合征等。

九、淡水白鲳

1. 分类与概况

淡水白鲳，学名短盖巨脂鲤，隶属于脂鲤目、脂鲤科、巨脂鲤属。原产南美亚马逊河流域，是食用和观赏兼备的大型热带和亚热带鱼类。在巴西中南地区的所有河流中均有分布，包括委内瑞拉、秘鲁、哥伦比

亚许多河流。

淡水鲳于1982年被引入我国台湾省，之后人工繁殖成功，开始在淡水鱼池推广养殖。1985年从台湾省经香港引入广东省试养，1987年获得人工繁殖成功，以后，在较短时间内迅速由南向北推广，逐渐推广全国，在全国许多地市形成养殖热潮，现已成为我国池塘养殖的重要品种之一。成为年产量最高的名、特、优品种。

淡水白鲳具有食性杂、生长快、个体大、病害少、耐低氧、易捕捞、肉厚刺少、味道鲜美、营养丰富等特点。在扩大池塘养殖对象，增加单位面积产量方面是一种有价值的鱼类。利用其生长快的特点，在我国只要具有3个月以上，水温在25～30℃的地区，就可养成商品规格上市。利用地热水资源或热电厂、钢铁厂、化工厂等余热水养殖，也可取得很好的收益。其繁殖和养殖技术简单，养殖规模在不断扩大。

2.生物学习性

(1)栖息习性：淡水白鲳栖息于水体的中下层，性情温顺，有成群活动的习性，群居和群游。饥饿状态时会游至上层抢食。因其集群的习性，比较容易捕捞，一网起捕率可达90%以上，适合不易抽干水的池塘养殖，因其鳞片细小致密，无硬棘，不易受伤，适宜于长途运输。

(2)对温度的适应性：淡水白鲳是热带鱼类，耐低温能力较差。11℃时出现休克，水温持续两天低于12℃时，就有冻死的危险。适宜生活的温度范围为12～35℃，适宜生长的温度为21～32℃，最佳生长温度24～32℃，繁殖的最适温度为25～28℃，孵化水温为25～30℃。

由于淡水白鲳不耐低温，在我国长江流域及其以南地区，4～11月这段时间里可以自然生长，生长期160～180天；在我国黄河流域及其以北地区，5～9月这段时间里可以自然生长，生长期120～150天。因此，对于没有热源进行越冬的地方，养殖淡水白鲳要先考察好市场，确定好销路后再进行养殖，以免因压塘，造成损失。

(3)对溶氧的需求：该鱼对低氧耐受力较强，溶氧降到0.5毫克/升以下时，"四大家鱼"和罗非鱼因缺氧而浮头死亡时，淡水白鲳在也少见浮头。因常与罗非鱼混合养殖，购买时与罗非鱼一起购买，混合运输，但混合运输易造成罗非鱼死亡，因此尽量避免。在溶氧为0.5毫克/升时仍能生存，适宜在较肥的鱼塘中养殖，当溶氧为4～6毫克/升时，生长最佳。淡水鲳虽耐低氧，但一旦浮头，很快引起死亡，因此须特别注意。

(4)对水质与pH的适应：淡水白鲳比一般鱼类适应的酸碱度范围要广，喜生活于微酸性的水体中或中性水，适宜其生长发育的pH值在5.6～7.4，最适pH值为6.5～7.4。在酸性水环境中体色鲜艳，碱性条件下体色较深，呈深灰至黑色。许多不适合养其他鱼类的偏酸性水体，可用于淡水鲳养殖。

(5)盐度适应性：淡水白鲳适盐范围较广，既可在淡水中养殖，也能在盐度值为10以下的半咸水中正常生长，最适宜的盐度值为5～10。经逐级驯化后，淡水白鲳还能在盐度为20的水体中存活。因此，淡水鲳也是盐碱地、低盐度半咸水选择的良好品种。

(6)食性：淡水鲳是典型的杂食性鱼类。鱼苗阶段主要以浮游动、植物为食，如硅藻、甲藻等单细胞藻、轮虫、枝角类、桡足类等，鱼种阶段可投喂植物碎屑及人工配合饲料。刚孵出的仔鱼以卵黄为营养，4～5天后肠管形成，此时全长约5.6毫米，开始摄食浮游生物，主要是小型单孢藻和轮虫类；据解剖发现：在全长16毫米左右时，其消化道内的食物主要是浮游动、植物；当全长长至4～5厘米时，肠胃内食物主要是浮游动物；全长6厘米左右时，消化道中食物组成除各种浮游生物外还有植物碎屑和人工投喂的饲料。当全长达7厘米以上，其食物组成主要是各种植物碎屑和投喂的饲料。淡水白鲳成鱼的食性较杂，藻类、浮游动物、水生生物、腐殖质及鱼虾碎屑等它都爱吃，对人工饲料如米糠、麦麸、豆饼、花生饼、菜饼、米饭、蚕蛹、鱼粉、鸡饲料等也能充分利用，尤其喜食动物性下脚料。

淡水白鲳鱼的摄食方式是吞食。其消化系统发达，具有肉食性鱼类所具备的膨大的胃和幽门囊，既摄食小鱼、虾和底栖动物等动物性饲料，又摄食水草、蔬菜、藻类等植物性饲料。因此，人工养殖，饲养容易解决，可根据当地条件，灵活选择。

(7)生长特性：淡水鲳生长迅速，个体较大，最大个体可达20千克。

饲养1周年体重可达1 000克以上。成鱼个体在1 500克以后，生长速度减慢。在广东，当年孵化的鱼苗，饲养到年底可长到500克以上的上市规格，最大的可达1 000克以上；到第二年可长到2 000克左右。在浙江，当年于4月下旬至5月上旬人工繁殖的淡水鲳鱼苗育成夏花后，饲养4个月以上，尾重达240克左右，也达到了食用鱼规格。在长江以北，当年繁殖的鱼苗一般不能当年养成(冬季利用热水资源提早繁殖的除外)，一般养殖越冬后的鱼种。淡水鲳的群体生长较均匀，个体差异较小，在饲料充足的情况下种内一般不互相残杀。但在鱼种阶段，饲料不足因饥饿会互相咬伤，有的因尾鳍被吃掉而死亡，规格相差大时，也会吞食较小的个体，因此在饲养过程中要保证饲料充足。

(8)繁殖习性：在自然条件下，一般3周年可达性成熟。因在成熟前，生长基本不受年龄限制，体重随年龄增长而增加，年龄和体重在正常情况下都呈正相关，即年龄越大，体重越大；反之，则小。在不同的培育过程中，由于生态条件和营养条件不同，体重的差别相当悬殊。正常情况下，刚达成熟的个体，雌鱼体重在2～4千克，雄鱼在2～3千克。淡水鲳一年可多次产卵，适宜条件下，催产过的亲鱼30～40天即可成熟良好。卵为半浮性，卵粒较小，初次成熟的个体，吸水后的卵，每毫升可达400个左右。5千克的雌鱼，其绝对怀卵量可达100万粒。其繁殖水温为23～33℃，低于23℃即使注射催情药物也不会产卵。

3.淡水白鲳繁殖

淡水白鲳为每年多次产卵的鱼类。在培育良好的条件下，催产后的亲鱼40天左右即可在此成熟。亲鱼培育重点是投喂优质的配合饲料。另外，每天投喂部分麦芽、青菜叶、西瓜皮等促进发育。因白鲳摄食量大，成鱼阶段以后不摄食浮游生物，水质一般较肥，池塘不能施肥。要经常加新水，根据池塘肥瘦、季节、天气和水温等情况灵活掌握。每天用潜水泵冲水刺激2～3小时，对亲鱼性腺快速发育有很大作用。

催情产卵时，须掌握合适的雌雄搭配比例，因此需要正确地鉴别亲鱼的雌雄。淡水白鲳第二性征不明显，特别是第一次繁殖的鱼，怀卵量少，直到繁殖季节都不易区分雌雄。用于繁殖的亲鱼必须是体质强壮、无病无伤。一般雌鱼主要特征是：催产前选择时，雌鱼腹部膨大松软，能隐约显示出卵巢轮廓，泄殖孔微红，稍微分开，用挖卵器检查可见卵粒；雄鱼主要特征是：腹棱较明显，前胸至腹部显示红色，较之雌鱼更深而鲜艳，体表呈银灰色，泄殖孔略封闭，挤压腹腔部有精液流出。

淡水白鲳成熟非常好，遇大雨天及有水流刺激的情况下，有时能诱发产卵，但这种情况很少，一般在池塘中很难自然产卵，需进行人工催产。催产药物可采用促黄体素释放激素类似物和绒毛膜促性腺激素混合使用，成熟好的可一次注射，成熟差点的亲鱼，采用2次注射的方法，间隔6～10小时。淡水鲳受精卵，一般用孵化桶或孵化环道进行孵化。受精卵发育需较高溶氧，放卵密度要比家鱼孵化小，流速稍快，28～30℃时，15～17小时出膜。出膜后3～4天腰点形成，能够平游摄食，此时可下塘进行培育。

4.鱼苗培育

淡水白鲳育苗培育技术与“四大家鱼”培育基本相同。经20～25天的培育，鱼苗全长达到2.5～3.0厘米时，应进行拉网锻炼，增强鱼苗体质。然后分塘进行鱼种的培育或销售。有时因为密度大，水质差等原因，会出现鱼苗大小不齐的现象，在分塘或出售时要进行筛分，否则会出现大鱼吃小鱼的现象，造成苗种培育成活率低的问题。

5.鱼种培育

由于淡水鲳在大部分地区在室外池塘不能越冬，要进温室保种，第二年养成。进入温室的鱼种要求一定的规格，需要专门的池塘进行培育。具体进池的规格根据越冬条件，拟养殖的规格等确定。这样就需要有计划培育。

6.越冬保种

淡水鲳不耐低温，6～7月份繁殖的鱼苗，当年不能养成商品规格，大部分地区需要利用工厂余热水、温泉水、温室加温等办法越冬。在我国北方，自然条件下，9月底、10月初，水温降到17～18℃时就需进入

越冬池。除罗非鱼外淡水鲳是我国温室越冬保种的主要鱼类，其耐低温能力不如罗非鱼，在越冬期间的管理比罗非鱼严格，需要更好的越冬条件。淡水鲳越冬方式主要是温室越冬，工厂余热越冬、大棚越冬等。温室越冬和工厂余热越冬一般使用工厂化现代设施。

进鱼前要先对越冬池用高浓度的漂白粉消毒，进鱼时用漂白粉和硫酸铜合剂(10 毫克/千克漂白粉，8 毫克/千克硫酸铜)对鱼体浸洗。由于淡水鲳鳞片小，进池拉网时容易擦伤皮肤，感染疾病，进池后，尽量使水温保持在 25℃以上以尽快恢复体质。因为大多数越冬池温度不高，在整个越冬期间，要使温度保持在 18～20℃以上。饵料要保质、保量。每天投喂量为鱼体重的 2%，分 4～6 次投喂，并经常投喂青菜等青饲料如胡萝卜等，因越冬池鱼的密度较大，排泄粪便多，水质氨态氮较高，氨态氮对鱼的危害较严重，因此要经常排污，尽量多换新水，调节水质。越冬期间定期使用漂白粉、硫酸铜等药物防病，同时每月投喂 1～2 天药饵。

7. 成鱼养殖技术

淡水鲳生长快、食性杂、抗病力强、耐低氧的优良特性，决定了其比较容易养殖。成鱼养殖可采用池塘养殖、网箱养殖、稻田养殖、河沟养殖、工厂化流水养殖等几乎所有的养殖方式，最常见的是池塘养殖和网箱养殖方式。

8. 病害

淡水白鲳抗病能力强，不易感染疾病，水温在 26℃以上时，成活率一般在 90%以上。当水温在 22℃以下，特别是鱼苗阶段和越冬期间时易患小瓜虫病、白皮病、水霉病等。鱼病防治应遵循“无病先防、有病早治，防重于治”的方针。淡水白鲳对敌百虫最为敏感，当敌百虫浓度在 0.2 毫克/千克时即引起鱼的死亡，因此对淡水白鲳来说，敌百虫属于禁止使用的药物。而对硫酸铜、漂白粉和其他消毒剂等有较好的耐受能力，可以作为鱼病治疗的药物。

第三节　名优养殖品种介绍

一、斑点叉尾鮰

1.分类与基本情况

斑点叉尾鮰(*Ictalurus punctatus*)又称沟鲶,河鲶、美洲鲶,属鲶形目、鮰科、叉尾鮰属。斑点叉尾鮰天然分布区域在美国中部流域、加拿大南部和大西洋沿岸部分地区,以后广泛地进入大西洋沿岸,即北美洲的淡水和咸水水域中,现在基本上全美国和墨西哥北部都有分布。主要是生活在水质无污染、沙质或石砾底质、流速较快的大中河流中。不仅适应淡水水域,也能进入半咸水域生活。是美国养殖最普遍、技术最成熟的主要淡水养殖品种之一。占美国淡水养殖产量的70%以上。

斑点叉尾鮰是大型的淡水鱼类,最大个体可达35千克以上,含肉率高,蛋白质和维生素含量丰富,肉质细嫩,味道鲜美,深受美国、加拿大和其他许多国家消费者的欢迎,加工好的成品及半成品在西欧、日本等地均受到极大欢迎。

我国的斑点叉尾鮰是湖北省水产科学研究的于1984年引进的,经过多年的研究及推广养殖,斑点叉尾鮰养殖已发展到我国20多个省、市:其中广东、广西、湖南、湖北、江西、安徽、江苏、四川和山东都有较大规模养殖。养殖方式主要是池塘养殖和大水面网箱养殖,还有部分流水养鱼模式。据不完全统计,我国养殖斑点叉尾鮰年产量为10万吨左右。

因斑点叉尾鮰具有诸如以上生长快、个体大、食性杂、适应性范围广、抗病能力强、养殖过程中很少得病,含肉率高、无肌间刺、肉嫩味美、

营养丰富、易于加工等特点，深受消费者、养殖业主、加工厂的欢迎。是一种营养价值极高的名贵经济鱼类。适合在我国绝大部分地区养殖。

2. 习性

(1)栖息：斑点叉尾鮰在池塘养殖条件下，栖息于水体底层，喜欢在阴暗的光线条件下摄食，有昼伏夜出的摄食习惯。性较温顺，有集群的习性。较易捕捞，一网起捕率在70%左右。对生态环境的适应性强，大多数水体都可以养殖。

(2)食性：斑点叉尾鮰是以动物性食物为主的杂食性鱼类。体长2.3～4.5厘米的幼鱼主要摄食个体较小的浮游动物，如轮虫、枝角类、桡足类、摇蚊幼虫、无节幼体等，也可摄食部分商品饲料。自然条件下10厘米到成鱼以浮游动物、各种蝇类、摇蚊幼虫、软体动物、大型水生植物、植物种子和小杂鱼为主食。在人工饲养下，成鱼则以人工饲料为主，也吃底栖生物，水生昆虫，枝角类，无节幼体，甲壳动物，有机碎屑等。幼苗期以吞、滤食方式并用，10厘米以上至成鱼以吞食为主，兼滤食，投喂配合颗粒饮料生长良好。据研究，对饲料中蛋白质的要求量为：鱼苗阶段为40%，鱼种阶段为34%～36%，成鱼阶段为30%～32%，动物蛋白比较适合其需求，一般要占一半以上。斑点叉尾鮰性贪食，有集群摄食的特点。

(3)适应水温：该鱼适应范围广、适温范围0～38℃，最适生长温度18～32℃。斑点叉尾鮰在水温4～5℃时就开始摄食。36℃时停止摄食，其生长温度为5～35.5℃，因此在我国大部分地区都可以进行养殖。

(4)溶氧需求：斑点叉尾鮰其正常生长溶氧要求3毫克/升以上，因此进行养殖时，溶氧必须保持3毫克/升以上。低于3毫克/升时生长受到影响。低于1.3毫克/升时出现浮头，低于0.8毫克/升时短时即窒息死亡。因此可见，该鱼不太耐低氧，容易出现“浮头”引起死亡。养殖水体需要保持较高的溶氧和清新的水质。池塘养殖需要配备增氧设施。

(5)适应盐度与pH:该鱼能适应较广的盐度范围,据研究报道其适宜的盐度范围为0.2～8.5。在盐碱地水域能很好地生长,是低盐度半咸水水域适合选择的品种。斑点叉尾鮰适应pH值范围也较广,在5～9.5之间均可生存,而以6.3～7.5为最适范围,正常生长的pH值为6.5～8.9。因此,一些不太适合其他一些鱼类的偏酸性的水域可选择该鱼养殖。

(6)生长:斑点叉尾鮰属大型鱼类,生长快,最大个体可达20千克以上,池养条件下,当年鱼体长可达13～19.5厘米,2龄鱼可达26～32厘米,3龄鱼为35～45厘米,雄鱼的生长速度快于雌鱼。

(7)繁殖习性:斑点叉尾鮰性成熟年龄多为4龄,人工饲养条件好的少数3龄鱼可达性成熟。据报道,性成熟亲鱼体重为1 000克以上,相对怀卵量为3 913粒/千克体重。性成熟的亲鱼卵巢通常在Ⅲ期末越冬,产沉性卵,卵膜较厚,卵受精后黏连成不规则的块,卵的直径为3.45毫米,产卵水温为18.5～30℃,最适水温为23～28℃。属一次性产卵类型,在我国南方地区繁殖季节一般在6～7月份,在北方地区繁殖季节为7～8月份。

3.繁育方式

(1)亲本特征:斑点叉尾鮰亲鱼必须经过良好的培育才能顺利产卵。成熟的雄鱼体形较瘦,头部宽而扁平,两侧有发达的肌肉,颜色较暗淡,呈灰黑色;生殖器官肥厚而突起,似乳头状,生殖器末端的生殖孔较明显。雌鱼头部较小,呈淡灰色,体型较肥胖,腹部柔软而膨大;生殖器似椭圆形,生殖孔位于肛门与泌尿孔之间。

(2)繁殖:斑点叉尾鮰繁殖可采用三种方法,即自然繁殖、自然产卵人工孵化和人工催产,最常采用的是自然产卵人工孵化办法。

斑点叉尾鮰有在洞穴内产卵的习性,因此进行繁殖,要在池塘中给亲鱼提供一些产卵装置,即人工制作产卵巢,让亲鱼在其内自然产卵自然受精,然后将卵块收集在专门的孵化设备中孵化。

人工产卵巢的结构及放置:人工产卵巢多用铁皮等制成,形状为圆

柱形或扁柱形，前端是一圆形开孔，大小以亲鱼能自由进出为准，底部用网片系住或密封。当水温到达 18℃以上后，在池塘四周距池边 3～5 米放置制作的人工巢，人工巢平放于池底，口朝池中央，其前端用绳子系住，绳子的另一端用浮子浮于水面，以便确定位置及检查。产卵巢投放数量占亲鱼总数的 20%～30%。

卵块收集：每隔 3～5 天，顺着浮子轻轻将产卵巢提起，若发现亲鱼在其中，则先将其赶走，若发现有卵块，将卵块轻轻收起，放入装有池水的桶内送到孵化池进行孵化。

人工孵化：斑点叉尾鮰受精卵需要用专门的孵化设备进行孵化。孵化设备主要有孵化槽、孵化环道、流水孵化池等。

(3)苗种的培育：苗种培育可分 2 个阶段进行。第一阶段培育(幼苗培育至 10 厘米左右)，第二阶段培育(10 厘米以上鱼种)。第一阶段可投喂干鱼虫、鱼粉或人工配合饲料，第二阶段饲料以人工配合饲料为主。

4.养殖模式

常用的有池塘养殖方式和网箱养殖模式，有小范围进行流水池养殖。因该鱼为偏肉食性的杂食性鱼类，投喂的饲料要求新鲜、适口，以全价营养配合饲料为主，放养初期要求饲料粗蛋白含量不低于 36%～38%。养殖中期饲料粗蛋白含量不低于 33%～35%，养殖后期蛋白含量可降至 30%～32%。粒径应与不同规格鱼种的口径相适应。有条件的可投喂小杂鱼、冰鲜鱼、福寿螺或蜗牛等动物性饲料，福寿螺和蜗牛必须煮熟切碎。

5.病害

斑点叉尾鮰在养殖期间由于水质不良等原因，可发生出血性败血病、细菌性肠炎病、烂尾病、寄生虫病等，要及时诊治以免造成大的损失。

注意事项：由于斑点叉尾鮰属无鳞鱼，一般情况下不用或慎用敌百虫，硫酸铜也不宜过量使用，否则容易造成伤害。

二、鳜鱼

1. 分类与基本情况

鳜鱼又名季花鱼、桂花鱼，隶属鲈形目、鮨科、鳜鱼属；该属有7种，以鳜鱼(翘嘴鳜)、大眼鳜、斑鳜和长体鳜等几种常见。目前大部分生产者所养的鳜鱼均为翘嘴鳜，其分布最广，江河湖泊中均有。鳜鱼肥厚鲜美，肉质丰腴细嫩，味道鲜美可口，营养丰富，富含人体必需的8种氨基酸及多种维生素、钙、钾、镁、硒等营养元素。鳜鱼因无肌间刺，为小孩和老人理想的高蛋白(19.3%)、低脂肪(0.8%)的保健食品，在海外被誉为"淡水石斑"。对儿童、老人及体弱、脾胃消化功能不佳的人来说，吃鳜鱼既能补虚，又不必担心消化困难；具有补气血、益脾胃的滋补功效。所以鳜鱼历来被认为是鱼中上品、宴中佳肴，春季的鳜鱼最为肥美，被称为"春令时鲜"。明代医学家李时珍将鳜鱼誉为"水豚"，意指其味鲜美如河豚。另有人将其比成水中的龙肉，说明鳜鱼的风味的确不凡。是经济价值很高和有出口创汇能力的名贵优质经济鱼类。

鳜鱼的人工养殖，早在20世纪30年代我国广东地区就进行过鳜鱼的池塘养殖；50年代末期又开始了对鳜鱼的人工繁殖进行研究，由于没有技术的突破，鳜鱼养殖发展十分缓慢；至70年代初期，鳜鱼的人工繁殖获得成功，其人工养殖才有了新的发展。由于鳜鱼终生以活鱼虾为食，在天然水域养殖中被作为凶猛性鱼类加以清除限制，使其天然资源逐年减少，远远不能满足市场的需要。鳜鱼在我国大部分地区都有养殖，在我国市场上较受欢迎，但是鳜鱼养殖的优势产业区并没有形成。主要由于苗种问题、饲料问题等，使其难以大规模开发。首先，鱼苗培育的成功率较低。鳜鱼是肉食性鱼类，鱼苗的在开口时需要适口的活鱼饵，时间掌握不好，成活率往往很低，另外在"寸片"阶段以前，极易发生车轮虫病，造成成活率过低。其次，目前养殖鳜鱼的方式有成鱼池混养、池塘主养及网箱饲养等，其饲料主要是天然饲料或是人工提供天然饵料生产，不论哪种方式，在养殖过程中，鳜鱼正常生长所需饵料

鱼难以保障。由于鳜鱼的养殖难成规模，市场价格一般都在 30 元/千克以上，许多地方可达、60 元/千克以上。鳜鱼的养殖有较好的经济效益。

目前，鳜鱼已经成为全国大多数水产市场中的必备商品，也是很多大型超市活鱼柜台的必备商品之一。随着社会消费水平的提高，消费层次日益多元化，鳜鱼的市场消费量也会逐步扩大。鳜鱼的养殖与市场需求具有广阔的发展前景。

2. 生物学特性

(1)栖息：鳜鱼广泛分布在江河、湖泊、水库中，喜欢栖息于清洁、透明度较好、有微流水的环境中，尤其喜欢生活于水草繁茂的水域。冬季不大活动，在水深处越冬。春季游向浅水区，白天常钻入洞穴石缝中或草丛内卧伏，较少活动，夜间活动频繁，到水草丛中觅食。在我国很多地方的淡水河、湖中都有发现，北方以赵北口、白洋淀产的较多，南方以湖南、湖北、江西产的较多。一年四季均产，以 2～3 月份春季鳜鱼最为肥美。

(2)温度适应性：鳜鱼可耐受的温度范围是 1～36℃，在我国的大部分地区都可养殖。生活适温 7～32℃，最适 18～25℃。水温低于 7℃时，活动呆滞，潜入深水层越冬。春季水温回升到 7℃以上时开始在水草丛中觅食随着水温升高生长速度加快；但水温高于 32℃食欲减退，生长缓慢。

(3)食性：鳜鱼是典型的肉食性凶猛鱼类。孵出后刚开口就以其他鱼类的鱼苗为食，饥饿时自相残食。自然条件下，刚开口的仔鱼即可捕食其他鱼类的仔苗，体长 20 厘米后主要摄食小鱼和小虾，体长 25 厘米以上时则以鲤、鲫鱼为食，极贪食，鱼苗阶段能吞食相当于自身长度的 70％～80％其他养殖鱼类的鱼苗，体长 31 厘米的鳜鱼可吞食体长 15 厘米的鲫鱼。一般吃食活饵料，在生长的不同阶段，其摄食对象有所不同。全长 15 厘米以下的鳜鱼喜食虾类及小型的鱼等，全长达 25 厘米以上则以大型鱼类为主要食物。解剖天然水域中的鳜，全长为 10～16 厘米的鱼，食物中虾的出现率为 83.3％，远远超过鱼类的出现率，由此可以推定鳜鱼犹喜以虾为食。20 厘米左右的鱼主要是小型鱼类和虾类为食；25 厘米以上的鱼，主要是鳊鱼、鲤鱼及餐条鱼等。成鳜易吞食的最大饵料鱼的长度为本身长度的 60%，而以 26%～36%者适口性较好。

鳜鱼的摄食方式，在其不同的生长阶段是不同的，在鱼苗阶段，主动追捕食用鱼，先咬住尾部，然后慢慢吞入，及至大鱼种或成鱼阶段，通常是在水中隐藏起来，当发现食物鱼时以一侧眼睛盯着食物鱼，并随时调整自身方位和姿态，一旦食物鱼靠近，便突然袭击，当头咬住，随后吞入。鳜鱼饥饿时，能主动寻找追捕食物，追捕时力求对准猎物的头部，从头部捕食，如果鳜鱼失去了正面捕食的机会，通常暂时放弃捕食。这种行为与捕食的适口性和防止猎物逃走有关。鳜鱼吞食食物鱼的个体大小，并不取决于食物鱼的体长，而是体高，只要食物鱼的体高小于鳜鱼口裂的高度（张口后上下颌的距离），一般都能吞入，即使食物鱼的长度等于它自身的体长，也能整条吞入。若食物较长，无法一次吞进时，它能将已进入胃中的部分卷曲起来，再把其余部分逐渐吞进去。

（4）生长特性：鳜鱼生长较快，在饵料充足的条件下。1 冬龄个体可达 300～800 克，2 冬龄个体体重可达 900～1 500 克。与天然水域的鳜鱼相比，在饲养条件下，因饵料适口、充足，生长明显要快。据试验在网箱中饲养的 1 冬龄鳜鱼，平均体长达到 31.68 厘米，相当于天然水体中 3 冬龄鳜的体长。2 龄前的鳜鱼比 2 龄后鱼生长快，1 龄鱼快于 2 龄鱼。1 龄以上雌鱼的体长、体重的增长均明显快于雄鱼，2～3 龄体长、体重处于生长旺盛期，4 龄以后增长速度减慢。在自然水域中鳜鱼最大个体可达 7.5 千克。

（5）繁殖习性：鳜鱼性成熟较早，一般雄性 1 龄可达性成熟，性成熟最小个体体长 15.6 厘米，体重 78 克；雌鱼 2 龄成熟，性成熟最小个体体长 21 厘米，体重 160～250 克，性腺重 20 克以上，怀卵量一般 3 万～20 万粒。自然环境下，鳜鱼的繁殖季节在 5 月中旬至 8 月初，6～7 月为繁殖盛期，成熟的亲鱼在江河、湖泊、水库中都可自然繁殖，每年的 11 月卵巢可达Ⅲ期，以Ⅲ期卵巢越冬，第二年的 4～5 月，卵巢从Ⅲ期

发育至Ⅴ期。鳜鱼绝对怀卵量为1万～60万粒，个体越大怀卵量越多，而相对怀卵量与体长无明显的关系。成熟亲鱼无珠星和婚姻色。在繁殖季节，亲鱼在下雨天或微流水环境中产卵，产卵活动多在夜间进行，受精卵随水漂流孵化。鳜鱼卵为半浮性，内含较大油球，在静水中下沉，在流水中呈半漂浮状态，卵径1.2～1.4毫米。受精卵的适宜孵化水温20～28℃，最适25～30℃。在21～25℃条件下，受精卵经43～62小时胚体孵出，出膜后，3～4天可开口摄食。

3.人工繁殖

(1)雌雄鳜鱼的区别：雄鱼下颌长，前端呈三角形，越过上颌很多，体色较鲜艳，斑纹清晰，轻压腹部有精液流出；判断雄鱼是否成熟，主要是轻压腹部，有乳白色精液流出，入水即散，即可证明性腺成熟良好。雌鱼下颌呈圆弧形，略超过上颌。性腺发育良好的雌鱼和其他鱼一样，特征为腹部柔软、膨大、富有弹性、卵巢轮廓明显，生殖孔突出红肿。

(2)催情产卵：鳜鱼较易产卵。自然条件下，成熟好的亲鱼，通过流水刺激即可以产卵，但产卵不集中，一次不能产空。因此也需要人工注射催情药物催产。催产剂用绒毛膜促性腺激素、促黄体激素释放激素类似物或鲤、鲫脑垂体等均可。每千克体重雌鱼按1 000国际单位绒毛膜和20毫克促黄体激素释放激素类似物混合使用效果较好。雄鱼减半。

(3)鱼苗孵化：大规模生产可采用环道孵化，小规模生产可用孵化缸或孵化桶。由于鳜鱼卵具黏性，比重略大于水，故净水中即沉入水底，因此在孵化器中应加大流速，环道流速要保持在每秒20厘米以上。特别在出膜前期，由于卵膜坚硬，不易溶解，尤其应掌握好流速流量，防止沉积压苗。否则，卵会沉底，从而影响孵化率。

鳜鱼受精卵的发育速度较家鱼慢，在水温21～25℃经43～62小时破膜，在27～29℃经34～40小时破膜孵出。

4.苗种的培育

鳜鱼的鱼苗培育主要是给鱼苗提供充足的饵料和保证鳜鱼所需较好的水质和较高溶氧的要求。培育方法可用网箱培育、水泥池培育、池塘培育等。若小规模繁殖，可利用家鱼人工繁殖的产卵池、环道等设备进行培育。利用人工繁殖的环道培育鳜鱼苗，因环道的水质清新无污染，水的交换量大，溶氧丰富，放养密度高，每立方米水体可达3万～5万尾，操作管理方便，同时病害易控制，所以用这种流水方式培育鱼苗的成活率较高。

鳜鱼苗培育成活高低主要关键是有适口的开口饵料。鳜鱼孵出3～4天，卵黄消失，需要及时摄入饵料，刚要开口摄食时，活动能力差，必须有合适的饵料才能够开口，一般这段时间在2天以内，错过这段时间后，鳜鱼苗体质进一步下降，摄食能力减弱，很难捕食饵料鱼类。这对饵料鱼有一定要求：一是饵料鱼的体高要小于鳜鱼苗的口裂高度，以便于鳜鱼苗能咬住饵料鱼；二是饵料鱼活动能力要处于较差的阶段。根据实践证明：刚出膜的鲂鱼苗是鳜鱼开口的最佳饵料，因其体嫩娇小，最适鳜鱼开口吃食时的口径。若鲂鱼苗不足，也可用刚出膜的草鱼苗开口。因此，必须计算好鳜鱼苗的开口时间，在适当的时间进行鲂鱼的催产或草鱼的催产，使饵料鱼刚破膜时和鳜鱼开口时间相对应。

鲂鱼的催产时间一般是在鳜鱼产卵后的第2天和第3天，各催产一批。具体根据鳜鱼苗数量及饵料需要量来确定鲂鱼催产数量，鳜鱼苗与饵料鱼苗的投入比例，原则上为1∶(3～5)。同时要准备开口以后，进一步培育所需饵料鱼的供应问题。

开食3～5天后，可根据条件，投喂家鱼苗，如白鲢、草鱼等常规鱼类。一般要求每天喂苗1次，当鳜鱼苗长至1.2～1.5厘米时，要投喂规格在1厘米以上的其他鱼类“乌仔”，此时的鳜鱼苗与饵料鱼苗的比例为1∶3左右。一般情况下，从鳜鱼苗开口开始，7～10天可长至1厘米左右，11～17天可长至2厘米左右，17～25天可生长至3厘米以上。此时可定塘培育大规格鱼种或直接进行养成。

当受精卵孵出后至2厘米以前每3天使用一次硫酸铜以杀灭寄生虫。2厘米以后至“寸片”阶段，每5天使用一次硫酸铜。因为在“寸片”阶段以前，鳜鱼特别容易感染车轮虫等原生动物，而车轮虫会对鳜鱼苗造成很大危害。因此，此阶段防病用药工作尤显重要。

(1)池塘培育:池塘培育鳜鱼苗,应采用小一些的池塘,面积一般不高于2亩。主要的管理是根据鳜鱼苗不同的生长阶段投喂适口的饲料。鳜鱼能吞食的饵料鱼规格上限为本身长度为70%～80%,而以60%以下较易吞食,26%～36%适口性较好。刚孵化出膜3～5天的鳜鱼苗,适宜吃同日龄的鳊、鲂鱼苗;6～8天的鳜鱼苗还可吃3～5日龄的四大家鱼苗。9～15日龄的鳜鱼苗可吃1厘米长的饵料鱼。据报道,培育1尾3厘米长的鳜鱼苗,前10天平均每天摄食各种鱼苗约40尾,后10天平均摄食略小于自身规格的鱼苗15尾。

(2)水泥池培育:水泥池一般面积较小,容易管理,鱼的吃食易于观察,病害好控制,便于捕获。有条件的地方可用微流水培育,可以提高放养密度,提高单位水体效益。水泥池的面积以20～50米^{2}为宜。放养密度根据具体条件灵活掌握。管理重点也是饵料鱼的供给。

(3)网箱培育:网箱一般设在水质较好的水体中,对鳜鱼的生长比较有利,另外网箱体积相对较小,投喂饵料鱼后,便于鳜鱼摄食,因此网箱培育时鳜鱼培育较好的方式,也是常用的方式。网箱的规格根据苗种培育阶段不同,可分为三级。网箱分级培育,可提高鳜鱼苗的成活率。Ⅰ级箱:可用40目的聚乙烯网片缝制的敞口箱,规格为5米×1米×1米;Ⅱ级网箱可用网目为0.3厘米的网片缝制敞口箱,规格为2米×1米×1米;Ⅲ级网箱目为0.5厘米,规格为2米×1米×1米。Ⅰ、Ⅱ、Ⅲ级箱的面积配比为1∶10∶20。网箱的箱口高出水面30厘米,沉入水下70厘米。Ⅰ级网箱放养开口2天后的鱼苗,放养密度为每平方米2 500～5 000尾,饲养12天左右,体长可达2厘米,即可转入Ⅱ级网箱培育,每平方米可放养400～600尾;饲养7～10天,体长达到3厘米左右时,再转入Ⅲ级网箱,每平方米密度为100～200尾,再经过培育20～30天后,即可生长为10厘米左右的鱼种。网箱培育鳜鱼的关键是保持清洁的水质和足量适口的饲料鱼。

5.成鱼养殖

鳜鱼的养殖方式有池塘单养和池塘混养以及网箱养殖、大水面防养等。

(1)池塘精养：放养当年苗，一般每亩放养达到“寸片”的鳜鱼夏花1 000～1 500尾。在鳜鱼放养前，清塘消毒，毒性消失后，每亩放入鲢鱼、草鱼或鲫鱼等“水花”100万～150万尾，加强饲养。当培育到1.5～2.0厘米时，刚好为鳜鱼放养后提供充足适口的前期饵料。鳜鱼放养后，根据其生长情况，通过投饵数量控制饵料鱼体生长，适口饲料鱼的规格一般为鳜鱼体长的1/3。如饲料鱼规格不均匀时，需用鱼筛将大规格的饲料鱼筛去。在正常情况先期放养的饵料鱼，可供鳜鱼摄食1个月左右。此时鳜鱼体长一般可达12～15厘米。1个月后需要及时补充饵料鱼。为保证饵料鱼的供应，在鳜鱼放养的同时，在配套的饵料鱼池中按照鳜鱼饵料系数4.5～5的要求，利用不同池塘，采取不同密度饲养、分次起捕、逐步拉疏的养殖方法饲养饵料鱼，控制饵料鱼的体长为同期鳜鱼体长的50%左右，保证饵料鱼与鳜鱼同步生长，以便鳜鱼摄食。鳜鱼养殖池与饵料鱼养殖池的适宜比例为1∶3。

饵料鱼投喂需适量，密度过稀，鳜鱼为追逐饵料鱼会消耗过多的体能，不利生长，还会因缺乏而造成互相残杀；过密，会增加耗氧量，引起鳜鱼缺氧浮头，同样不利鳜鱼生长。投喂饵料鱼的间隔时间要根据水温及摄食情况等掌握。在适宜的温度范围内，随温度的升高，鳜鱼食量增大，生长加快。因此在养殖前期与后期可7～10天投饵1次，在最适水温23～28℃季节，5天左右投喂1次。每次投喂量为鳜鱼占鱼类总量的8%～10%，保持鳜鱼与饵料的数量之比为1∶(5～10)。在鳜鱼池中每天投喂一次精饲料，以供饵料鱼摄食。

平时要注意观察池中饲料鱼的密度，及时补充适口的饲料鱼。可根据以下判断：池中饲料鱼充足时，鳜鱼在水的底层追捕饵料鱼，因此塘池水面只有星星点点的小水花。细听时，鱼追食饲料鱼时发出的水声小，且间隔时间大。如池中饲料鱼不足时，鳜鱼追食饲料鱼至水上层，因此水花大，发出的声音也频繁，声音也大。如看到鳜鱼成群在池边追捕饲料鱼，则说明池中饲料鱼已基本吃完。

鳜鱼喜清新水质，耐低氧能力较差，因此要加强水质管理。鱼塘水质须常年保持“肥、活、嫩、爽”。在养殖过程中，应根据天气变化和水质

情况灵活掌握增氧机开机时间和次数，闷热或有雷阵雨时及时开机增氧，在高温季节，每天凌晨开机增氧 2 小时。同时经常巡塘，发现鳜鱼有吐出饵料鱼现象，则应立即开机增氧和加注新水。备好双氧水或增氧灵，可在鳜鱼浮头时用于抢救。双氧水的用法：每亩用双氧水 250 毫升，加水 500 毫升，并再加入 2％的硫酸亚铁 3～5 毫升。增氧灵按说明使用。

鳜鱼精养池，放养 3 厘米以上的鳜鱼苗，在适宜水温、水质和充足适口饵料鱼供应的条件下，在我国南方地区，经 180 天左右饲养可达商品规格，在北方地区可生长至平均 300～350 克。未养成的池塘在冬、春季将池水加至 2 米以上，并根据水温和鳜鱼摄食情况适量投喂饵料鱼。

精养鳜鱼的饵料鱼除使用配套塘专养外，可以购买适宜规格的鲢鱼投喂，因为鲢鱼价格低。也可收集野杂鱼类投喂。另外，可直接在鳜鱼池中投放一些鳑鲏鱼、麦穗鱼、餐条鱼等繁殖力强的小型鱼类，补充鳜鱼的需求。

(2)池塘套养：鳜鱼作为搭配鱼养殖的模式主要将鳜鱼套养在亲鱼池或成鱼池中，每亩可以套养规格 50～100 克鱼种 10～20 尾，这样可以吃掉池中野杂鱼虾类，对亲鱼培育或成鱼养殖有利，同时年底每亩可生产规格在 600～1 000 克的鳜鱼成鱼 10 千克以上，可增加收益 600 元。池塘混养鳜鱼要注意几点：鳜鱼的规格一定要比主养鱼的规格小；鳜鱼投放的数量不得太多，否则造成饵料不足而吞食经济鱼类或自相残杀；不要同时搭配其他凶猛鱼类；池水肥度要适中，以免鳜鱼缺氧而窒息死亡。

另外，鳜鱼也可采取粗放粗养的形式。在池塘中投放部分 2 龄以上的鲫鱼和成熟的鲂鱼，以及部分白鲢鱼种、野杂鱼等，每亩放养鳜鱼种 50～100 尾，让鳜鱼自然摄食繁殖的小鲫鱼、鲂鱼、白鲢和其他野杂鱼类以及小虾。只要注意不使池塘缺氧，年底可产鱼 30 千克以上，同时还能收获部分其他成鱼。

鳜鱼也可投放到大水面进行增殖，不仅可以清除野杂鱼，还能提高水体利用率。

6.网箱养成

利用网箱进行鳜鱼养成是一种很好的方式。网箱面积一般为9～16米^2,太大不便管理,太小网箱成本高。网箱用敞口式,便于投喂管理。网目在2厘米。一般条件下,每平方米放养10～12厘米的鳜鱼种30～50尾。鱼种放养时要进行消毒。鱼种放养后,要及时投喂适口的饵料鱼。网箱养鳜鱼,一般要同时用网箱配套培育花、白鲢鱼种。鳜鱼网箱面积与饵料鱼网箱面积比位1∶3为宜。投饵方式一是经常性投饵,即2～3天投喂一次饵料鱼,每次投喂量为鳜鱼体重的6%～8%;二是阶段性投喂,即按照不同生长阶段摄食量,预计饲养时间和一定比例,计算出需饵总量,一次投足。一般每月作为一个阶段。

7.病害

鳜鱼是名贵鱼类,价格高,如发生疾病,造成死亡,损失大,必须要重视。做到以防为主,防重于治。因鳜鱼背鳍硬棘多,在运输、捕捞过程中,易造成相互扎伤,引起疾病,操作要细心。鳜鱼的发病除自身抗病力和水体因素外,大多和饵料鱼有关,如饵料鱼的寄生虫病、出血病等都能感染给鳜鱼,而且速度很快。对投喂的饵料鱼要严格把关,不要投喂患病的饵料鱼,以免带入病原体。饵料鱼池应经常施用药物预防鱼病,投喂前最好用食盐等药液洗浴。平时要注意观察,如发现鳜鱼摄食不旺或行动迟缓等情况,应进行综合分析和确诊,对鱼病及时对症下药。

鳜鱼常见的疾病主要有细菌性烂鳃病、肠炎病,锚头鳋、鱼鲺、车轮虫、斜管虫、指环虫等寄生虫病等。另外,还有近年来发现的鳜鱼综合性出血性败血病。

三、淡水鲨鱼

1.概况

淡水鲨鱼学名苏氏圆腹芒(*Pangasius sutchi* Fowler),也称虎头鲨、巴丁鱼或八珍鱼,隶属鲶形目,鲶科,芒属,主要分布于东南亚一带,

是目前东南亚国家的重要淡水经济鱼类。有黑、白、灰三种体色，主要分河系与湖系两系，共有 5 个品种，它们分别为河系的淡水河鲨(*Buah*，体灰色)、水晶河鲨(*Permata*，体灰色)与湖系的马来西亚白鲨(*White Fowler*，体色纯白)、马来西亚黑鲨(*Black Fowler*，背黑肚白)、泰国杂种黑鲨(*Palsewai*，体色深黑)。淡水黑鲨，原产泰国，1978 年引进我国；白色的俗称淡水白鲨，原产马来西亚，1998 年引进我国。马来西亚河系灰鲨，2000 年引进我国。该鱼生长迅速，养殖 12 个月即可上市，当年鱼种即可长到 1.5～2 千克。在我国，灰色的俗称淡水蓝鲨，白色的俗称淡水白鲨。

淡水鲨鱼肉质细嫩鲜美，氨基酸含量丰富，营养价值高，无肌间刺，其软骨组织含有较高营养价值与药用价值的硫酸软骨素，在市场上倍受消费者青睐。其食性杂、病害少、产量高、体质健壮、适应能力和抗病力均较其他鱼类强，当"四大家鱼"因缺氧严重"浮头"时，该鱼仍能正常生活。养殖技术简单，对饲料要求不高，适于池塘单养、混养、网箱、湖泊及水库养殖，尤其适于工厂化温流水养殖。淡水鲨鱼除作为商品鱼养殖外，还是重要的游钓鱼类，其外观美丽，尤其是白鲨，鱼苗粉红色，成鱼颜色变浅，鱼苗可作为热带观赏鱼类，有极高的观赏价值。目前淡水鲨鱼在我国南方已掀起一股养殖热潮，在今后几年仍将显示出良好的市场前景。

淡水鲨鱼从引入我国以后，已显示出巨大的市场潜力，但目前仍以广东、海南等南方省市养殖较多，湖北、江苏、四川、重庆、浙江、山东、天津等省市也已进行养殖，但养殖规模尚不很大。主要原因是，该鱼对温度要求很高，我国大部分地区都不能进行自然越冬，仅在高温季节进行成鱼养殖。起初，因为苗种繁殖没有成功，苗种基本靠进口，经水产科技工作者不懈的努力，已形成成熟的繁育措施，可批量生产苗种，苗种供不应求的现象得以解决，苗种成本大大降低。淡水白鲨鱼养殖业将有广阔的发展前景。有关专家认为，淡水鲨鱼是目前国际市场上替代鳕鱼较好的一个品种，主要消费市场为欧盟、俄罗斯、美国和东盟等。现淡水兰鲨市场价格 20～30 元/千克，淡水白鲨价格 30 元/千克以上。

2.生物学习性

(1)生活习性:淡水鲨鱼为热带型鱼类,在自然条件下喜底栖生活,常栖水的中、下层。活泼,喜集群,此鱼游动快捷,性胆怯,一旦受到外界惊扰即在水中不停地窜跃,由于鳔大且具有辅助呼吸作用,常游到水面,直接呼吸空气中氧气。因此,抗低溶氧能力强,不容易缺氧,在污水中能长期栖息生存,同池混养的鲤科鱼类缺氧死亡时,仍能正常存活;抗病能力和适应能力也比其他鱼类强。因其怕惊扰的习性,人工养殖要创造环境安静的条件。

(2)温度适应性:该鱼是热带鱼类,对低温的适应能力较差。当水温下降到18℃以下时,摄食量和活动量明显减弱,水温低于12℃便开始死亡。其适宜生活温度为20～33℃,最佳生长水温为25～32℃。因其适宜在高水温情况下生长,在我国北方能维持适合其生长的水温的季节短,一般需要放养越冬苗进行养殖。因其越冬需要较高的水温条件,一般需要20℃才能安全越冬,这种条件对其大规模发展形成制约。因此,比较适合有热源条件的地方,建设温棚、流水池等长年养殖。

(3)pH值适应性:适宜pH值6～7.2。该鱼在偏酸性水体中养殖有较好的效果。

(4)食性:该鱼为杂食性鱼类。自然条件下,幼鱼主要摄食浮游动物,如轮虫类、枝角类、桡足类及水生昆虫幼体,从鱼种到成鱼阶段,食性更杂,除摄食各种天然饵料外,可摄食水中各种腐败动物尸体及植物碎屑、小野杂鱼、螺肉等;人工养殖时,除各种人工配合饲料外,可投喂动物下脚料、豆饼、米糠、玉米、麦麸、蔬菜类、残菜剩饭等。甚至投喂猪粪,鸡粪,鸭粪等也可摄食。因其对食物选择范围大且十分贪食,因此饲料易解决。虽然对饲料没有专门的要求,但也要考虑到,由于该鱼在较高的水温条件下生长良好,一般情况下,维持高水温时间短,为在较短的时期内将其养殖成需要的商品规格,养殖时尽量投喂适合其生长的、营养全面的全价饲料。

(5)生长特性:该鱼个体大,生长速度很快,在原产地泰国,最大养

殖个体体重可达10千克左右，天然条件下捕获的最大个体27千克。适宜条件下，2～3厘米的鱼苗当年就能长到1～1.5千克。一般情况下，养殖越冬鱼种可长到1.5～2.0千克，上市规格在1千克左右。从综合因素考虑，作为商品鱼养殖，养殖周期1～2年较经济。

(6)繁殖习性：淡水鲨鱼的性成熟较晚，在适宜条件下，性成熟年龄一般为3～4龄，体重3千克以上可繁殖。每年6～9月为繁殖季节，属1年1次产卵类型，卵粒小，圆球形，具黏性，黄绿色，呈透明状。每尾产卵30万～70万粒。

3.人工繁殖

淡水鲨鱼是热带鱼类，要想成熟好，不仅靠室外池塘重点培育，在冬季室内也要加强培育。越冬期培育：结合越冬管理进行。主要是适宜的水温、优质的饵料、良好的水质。越冬期间水温要控制在26℃以上，越冬期间高水温是促进成熟的基础，出温室后能很快达到成熟。因淡水鲨越冬，一般是在温度高的水体中，不管是亲鱼、鱼种或成鱼，在越冬期间要投喂营养成分全面的饲料，促进其生长发育。保持水体溶氧在4毫克/升以上。室外池塘温度维持在20℃以上时，将淡水鲨移到室外继续培育。亲鱼放养量每亩可放3～5千克的亲鱼70～100尾。亲鱼投喂的饲料中蛋白质含量应在35%以上。在亲鱼培育后期，每天应进行冲水刺激。

催产用的亲鱼要达到4龄以上，规格在3千克以上，体质健壮、无病无伤。由于该鱼第二性征不明显，因此很难鉴别雌雄，只有在成熟后方能区分。成熟的雌鱼腹部膨大，松软，腹部朝上可见到明显的卵巢轮廓，雄鱼腹部较小，轻轻挤压，有精液流出，遇水即散，说明雄鱼完全成熟。亲鱼应挑选成熟好的、无病无伤的个体。淡水鲨鱼繁殖可用人工催产自然产卵或人工授精的办法，常用的是人工授精法。因淡水鲨产卵量高，自然产卵及人工授精时雌、雄比一般都为1∶1。

淡水鲨鱼一年产卵1次，在我国繁殖季节一般为5～8月份，水温达到28～29℃可进行催产繁殖。催产剂一般采用鲤鱼脑垂体和绒毛膜促性腺激素混合使用或促黄体素释放激素类似物和绒毛膜促性腺激素混合使用。一般采取 2 次注射的形式,第一针注射全部剂量的 1/4,针距 10～12 小时。雄鱼减半。

在水温 28～32℃的条件下,效应时间在 8～16 小时,亲鱼开始追逐产卵。此时应及时将亲鱼捕起,进行干法人工授精。由于淡水鲨的卵具黏性,精卵混合搅拌均匀后马上把卵涂到鱼巢上,入水受精后,将鱼巢放入孵化池中孵化,或脱黏后在孵化环道中孵化。一般在上述温度下,经 32～48 小时孵化出膜,出膜后 3 天,可平游摄食。

4. 苗种培育

直接放置鱼巢的池塘,一般在清塘后 10 天放置,放置鱼巢后,第 2 天泼撒牛粪等进行肥水。下水花的池塘,鱼苗下池前要先进行试水,确定毒性消失后再放养。放养时要注意温差小于 2℃。放养密度以每亩 10 万尾为宜。开口摄食的淡水鲨鱼苗较常规鱼类要大,施基肥培育天然饵料,鱼苗下塘后即有丰富的饵料,能够摄食轮虫、枝角类。鱼苗下塘后第 2 天开始投喂豆浆,熟蛋黄等,每天投喂 3～4 次,7 天后改喂细鱼粉,因鱼粉容易引起鱼苗气泡病,应少量多次投喂。一般经过 30 天左右的培育,鱼苗可生长长到 4～5 厘米,此时可分塘进行鱼种培育。

鱼种培育可在池塘或水泥池中进行。池塘放养密度可根据培育期长短、出池规格、水源条件等确定,出池规格在 50～100 克时,每亩可放养 3 000～5 000 尾。

5. 成鱼养殖

淡水鲨养殖技术简单,对饲料要求不高,适于池塘单养,混养,网箱养殖,尤其适于工厂化温流水养殖。目前,淡水鲨鱼的人工养殖方式主要以池塘养殖为主,有条件的地方可进行网箱养殖。

6. 病害

淡水鲨鱼抗病力强,只要预防得好,在夏季室外养殖期间很少发生疾病,在放养初期、水质恶化及越冬期间条件不适宜时可发生肠炎病、寄生虫病、水霉病、溃疡病等。特别是鱼体经运输、捕捞擦伤,很容易在短期内引起大量死亡,要特别注意。在鱼病流行季节,保持良好的水

图 5-1 工厂化养殖

质,定期使用硫酸铜等预防车轮虫病等发生;饲料中应添加各种维生素增强体质,或在饲料中添加“大蒜素”、“鱼菌宁”、“鱼健康”等药物,水体中定期泼撒“溴氯海因”、“二氧化氯”等药品,可预防肠炎、腐皮、疖疮等细菌性或病毒性病害发生。因淡水鲨鱼是无鳞鱼,对化学药物敏感性较强,药物使用剂量比常规鱼类要低些,并时刻注意观察。发现疾病,及时对症治疗。

四、黄颡鱼

1. 分类与概况

黄颡鱼又称黄嘎哑、黄腊丁、黄姑鱼,隶属于鲶形目、鲶科、黄颡鱼属。广泛分布于我国的江河、湖泊中,是天然水体中常见的底栖鱼类。特别是在长江中下游的湖泊、池塘、溪流中广泛分布。其肉质细嫩,味道鲜美,无肌间刺,无鱼腥味,且具有消炎、镇痛等疗效,深受消费者青睐,市场需求日趋增长。开发黄颡鱼养殖已成为水产养殖业新的经济增长点。

2. 生物学特性

(1)栖息习性：黄颡鱼多栖息于溪流，湖泊、池塘底层的暗处、石缝、植物丛中，昼伏夜出，白天活动不频繁，夜晚四处活动觅食，刚孵出的幼苗，天气好时，在水体中上层活动觅食，水泥池培育幼苗时，一般贴附于池壁四周。

(2)食性：黄颡鱼杂食性，自然条件下以动物性饲料为主，鱼苗阶段主要以浮游动物为食(枝角类、桡足类、轮虫等)，成鱼以昆虫及其幼虫、小型鱼虾、螺蚌等为食，也吞食植物碎屑。人工饲养条件下，鱼苗培育可投喂蛋黄，绞碎的鱼肉、动物下脚料等，经驯化后可很好地摄食人工配合饲料。

(3)温度的适应性：低温 0℃时黄颡鱼出现不适反应，伏在水体底部很少活动，呼吸较弱，3 天时间出现死亡，较长时间维持在 1℃时没有异常现象。高温 39℃时出现不适现象，鱼体失去平衡，头朝上尾朝下，呼吸由快到弱，1 天左右出现死亡，38℃时维持较长时间无异常。黄颡鱼的生存温度为 1～38℃。水温达到 6℃时，黄颡鱼出现摄食现象，超过 36℃时黄颡鱼不摄食。摄食温度范围为 6～36℃。

(4)溶氧需求：黄颡鱼较耐低氧，溶氧 2 毫克/升以上时即能正常生存，低于 2 毫克/升时出现浮头现象，1 毫克/升时出现窒息死亡。

(5)pH 的适应性：黄颡鱼适于偏碱性的水域，最适范围 7.0～8.5，耐受范围 6.0～9.0。

(6)盐度耐受性：黄颡鱼对盐度耐受性较差，经过渡可适应盐度值为 2～3，高于 3 时出现死亡。

(7)生长习性：黄颡鱼生长速度较慢，属小型鱼类，自然条件下黄颡鱼 1 龄鱼可生长至 25～50 克，人工饲养条件下，黄颡鱼可生长至 100～150 克。

(8)繁殖习性：黄颡鱼性成熟年龄为 3 龄(雌鱼比雄鱼早)，一年一次产卵，绝对怀卵量一般在 3 500～6 500 粒，雄鱼精巢呈花瓣状，人工授精时很难挤出精液。自然条件下，其适宜繁殖温度为 20～28℃。

3.繁殖

亲鱼培育要放养合理的密度，密度过高，亲鱼会因饵料或池塘条件不适宜影响性腺发育，密度过低，池塘利用率低，影响效益，一般每亩放养亲鱼2 000～2 500尾，体重在200～250千克。套养部分花白鲢以利于控制水质。

成熟雌鱼腹部饱满，富弹性，从背部向上托起，从外观看有明显的卵巢轮廓，生殖孔红肿并略外突。雄鱼腹部平直，生殖孔部位明显突起，呈乳头状，略呈红色，因雄鱼精巢呈花瓣状，很难挤出精液。

由于黄颡鱼精液量少，自然受精需要较多雄鱼，为提高黄颡鱼受精率可使用人工授精方法。人工授精时先准备好精液，将雄鱼腹部剪开，迅速取出精巢，用剪刀剪碎放于精子稀释液中，取出雌鱼擦干鱼体将卵子挤于擦干的容器内，将精子稀释液倒入，用羽毛搅拌，然后将受精卵涂到棕片上，即可进行孵化。

黄颡鱼受精卵可利用环道进行流水孵化，也可用水泥池或网箱进水静水孵化，可根据条件加以选择。水温在25～27℃时50小时可脱膜孵出，刚孵出时以卵黄作营养，经4～5天卵黄消失，此时可平游摄食。

4.黄颡鱼的苗种培育

刚开始摄食的仔鱼主要以浮游动物为食，为提高培育率，早期用暂养池进行暂养。暂养可在小水泥池或网箱中进行，面积一般在300平方米以下，要求水质清新，溶氧充足，每天用浮游生物网捞浮游生物进行投喂。7天左右可生长至1.7厘米，此时加喂绞碎的鱼肉浆，10天左右生长至2.0～2.5厘米时可移入培育池培育。当生长至3厘米左右时投喂人工饲料进行驯化，驯化成功后即可进行池塘成鱼养殖。

5.黄颡鱼的成鱼养殖

黄颡鱼一般采取池塘主养和套养的养殖方式。池塘主养，一般每亩放养4 000～6 000尾较适宜。黄颡鱼食性为杂食性偏肉食性，饲养过程中要喂人工配合饲料为主（含适宜蛋白量的全价人工饵料是保证黄颡鱼快速生长的措施），每3～5天投喂部分鱼肉、螺蚌肉、动物下脚料等,补充黄颡鱼对动物蛋白所需。

多种养殖鱼类的成鱼养殖池塘可套养黄颡鱼苗,"四大家鱼"、鲤、鲫鱼、罗非鱼、淡水白鲳、鲂鱼、大口鲶、斑点叉尾鮰鱼的主养池塘和亲鱼池塘都可以套养黄颡鱼苗。罗非鱼、淡水白鲳、鲤、鲫鱼虽然抢食能力较强,贪食,但在这些鱼类的池塘混养少量黄颡鱼时,只要对主养鱼投喂足量饲料,不会影响黄颡鱼的生长。当罗非鱼、白鲳、鲤、鲫鱼等在池底掘泥觅食时,潜藏在池塘底泥中的一些生物饲料如水蚯蚓等,会被这些鱼掘出,增加了黄颡鱼的摄食机会,有利于黄颡鱼生长,另外黄颡鱼有昼伏夜出的活动习性,白天投喂主养鱼所剩余饲料,可被黄颡鱼利用,因此可以净化池塘水质,避免了剩料的分解而破坏水质。

大口鲶、斑点叉尾鮰鱼等凶猛鱼类有可能吞食较小规格的黄颡鱼苗,在较大规格,背鳍、胸鳍硬刺长成比较坚硬时可以套养。由于"四大家鱼"鲤、鲫、鲂等食性与黄颡鱼无大的冲突,也不会对黄颡鱼构成威胁,对主养鱼的规格无十分严格的要求。主养凶猛肉食性鱼类,主养鱼和黄颡鱼放养规格不能相差太大。进行主养鱼与黄颡鱼套养时,主养鱼的放养量与常规放养量相同,不需要因为混养黄颡鱼而将主养鱼放养量特意减少。黄颡鱼放养一般在500～800尾,放养量过大时,不仅影响黄颡鱼出池规格,也影响到主养鱼的生长。主养鱼与黄颡鱼混养时,不需要特别针对黄颡鱼进行管理,只需对主养鱼做好日常管理工作即可。当池塘养殖密度较高时,要经常巡塘,观察有无黄颡鱼异常情况,若发现有死亡要及时分析原因并采取对策。

五、淡水黑鲷

1.概述

淡水黑鲷学名厚唇弱棘鯻(*Hephaestus fuliginosus*),隶属于鲈形目(Percifomes),鯻科(Terapontidae),弱棘鯻属(*Hephaestus*)。分布于澳大利亚北部提墨海(Timor sea)区域的塔利河(Daly river)系统向东经过卡奔塔利亚海湾和东北部海岸向南延伸到黑尔士堡(Hills-

borough)海角区域。淡水黑鲷作为澳大利亚的一个经济品种，时间尚不长，自20世纪80年代才开始从野生品种驯化养殖。因为其肉质细嫩、营养价值高，很受消费者喜欢，中国、美国等国家开始引进试养，我国最初引自1997年，引进后因为多种原因，试养没能成功。1998年山东省淡水水产研究所、浙江省淡水水产研究所等又进行了引进与研究。现在苗种的繁育技术，养殖技术、病害防治等已成熟完善技术成熟，营养需求也有所突破。现许多省市已引进养殖。淡水黑鲷因其许多优良特性逐步受到重视，市场前景广阔。现市场价格在30～40元/千克以上。

2.生物学习性

(1)栖息习性：自然条件下，淡水黑鲷喜欢栖息于水质较好、富水草的江河、湖泊、水库、沟渠等水域的石砾及草丛中，活动不频繁，该鱼适应环境能力较强，在流水、静水、清水、浑水都能适应，习性较凶猛，在缺乏饵料情况下攻击其他鱼类。

(2)食性：淡水黑鲷为杂食性，通过解剖其胃部包含物有青蛙、昆虫、蠕虫、小虾、藻类、植物根及部分水生植物碎屑。养殖条件下，池塘培育淡水黑鲷苗种，主要以浮游动物为主，随生长向杂食性转变，并能很好地摄食人工饲料。

(3)温度适应性：淡水黑鲷的生存温度为12～34℃，属温水性鱼类，适应范围较窄。15℃以下时淡水黑鲷较少活动，12℃以下时一般生存3～7天，10～11℃时一般能维持20～24小时。超过34℃时，鱼体出现呆滞现象，身体失去平衡，很快出现死亡。淡水黑鲷的摄食温度为15～32℃。温度对淡水黑鲷的生长有直接影响，淡水黑鲷生长温度范围为15～31℃。最适生长温度为22～27℃。除我国南方部分地区可自然越冬，其他大多数地方，在冬季，需转移到温室越冬。进行养殖时必须加以考虑。

(4)溶氧需求：淡水黑鲷耐氧能力较强，溶氧2毫克/升以上时生长活动正常。耐氧低限1毫克/升，低于1毫克/升时其耐受能力较弱，短时期即引起死亡，养殖情况下要特别注意，一旦有浮头现象，马上采取措施。进行养殖，需要有充足的水源及配备增氧设施。

(5)pH 适应性：淡水黑鲷适应各类水环境，适宜的 pH 值为 6～8.5。耐受范围 4.0～9.0。在一些偏酸性的水体，生长也较好。

(6)盐度耐受性：经驯化过渡（每天增加 1 个盐度），淡水黑鲷能适应的盐度值为 4。在盐度为 2 水体中养殖，不影响其生长。因此低盐度的盐碱地池塘也可养殖。

(7)生长习性：淡水黑鲷在苗种期间（10 克以下），生长相对较慢，随个体增长，生长速度逐渐加快，根据早期研究，当生长至 400 克左右时，生长速度减缓。这可能是投喂的饵料不能充分满足生长所需。通过投喂营养价值高的饵料，如蛋白达到 40%，脂肪含量达到 10%时，90 克的鱼种经过 4～5 个月养殖，平均规格达到 500 克以上，生长速度没因个体增大受到影响。因这方面的研究相对还较少，需进一步研究。

(8)繁殖习性：淡水黑鲷在自然养殖条件下，性成熟年龄雄鱼为二年、雌鱼为三年，一年一次产卵，卵为沉性并微具黏性，金黄色，直径约为 2 毫米。繁殖温度 25～31℃。

3. 苗种繁殖

淡水黑鲷需要较大的活动空间，亲鱼的培育放养密度不能太大，一般每亩放养 500～750 克的亲鱼 400 尾左右，同时每亩池塘搭配 250 克左右的花白鲢 200～300 尾。当室外池塘水温升至并维持 23℃以上半个月左右即可进行黑鲷的催产。

由于淡水黑鲷腹腔内脂肪层较厚，从体形上较难确认雌雄鱼，亲鱼的挑选根据以下几点综合考虑：①发育良好的亲鱼生殖孔部位稍有红肿。②达到性成熟并经培育的雄性亲鱼轻压腹部，生殖孔有浓稠的乳白色精液流出，遇水立即扩散。③雌性个体较雄性在同样管理条件下个体较大。

可采用人工授精或自然产卵的办法进行产卵。少量的受精卵可用网箱、水泥池充气等方式孵化，批量的受精卵一般需用孵化环道与孵化缸进行孵化。

4. 苗种培育

淡水黑鲷苗种培育分早期的鱼苗培育和后期鱼种培育。参照常规

鱼类培育措施。

5. 越冬保种

淡水黑鲷在我国北方地区不能在室外自然条件下越冬，当年繁育的苗种及不同规格成鱼在有热源的地方越冬保种，保种方法有：温室越冬，大棚补充地热越冬以及工厂化余热水越冬。

6. 养殖模式

淡水黑鲷一般采取池塘养殖模式。池塘养成淡水黑鲷一般要投喂人工配合饲料，饲料营养要全面，粗蛋白含量 32％～35％，粗脂肪含量要求在 8％以上，同时要添加多维素与矿物盐。

7. 病害防治

淡水黑鲷抗病能力较强，一般情况下，不易发生疾病，但在较长时间处在不良水体环境时，淡水黑鲷可患锚头鳋病、鱼鲺病、赤皮病、小瓜虫病等。

六、澳洲宝石鲈

1. 概述

宝石鲈，学名高体革鯻（*Scortum barcoo*），又称宝石鱼、宝石斑鱼。分类上属于鲈形目、鯻科、革鯻属。宝石鲈原产于澳大利亚的淡水水域，是澳大利亚最负盛名的淡水鱼，据报道，它最早是由海水鱼演变而成的，所以它既保持了淡水鱼的细嫩，又有着海水鱼独有的鲜美。该鱼肉质细腻，刺极少，鲜美爽口。无腥味、异味，它的营养价值很高，经测定：含蛋白质在 18.9％以上，含有 18 种氨基酸，其中有 4 种香味氨基酸，故其味道鲜美，特别是含有 8 种对人体必需的氨基酸，因此，是健康美味食品的首选，深受消费者青睐。

2001 年山东省青岛市现代农业开发中心自澳大利亚引进宝石鲈苗种进行人工养殖并获得成功。经人工试养证明，宝石鲈具有生长快、食性杂、耐低氧、适应性强和抗病能力强等优点，可在室外池塘单养、混养和水库网箱养殖，也适合用流水池高密度养殖。与罗非鱼、淡水白鲳等相比，对温度要求很相似，不耐低温，属温水性鱼类，适合罗非鱼和淡水白鲳养殖的地方都能养殖，但其肉质、营养价值和市场效益远远高于上述鱼类，因此有更好的市场前景。市场价格30～40元/千克。

2. 生物学习性

(1)食性：宝石鲈为杂食性鱼类，在自然条件下，除摄食各种浮游生物(轮虫、枝角类、桡足类、各种藻类)外，还以小鱼、小虾为食，并喜食小蚯蚓、红线虫、面包虫等较大的活饵料，也摄食水生植物、植物碎屑等。在人工养殖条件下，可投喂配合颗粒饲料。有明显的集群抢食习性，经1周左右的驯化，当鱼听到敲击声或泼水声等信号，均会不约而同地前来觅食。

(2)温度适应性：宝石鲈生存水温12～38℃，适宜的温度范围为20～28℃，最佳生长水温为21～25℃，低于15℃时行动迟缓或静止于水的中、下层。

(3)pH适应性：其适应的pH值范围为6.5～8.5，可耐受范围为6.0～9.0。

(4)溶氧需求：宝石鲈对溶氧要求和常规鱼类类似。自然水域要求溶氧在2.5毫克/升以上，溶氧在3.0毫克/升以上时可正常生长，在池塘、网箱及工厂化养殖最好保持在3.5毫克/升以上。据天津农学院及山东省淡水水产研究所报道宝石鲈耗氧率与温度及体重有关，22℃以下时耗氧率随体重增加而降低，26℃以上时，耗氧率随体重增加而增加。在一定温度范围内，宝石鲈窒息点与温度关系不大，水温22.5℃、24.5℃、26.5℃时窒息点分别为1.767毫克/升、1.694毫克/升、1.535毫克/升，个体大小不同窒息点不同，平均体重10.00克、13.72克、18.37克鱼的窒息点分别为1.539毫克/升、1.896毫克/升，2.020毫克/升，窒息点随体重增加有增高趋势(与淡水黑鲷类似)。

(5)盐度耐受性：经试验，澳洲宝石鲈可适应高达20的盐度。在盐度为15的水体中，能正常生长。

(6)生长特性：宝石鲈生长速度快，可当年养成。当水温上升至20℃时，投放当年3～5厘米苗种，只要精心饲养管理，一般经4～5个月的饲养，至10月中、上旬就可达到400～500克/尾的商品鱼规格，其养殖效益是常规鱼类的4～5倍，是目前淡水养殖中结构调优的名优品种。

(7)繁殖习性：在自然条件下宝石鲈3周龄可达性成熟。水温达20℃以上，在有微流水的浅水区域产卵。人工养殖的亲鱼，在池塘中不能自然产卵，需经人工注射催产剂，如鲤鲫鱼脑垂体、释放激素类似物或绒毛膜促性腺激素，可产卵。孵化时要求水中溶氧不低于4毫克/升。1千克左右的亲鱼每次产卵在10万～15万粒，卵粒小，微具黏性，有一小的油球。

3. 苗种繁殖

因宝石鲈是温水性鱼类。在我国大部分地区不能自然越冬，需要在有热源的地方越冬保种，因此和淡水黑鲷一样，分为室外池塘的培育及室内越冬期间的培育。

培育宝石鲈亲鱼要以精饲料为主，根据水质情况施肥繁殖浮游生物等天然饵料。从产后开始抓起，刚孵化后的亲鱼要求营养丰富，高蛋白、中脂肪；在越冬前要求，中蛋白、高脂肪；在进行人工繁殖前约1个月，应高蛋白、低脂肪。饵料一般要求粗蛋白含量35%以上、粗脂肪含量10%左右、添加适宜的矿物盐、多维素，保证营养全面。

宝石鲈第二性征不明显，外形难以区分。成熟良好的亲鱼根据以下判断：雌鱼在外形上腹部膨大、下腹松软、泄殖孔稍外突，可选作催情用鱼；雄鱼当轻压其下腹部时有入水即散开的乳白色精液流出，方可选用。自然产卵，雌雄比可为1∶1；人工授精，雌雄比可为2∶1。

宝石鲈在自然条件下不能产卵，需对卵巢处于Ⅳ期末的亲鱼注射催情剂促其发情、产卵。常用的催情剂如鲤鱼脑垂体和促黄体生成素释放激素类似物、人绒毛膜促性腺激素等都能引起产卵，但经比较促黄体生成素释放激素类似物、人绒毛膜促性腺激素混合使用效果较好。

此外，创造适宜的生态条件如流水刺激、保持高溶氧、水温要适宜，对促使亲鱼正常发情产卵有良好作用。

宝石鲈可采用自然产卵、受精和人工授精的办法。利用孵化环道、孵化桶等工具进行孵化，如图 5-2 所示。

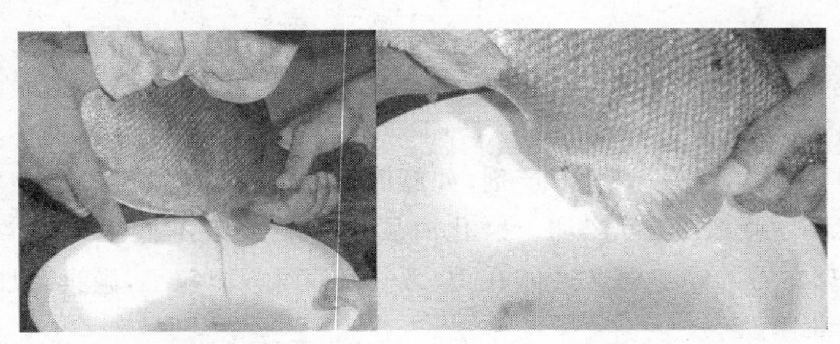

挤卵　　挤精

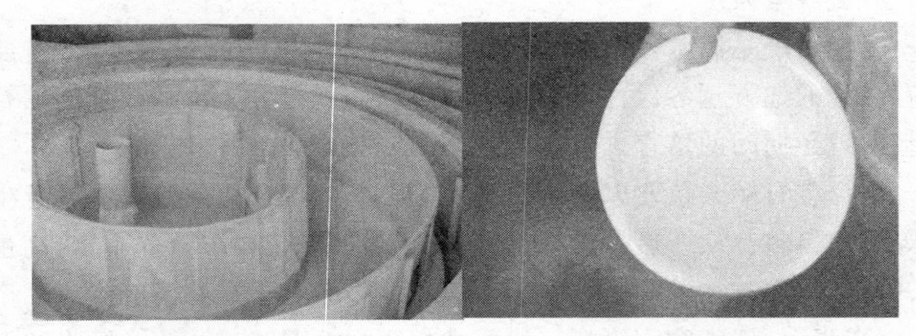

孵化环道　　放入受精卵

图 5-2　宝石鲈的繁殖

4. 鱼苗培育

宝石鲈刚开始摄食时，鱼苗很小，因此开口饵料的适口性及丰歉是苗种成活率高低的关键，根据宝石鲈鱼苗摄食特点，一般需要利用自然池塘进行培育，而且池塘肥度要控制好。

放养前 7 天，每亩水面投放经腐熟发酵过的有机肥 300～400 千克，放苗前 3～5 天注水 60～80 厘米，具体时间根据水温确定，水温高

时离放苗时间短，进水要用60目的筛绢网过滤，以防敌害生物进入池内。几天后，池塘内有大量轮虫出现，并开始有枝角类时，是投放水花的最佳时机。经过20天时间的精心培育，宝石鲈鱼苗规格全长可达3厘米以上，此时要及时将鱼苗分到其他池塘进行鱼种培育或进行成鱼养殖。

5.养殖模式

宝石鲈生长快、食性杂、抗逆性强，因此可用池塘、网箱、流水池等多种方式进行养殖。宝石鲈一般采取单养的形式。

6.越冬保种技术

因宝石鲈是温水性鱼类，在我国大多数地方不能自然越冬，在冬季需要在有热源的地方度过。凡有工厂余热、地下热水和温泉水等资源的地区均可用来生产和育苗保种，特别是现有养殖罗非鱼的水资源及设施条件的渔场，可以不加改造或稍加改造，用来养殖宝石鲈。宝石鲈的越冬方式有温室越冬、大棚越冬、工厂余热流水池越冬等。越冬的管理方式可参照工程化流水养殖技术进行。因该鱼区别于其他越冬鱼类，以下几点要注意：

①宝石鲈耐低氧的能力差，要注意保持较高的溶氧。水质要比罗非鱼、淡水白鲳要清新。

②放养密度要比罗非鱼、白鲳等相同条件下要低，约为上述鱼的2/3。

③耐低温能力不及罗非鱼。越冬期间要求温度不低于18℃，最好保持在20℃以上。

④宝石鲈在水温22℃以下，易感染腐皮病，每隔10天左右，要泼撒二氧化氯、二溴海因等消毒剂进行预防。

⑤操作时要仔细，防止扎伤。称量等最好带水进行。

7.常见病害

宝石鲈常见的疾病有水霉病、小瓜虫病、车轮虫病、溃疡病、气泡病等。要注意预防和及时治疗。图5-3为罹患气泡病的宝石鲈尾部图。

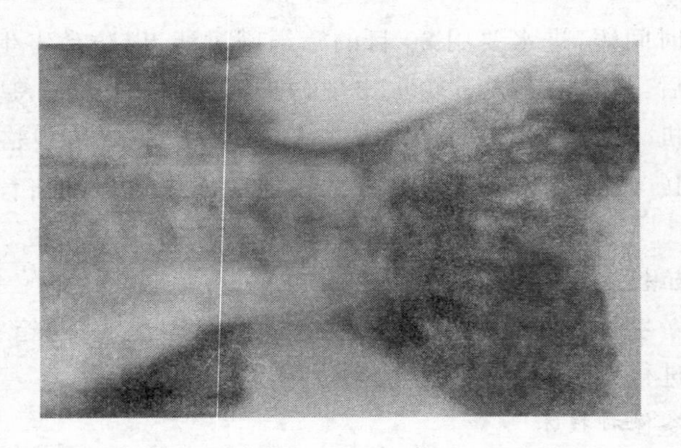

图 5-3　罹患气泡病的宝石鲈尾部

七、黑鱼

1. 概述

黑鱼学名乌鳢、又称乌鱼、蛇皮鱼、食人鱼、财鱼等。隶属于鲈形目、鳢科、鳢属。中国的鳢科鱼类共有 7 个种，它们分别是乌鳢、斑鳢、月鳢、宽额鳢、纹鳢、线鳢和长身鳢。其中只有乌鳢是一个广布种，分布于全国各大水系，产量也最大，斑鳢、月鳢和宽额鳢仅分布在华南地区，包括台湾省和海南省；而纹鳢、线鳢和长身鳢相当少见，分布区十分狭窄，仅见于云南省的怒江、澜沧江水系，经济价值小。人们习惯于将鳢科鱼类通称为乌鱼、黑鱼（北方和华东地区）、财鱼（湖北、湖南）、生鱼（广东、香港地区）、乌棒（西南地区），此外还有斑鱼、孝鱼、蛇头鱼、文鱼等名称。黑鱼为淡水名贵鱼类，有“鱼中珍品”之称，黑鱼肉中含蛋白质、脂肪、18 种氨基酸等，还含有人体必需的钙、磷、铁及多种维生素；是一种营养全面、肉味鲜美的高级保健品，一向被视为病后康复和老幼体虚者的滋补珍品。黑鱼有祛风治疳、补脾益气、利水消肿之效，因此作为一种辅助食疗法。

当前我国养殖较多的品种是乌鳢、斑鳢及其杂交种。斑鳢的体形

与乌鳢很相似,其主要区别为:斑鳢头部有近似"一八八"字样的斑纹,而乌鳢头部则为七星形状的斑块,较斑鳢头部尖长,近似蛇头。斑鳢体色较灰白,偏黄,背鳍前方不隆起,身体有斑状条纹,斑纹近圆形,沿体侧作两行排列,由眼到胸鳍基部有一条明显的黑纹。而乌鳢体较乌黑,背鳍前方隆起,体侧有明显八字形排列的黑色条纹。一般乌鳢的个体比斑鳢大。乌鳢体较长,斑鳢体较短。

2. 生物学习性

(1)栖息:黑鱼是营底栖性鱼类,通常栖息于水草丛生、底泥细软的静水或微流水中,遍布于湖泊、江河、水库、池塘等水域内。时常潜于水底层,以摆动其胸鳍来维持身体平衡。黑鱼具有很强的跳跃能力。当天气闷热、下雨涨水时,乌鱼往往会跃出水面,沿塘堤岸逃逸;在有流水冲击时也会激起鱼跃而逃跑。若其生活的池塘饵料不足时,亦会向他池转移,转移时其身体似蛇形,缓缓向前移动。

(2)溶氧适应性:黑鱼对水体中环境因子的变化适应性强,尤其对缺氧、水温和不良水质有很强的适应能力。当水体缺氧时,它可以将头露出水面。借助在鳃腔内由第一鳃弓背面的上鳃骨和舌颌骨伸展出的骨片组成的鳃上器,直接呼吸空气中的氧气。因此,即使在少水和无水的潮湿地带,也能生存相当长时间。

(3)温度适应性:黑鱼的生存水温为 0～41℃,最适水温为 16～30℃。当春季水温达到 8℃以上时,常在水体中、上层活动;夏令季节活动于水体的上层;秋季水温下降到 6℃以下时,游动缓慢,常潜伏于水深处;冬季水温接近 0℃时,则蛰居在水底泥中停食不动。

(4)食性:黑鱼为一种凶猛的肉食性鱼类,且较为贪食。捕食对象随鱼体大小而异。自然条件下,体长 3 厘米以下的苗种主食桡足类、枝角类及摇蚊幼虫等,体长 3～8 厘米以下的苗种以水生昆虫的幼虫、蝌蚪、小虾、仔鱼等为食,体长 20 厘米以上的成鱼则以各种小型鱼类和青蛙为捕食对象。乌鱼还有自相残杀的习性,能吞食体长为本身 2/3 以下的同类个体。在捕捉食物时,它从不借助强健的身体快速游泳能力追捕小鱼,而是辅以狡猾的手段达到追捕食物的目的。当它发现小鱼时，便在附近水草中隐蔽起来，静静窥视，等待对方松弛警惕，游动至它的附近时，突然冲向前，以突然袭击的方式，一举咬住小鱼吞食。乌鱼的摄食量大，往往能吞食其体长一半左右的活饵，胃的最大容量可达其体重的60%上下。其食量大小与水温有密切的关系。夏季水温高时相当贪食，摄食量大；当水温低于12℃时即停止摄食。在人工饲养条件下，当动物性饲料不足时，也能以豆饼、菜饼、鱼粉等人工配合饲料为食。

(5)生长特性：黑鱼生长速度相当快。不同地域、不同的环境中，生长速度不尽相同。自然条件下，当年孵出的鱼苗，平均体长可达15厘米，体重50克左右。在人工养条件下，当年个体重可达250克，翌年达500～1 000克。

(6)繁殖习性：黑鱼性成熟年龄，在不同的地区略有差异。在华南地区通常体长为20厘米以上的1冬龄鱼性腺已成熟，而长江流域一带则需要2冬龄，体长在30厘米左右才能产卵。繁殖水温为18～30℃，最适水温为20～25℃。在华南地区为4月中旬至9月中旬，5、6月最盛；中部地区为5～7月，以6月较为集中。

3.繁育

黑鱼繁殖条件要求不高，在池塘、河沟及水库等水域内都可自然繁殖，产卵场一般分布在水草茂盛的浅水区。黑鱼的亲鱼有着护幼的习性。产卵前，性成熟的雌雄亲鱼成对地游动在产卵场地，共同用口御取水草、植物碎片及吐泡沫营筑略呈环形、直径0.5～1米、漂浮于水面的产卵巢，巢筑成后，在风平浪静的早晨日出前，雌、雄鱼相互追逐、发情，然后雌鱼在鱼巢之下接近水面处，腹部向上呈仰卧状态，身体缓缓摇动而产卵于巢上，同时，雄鱼以同样姿态射精于此。鱼分多次产卵。卵为浮性卵，金黄色，有油球。产卵后一对亲鱼或仅雄鱼潜伏于鱼巢中，或在巢的附近守护鱼卵，不让别的鱼类或蛙类靠近，以免受其伤害。刚孵出的仔鱼，卵黄囊使其身体前段显著膨大，而侧卧于水面轻轻浮动，亲鱼守护于仔鱼下方。随着仔鱼的发育，卵黄囊消失，幼鱼能作垂直游动，但只限于鱼巢附近。这时亲鱼的防御活动更为强烈，若有其他鱼

类或蛙类企图对幼苗偷袭，亲鱼将全力以赴驱赶之，幼苗长至10～30毫米时，活动能力加强，行动活泼，活动范围随之扩大，此时亲鱼与幼鱼群集于一起，穿梭在鱼苗周围，加强保护。直至幼苗至40～50毫米时，鱼体体色由黄绿转成墨绿，各鳍出现鳍条，有较强游泳能力，这时幼鱼开始分散营独立生活，雌雄亲鱼离开鱼巢，寻找自己的栖息环境。

当前主要采用人工繁育的办法进行黑鱼苗种生产。人工繁殖所用的亲鱼可以从江河、湖泊、水库等大水面中自然产乌鳢的地方使用网其捕获的亲鱼；也可以在家养食用鱼或四大家鱼亲鱼培育池塘中混养育成，也可挑选专池培育的亲鱼。

当前黑鱼主要养殖品种为乌鳢、斑鳢及其杂交种，要根据需要正确挑选亲本。特征如下：

乌鳢：在非生殖季节，雌鱼腹部微灰白色或淡黄白色，胸鳍白嫩微黄；雄鱼腹部、胸部呈灰黑色。在生殖季节，雌鱼腹部膨大突出，生殖孔较大而圆，稍红肿突出；雄鱼腹部较小，不膨大，生殖孔狭小而微凹。

斑鳢：在非生殖节，雌鱼腹部皇灰白色，胸部无黑斑；雄鱼腹部呈蓝黑色，腹部有很大的斑点。在生殖季节雌鱼腹部稍膨大，松软生殖孔突出；雄鱼腹部较小，不如雌鱼松软，生殖孔微凹。

挑选成熟良好的亲鱼，采用鲤鱼的脑垂体和绒毛膜促性腺激素催情。亲鱼注射催产剂后，配对放入水深60～100厘米的大水池或长4米×3米×1米的小网箱（网箱60网目，网布制作而成）使其交配产卵。在水池，网箱中投放一些水浮莲、金鱼藻作为鱼巢，供亲鱼产卵，其上还须吊上竹帘或网罩、网片、拦栅等，防备亲鱼逃窜。黑鱼属于分批产卵鱼类，整个产卵过程需12～24小时。产卵结束后，随即将亲鱼捕出，同时捞取受精卵，集中于孵化池或其他容器中孵化。

生产规模小的可用孵化缸、孵化桶等孵化；大规模生产的则用孵化环道、孵化池等。

孵化池孵化：孵化池为长10米×宽5米×深0.8米的水泥池，每池可放受精卵50万粒。

孵化环道中孵化：每平方米可容卵 10 万粒左右。受精卵放入孵化池前，每立方米池用 0.1 克芳草水霉净消毒。卵放入后，孵化池上须架草席棚，以遮强烈太阳光直射。

网箱孵化：每平方米可放受精卵 1 万～2 万粒。

乌鳢卵在水温 25～28℃时，33～38 小时孵出鱼苗；斑鳢卵在水温 25℃时，约需 36 小时出苗；水温 26～27℃时则需 25 小时出苗。

鱼苗孵出 3 天后自身的卵黄囊已吸收完毕，长了鳔能平游时进行培育。培育池大小以 15 米^2 为宜。放鱼前消毒加注新水，水深 80 厘米，放苗密度 2 000 尾/米^2。鱼苗开口摄食时，以浮游动物为主，因此鱼苗培育只需施肥，不必投饵。待鱼苗长到 3 厘米以上时，食性开始转化，能够食用切碎的小鱼、小虾等个体稍大的动物性饵料大约经 1 个月饲养，鱼苗可长到 5～6 厘米，此时可转入鱼种池培育，亦可直接养成。

4. 成鱼养殖

黑鱼养殖模式主要为池塘主养，也可进行网箱稻田养殖及套入其他鱼类养成池套养。黑鱼为肉食性鱼类，目前仍以小杂鱼为主，淡水和海水小杂鱼都可以。黑鱼也可投喂人工配合饵料，其配方为：绞碎的杂鱼虾糜 70%、豆粉 20%、酵母粉 5%，余下的为多维素矿物盐、促生长剂和抗菌素。

目前，乌鳢养殖产业正遇到生态环境污染严重、经济效益低下等问题，因投喂动物性饵料、水质易变坏、病害时有发生，使乌鳢养殖业面临的严峻挑战。乌鳢为父本，斑鳢为母本杂交获得的杂种子一代，生长速度快，成活率高，易驯食膨化颗粒饲料，改善乌鳢养殖投喂冰鲜鱼造成的浪费及水质恶化、病害频发、水源污染等问题。因此，杂交鳢养殖近几年发展较快，成为鳢科鱼类主养种类。但要注意：养殖过程中不能与其他鳢鱼品种混杂。

5. 病害

黑鱼虽然抗病力较强，在天然水体中或稀养情况下是不易发病的，但在人工精养情况下，若防治不当，则会暴发鱼病，而造成严重的经济

损失。常见病主要有水霉病、腐皮病、腹水病、烂鳃病、出血病及寄生虫病，要加强防治。

八、泥鳅

1.概述

泥鳅隶属于鲤形目、鳅科、泥鳅属。广泛分布于中国、日本、朝鲜、俄罗斯及印度等地。我国除青藏高原外，全国各地河川、沟渠、水田、池塘、湖泊及水库等天然淡水水域中均有分布，尤其在长江和珠江流域中下游分布极广。泥鳅与其他鱼类在外形、生活习性等方面都不同，是一种特殊的鱼类。泥鳅属种类较多，在全世界有 10 多种，外形相差无几，有泥鳅、大鳞泥鳅、内蒙古泥鳅、青色泥鳅、拟泥鳅、二色中泥鳅等。进行养殖的主要是泥鳅。最近几年来在我们国家，又发展养殖大鳞副泥鳅（*Paramisgurnus dabryanus*）和日本的川崎泥鳅。

泥鳅肉质鲜美，营养丰富，富含蛋白质，还有多种维生素，并具有药用价值，是人们所喜爱的水产佳品。每 100 克肉中含水 83 克、蛋白质 9.6 克、脂肪 3.7 克、碳水化合物 2.5 克、灰分 1.2 克、钙 28 毫克、磷 72 毫克、铁 0.9 毫克。泥鳅所含脂肪成分较低，胆固醇更少，属高蛋白低脂肪食品，且含一种类似二十碳五烯酸的不饱和脂肪酸，有利于心血管病人康复。另外，具有补中益气、除湿退黄、益肾助阳、祛湿止泻、暖脾胃、疗痔、止虚汗之功效。当前，泥鳅的人工养殖随着市场的需求量不断增加，养殖规模也在不断扩大。

2.生物学习性

(1)栖息：泥鳅喜欢栖息于静水的底层，常出没于湖泊、池塘、沟渠和水田底部富有植物碎屑的淤泥表层，对环境适应力强。泥鳅不仅能用鳃和皮肤呼吸，还具有特殊的肠呼吸功能；当天气闷热或池底淤泥、腐殖质等物质腐烂，引起严重缺氧时，泥鳅也能跃出水面，或垂直上升到水面，用口直接吞入空气，而由肠壁辅助呼吸。冬季寒冷，水体干涸，泥鳅便钻入泥土中，依靠少量水分使皮肤不致干燥，并全靠肠呼吸维持生命。待翌年水涨,又出外活动。

(2)溶氧需求:因泥鳅具有鳃、皮肤及肠壁的呼吸功能,对低溶氧的适应能力极强。试验测定:大鳞泥鳅耗氧率与窒息点在一定试验温度范围内与温度关系不大,个体大小不同耗氧率与窒息点存在差异,在23℃,平均体重4克左右的鱼,耗氧率为0.217毫克/(克·小时),窒息点为0.57毫克/升;平均体重25克左右的鱼,耗氧率为0.151毫克/(克·小时),窒息点为0.30毫克/升。由于泥鳅忍耐低溶氧的能力远远高于一般鱼类,故离水后存活时间较长。在干燥的桶里,全长4～5厘米的泥鳅幼鱼能存活1小时,而全长12厘米的成鱼可存活6小时,并且将它们放回水中仍能活动正常。

(3)水温适应性:适宜的水温范围为15～30℃,最适宜温度范围为22～28℃,生活水温10～30℃,最适水温为25～27℃。当水温升高至30℃时,泥鳅即潜入泥中度夏。冬季水温下降到5℃以下时,即钻入泥中20～30厘米深处越冬。

(4)食性:大鳞泥鳅为杂食性鱼类,在自然条件下,幼鱼阶段摄食动物性饵料,以浮游动物、摇蚊幼虫、丝蚯蚓等为食。随生长,饵料范围扩大,以水生昆虫、小型无脊椎动物、植物碎屑、藻类、植物根、茎、叶及腐殖质等为食。在人工养殖条件下,可摄食鱼粉、猪血粉、蚕蛹粉、米糠、麦麸、菜饼及配合颗粒饲料。一般白天潜伏、傍晚至半夜觅食,人工养殖经驯化后,白天也可摄食。

(5)繁殖习性:泥鳅为多次性产卵鱼类。泥鳅2冬龄即发育成熟。雄鳅最小性成熟个体体长在6厘米以上,雌鳅性成熟较雄鳅迟。在自然条件下,4月上旬开始繁殖,5～6月是产卵盛期,一直延续到9月还可产卵。繁殖的水温为18～30℃,最适水温为22～28℃。雌鳅怀卵量因个体大小不同而有很大差异。最小性成熟个体体长8厘米,怀卵量2 000粒左右,10厘米的怀卵量达到7 000～10 000粒,体长12厘米的怀卵量为12 000～14 000粒,体长15厘米的怀卵量为15 000～18 000粒,体长20厘米的怀卵量为24 000粒左右。由于卵在卵巢内成熟度不一致,每次排卵量为怀卵数的50%～60%。卵具弱黏性。泥

鳅产卵喜在雨后晴天的早晨，在水深不足30厘米的浅水草丛中，受精卵黏附在水草或其他附着物上，随着水的波动，极易从附着物上脱落沉到水底。产卵孵出的仔鱼，常分散生活。

3.苗种繁育

进行批量生产，要对亲鱼进行专池培育。选择成熟良好的亲鱼，用绒毛膜促性腺激素注射催产。可采取自然产卵或人工授精的办法获得受精卵。

自然产卵可采用双层网箱孵化泥鳅技术。在产卵池中或培育池中设置双层网箱，内层箱为产卵箱，用聚乙烯网片制成，外层箱为孵化箱，用60目筛绢制成，内外层网箱四周之间的间距30厘米，在网箱内布设气石充氧，在内层箱内放入用棕榈片等制作的鱼巢，让其自然交尾产卵受精。泥鳅产卵完毕，抬起内层网箱，捡出亲鳅，避免亲鳅产卵完毕后吃食泥鳅卵，将内层网箱放回孵化箱中进行孵化，使用双层网箱使脱落的卵能有较高的孵化率。

网箱孵化：可根据产卵的多少，搭建一个或数个相同的孵化网箱，借以泥鳅卵和鱼巢分箱孵化，一般掌握在150组一箱，45万粒左右。

在孵化过程中，网箱整体上提20厘米，用一根长竹竿，两端各系上一块立方的红砖，网箱底部的纲绳系在竹竿上，并将网箱底部拉直，以防网箱底上浮，一般网箱水深30～50厘米，使网箱底部完全脱离开水池底部，采用单相自吸泵在网箱外侧向内进行冲水，冲水或换水时，所有水泵进出口均采用60目绢网扎成绢网笼，罩在进、排水管道口上，拦截污物、增加水量、防止如剑水蚤等有害生物进入，以提高孵化率。

苗种培育可参照常规方法。

4.泥鳅养殖

泥鳅对养殖环境要求不高，池塘、废旧坑塘、稻田、藕池、水泥池等都可进行养殖。既可以进行单养，也可以和其他鱼类混养。如和鲢鱼、鳙鱼、鲤鱼、草鱼、鳊鱼等混养。不需专门给泥鳅投喂较多饵料，只需给其他鱼类投饵。而鱼类吃不完的饵料和排出的粪便即为泥鳅的食物来源，能充分利用水体，有较好的养殖效益。

特别是可利用房前屋后的小型肥水坑塘养殖。一般常规鱼类在这种坑塘中会因有机质过多、溶氧不足而导致缺氧死亡。泥鳅因具有特殊的呼吸器官而在这种坑塘中生长良好。坑塘养鳅，每平方米可放养120尾左右。一般只需投点猪、鸡粪一类的有机肥料和农家的残存剩品，如米糠、菜饼等，即可获得较高产量。

小规模池塘养殖，要肥水提供天然饵料，同时投喂蛆虫、蚯蚓、蚌肉、鱼粉、小杂鱼肉、畜禽下脚料等动物性饲料，以及麦麸、米糠、豆渣、饼类等植物性饲料或人工配合饲料。进行规模化养殖一般主要投喂专用的泥鳅配合饲料。

泥鳅可采用冲水法、诱捕法或干塘法捕捞。

5. 泥鳅病害

泥鳅抗病能力较强但也会罹患水霉病、烂鳍病、赤鳍病及寄生虫病等，要加以预防。患病及时治疗。

九、鲟鱼

1. 概况

鲟鱼是现存的古老生物种群的一种，起源于1.4亿年前的白垩纪时期，鲟鱼类隶属于硬骨鱼纲中的鲟形目，主要分布于欧洲东部里海、黑海咸海地区及北太平洋西岸的亚洲东部和北美洲西部地区，世界鲟科鱼类共计2科6属26种，分布于北美7种、欧洲12种、亚洲11种，我国江河及沿海生活有8种，其中3种分布于新疆，2种在黑龙江，2种在长江，1种在长江至珠江各河流及沿海。中华鲟、史氏鲟和达氏鳇是我国3种主要的鲟鱼种类，其中的重要品种中华鲟是我国珍稀水产动物，不但具有重要的科研价值和特殊的学术意义，而且具有很高的经济价值和药用价值，被国家列为一级保护动物，是古今中外人们喜爱的水产品。

鲟鱼经济价值很高，鲟鱼全身都是宝，利用率极高，除鲟鱼肉外，其鱼肚、鱼鼻、鱼筋、鱼骨等都能做出独具风格的中国名菜，均为上等佳

肴，餐后回味无穷，经常出现在国宴的餐桌上；鱼皮可制胶，同时也是高档皮革原料；以鱼骨做原料制成的高钙美味食品，具有独特的药用价值，对防止老年骨质疏松、增强肌体免疫力、提高大脑活力、促进人体健康十分有利。鲟鱼肉和卵的蛋白含量可高达18%和29%。鲟鱼肉加工成的小包装熏制品、烤鱼片、炒鱼松、酱鱼肝、熏烤鱼香肠等在国际市场上很受客商欢迎。经过加工制成的黑鱼籽酱，具有"黑色黄金"之称，营养价值极高，据分析，主要成分如下：蛋白质26%～29%、脂肪13%～17%、水分50%左右、灰分0.5%～1.0%、盐分3%～4%。另外，还含有多种氨基酸，其中主要的必需氨基酸含量为：苏氨酸3.15%、缬氨酸3.09%、蛋氨酸0.98%、亮氨酸4.91%、异亮氨酸2.83%、苯丙氨酸2.13%、赖氨酸4.81%，必需氨基酸的比例也接近人体氨基酸组成。

鲟鱼形态独特，体呈锥形，口下位，头、躯干为一平面，身披五行骨板并带有尖棘犹如铠甲，游如梭静如艇，体黑灰色，腹部白色，歪尾形，观之有一种幽深、古朴、别致的感觉，观赏价值很高。在东南亚、港澳台等地区将其视为上等观赏鱼。

鲟鱼是偏动物食性的鱼类，以底栖无脊椎动物及小型鱼类为食。在幼鱼开口阶段可捕食浮游动物，但很快鱼苗就发展成营底栖生活。与这一生活方式相适应，鲟鱼口部突出、下位。鲟鱼喜欢的食物随不同种类而有变化，主要食物是水蚯蚓、甲壳类、软体动物以及小型鱼类等。鲟鱼苗开食后即可直接投喂人工配合饲料，在实际生产中，对刚开口摄食的鲟鱼苗多用活饵（浮游动物或切碎的水蚯蚓投喂）。经过30天左右的喂养，鲟鱼苗可长到体长3.8～9.4厘米、体重0.5～3.9克的规格，成活率可达60%以上。但由于活饵来源困难，价格较高，因此，鲟鱼苗用活饵培育大约30天后，即可驯食人工配合饲料。人们已经成功地用配合饲料把鲟鱼养成商品鱼上市。

鲟鱼对水质要求比较严格，喜生活于流水、溶氧含量较高，水温偏低，底质为砾石的水环境中。近几十年来，由于环境污染及过度捕捞等人为因素的原因，严重破坏了鲟鱼的生态系统，致使有些鲟鱼种类濒临灭绝。为了挽救这些濒危物种，世界各国在鲟鱼繁殖、放流、养殖等方面做了大量富有成效的研究工作。随着鲟鱼的养殖成功，不但为我国增添了更加丰富的新品种，在我国掀起了鲟鱼养殖的新热潮，而且满足了市场需求，特别是在出口创汇方面取得了更大的经济效益。现市场价格 30 元/千克以上。

鲟鱼的人工养殖虽有百年历史，但在我国还是个新兴产业。由于鲟鱼身体各部分都能食用且味道鲜美独特，因此养殖鲟鱼能够获得较高的效益。目前，在我国进行人工养殖较多的有俄罗斯鲟、西伯利亚鲟、匙吻鲟、史氏鲟及部分杂交品种。现以西伯利亚鲟为例介绍。

2. 生物学习性

(1)食性：自然条件下主要以吃食底栖动物为主，食性广，主要吃食摇蚊幼虫、软体动物、蠕虫、甲壳类和小鱼等。在鄂毕河中，西伯利亚鲟的食物有毛翅目、蜉蝣和花鲈等。在叶尼塞河三角洲地带，西伯利亚鲟主要吃食寡毛类动物和端足类动物。在叶尼塞湾，主要吃食盖鳃水虱、端足类和软体动物。人工养殖条件下可投喂动物下脚料、各种配合饲料等。

(2)温度适应性：西伯利亚鲟为广温性鱼类，可耐受水温为 0～30℃，适宜生长水温为 15～25℃，冬季冰封期尚能摄食生长，夏季能忍受 30℃的水温。水温高于 25℃，鲟鱼摄食减弱；水温达到 28℃，鲟鱼仍能摄食；水温升至 30℃以上，鲟鱼停止摄食，水温达到 32℃以上运动失去平衡，并出现死亡。在我国的大部分地区可以进行养殖。有条件的地方可以用温泉水或用锅炉升温。在夏天高温季节，一般可利用地下水或水库底层水来调节水温，也可以采取盖棚子遮阳、加深池水等办法来让鲟鱼安全度夏。

(3)溶氧需求：该鱼对水体中溶解氧的要求较高，一般在 5 毫克/升以上较适宜。当水体中溶解氧低于 3.5 毫克/升时，食欲减退；当水体中溶解氧低于 2 毫克/升时，鲟鱼出现昏迷；当水体中溶解氧低于 1.5 毫克/升开始出现死亡。因此，池塘养殖必须配备增氧机。采用地下水和水库底层水进行流水养殖的，要经过曝气增氧或配备空气压缩

机或罗茨鼓风机通过管道向池内充气增氧。

(4)pH 适应性:该鱼的 pH 值适应范围在 6.5～9.0,生长最佳范围为 7～8。

(5)生长特性:在不同地区、不同水温和水质环境条件下,生长速度也不相同。据报道:在鄂毕河,5 龄个体,全长 64 厘米;7 龄个体,全长 97 厘米;18 龄个体,全长 122 厘米。在贝加尔湖,1 龄个体,全长 22.7 厘米、体重 40 克;2 龄个体,全长 39.7 厘米、体重 230 克;3 龄个体,全长 50.4 厘米、体重 575 克;5 龄个体,全长 57.3 厘米、体重 730 克。生长速度由西向东逐渐下降,移入欧洲水域的个体生长要快一些。1964 年把贝加尔湖中的西伯利亚鲟幼鲟移植到波罗的海后的第二年底,全长达 46～50 厘米、体重达 415～500 克;第 3 年全长达 60 厘米、体重达 1 690 克。1965 年,贝加尔湖中的西伯利亚鲟幼鲟移植到拉多加湖后,第 2 年秋季个体重达 200～350 克。在叶尼塞河生长最慢。西伯利亚鲟的最大个体,全长达 3 米,体重达 200 千克。在温水中,西伯利亚鲟生长较快。

(6)繁殖习性:据报道,一般野生鱼 10～12 龄开始性成熟。在鄂毕河,西伯利亚鲟的性成熟年龄为:雄鱼 11～13 龄,雌鱼 17～18 龄。温水条件下,西伯利亚鲟性成熟提早,雄鱼 3～4 龄,雌鱼 6～7 龄。叶尼塞河的鲟鱼似乎稍晚,雄鱼为 13～14 龄,雌鱼为 11～18 龄。产卵期间一般为 3～5 年,少数个体为 1.5～2 年。成熟系数为 8.9%～50%,怀卵量为 20 万～80 万粒。卵径 2.32～2.92 毫米。产卵时间为每年的 5～6 月,水温 9～18℃。

在天然或人工池养条件下,已成熟的西伯利亚鲟在生殖时能发出一种怪音,犹如哨声或琴声,尤其在生殖旺季时为甚。据测定,在发情初期一般音响为 2～3.7 级(千赫兹),中期 6～9 级。据俄罗斯学者报告,认为其声音主要来自雄性鲟棘振动所致,它与亲体的促性激素分泌有关。因此,有些养殖者常借助这种音响程度来预测亲鲟的产卵时间及地点。

水温 15℃时,受精卵的发育时间为 8 天。仔鱼孵出后,在淡水栖息很长时间，如在鄂毕河，长达5～6年。

3.人工繁育

随着鲟鱼养殖业不断发展，鲟鱼苗种供不应求，西伯利亚鲟在我国养殖时间短，苗种主要是从欧洲进口发眼卵，孵化、培育而来，不能满足养殖所需。鲟鱼在人工养殖条件下成熟时间比自然条件短，进行西伯利亚鲟的人工繁殖，对促进鲟鱼养殖业有重要作用。

鲟鱼催产一般要使用鲟脑垂体注射液。用鲟鱼脑垂体作催产剂，要杀死鲟鱼，这于鲟鱼资源稀少的地区付出的代价极大。实践中，用鲤鱼脑垂体也有相当好的效果，但鲤脑垂体的用量是鲟脑垂体用量的3～5倍。对性腺发育期达到Ⅳ期的亲鱼进行催产，才能得到成熟的精卵。催情可分一次催情和两次催情。一次催情时，雌鱼按8毫克/千克体重的剂量注射鲟脑垂体，雄鱼注射的剂量为雌鱼的2/3。二次催情效果较理想。第一次注射的剂量是总注射剂量的10%～35%。第二次注射的时间与第一次相隔12小时。

西伯利亚鲟要用人工授精的办法。受精后，把受精卵倒入盛有清水的盆中，搅拌3～4分钟，随后把含有精液的水倒去，用水冲洗卵，然后脱黏。在脱黏之后的15～20分钟内分批加水，洗35～40分钟，卵变成透明状，而其颜色和形状没有改变，受精率平均可达92%。受精卵用专用孵化器孵化，一般按1个水槽内装2.5～3千克卵。水流量为5.12升/分钟。水温10～15℃时，西伯利亚鲟孵化时间为7～9天，孵化率为71%～94%。

4.苗种培育

刚孵出的仔鱼靠自身的卵黄囊提供营养需要，在其进入底栖生活之前对外界环境反应异常敏感，主要表现在光线、水流和溶解氧等方面上。所以，要注意采取遮阳和水流速、流量的控制。水深掌握在30～40厘米，密度在每平方米3 000～5 000尾。待仔鱼有近一半数量进入底栖生活时，可适当投喂少量经过消毒处理的切碎的水蚯蚓。当观察到仔鱼瓣肠中的黑色素栓排出体外后，要加大投喂量和投喂次数，投喂量以半小时内食完且略有剩余为宜，投喂次数每日可安排4～6次。仔

鱼的开口成功与否是影响成活率的一个关键环节，要做到及时投饵、勤投饵。防止投喂量不足引起互相残食或生长差异过大。同时，要及时清除残饵，防止水质恶化，引起溶解氧过低而影响成活率。还要随着摄食稳定和生长情况及时分疏仔鱼，可掌握在每平方米 1 000～2 000 尾，并将水深增到 60 厘米，采用微流水养殖，确保仔鱼快速生长。仔鱼经 25 天左右的培育，大部分的规格在 5 厘米以上。这时，可以再适当分疏，把规格较整齐的选在一起，密度调整为每平方米水面 600～1 000 尾。待其摄食稳定后便可进行饲料驯化。由于鲟鱼的口裂在下又喜底栖生活，要把饵料加工成沉性的湿颗粒，其颗粒大小根据鱼体的口裂大小而定。转料可逐渐改为每日投喂 4 次，经 10～15 天便可完成驯食。在转料过程中，应及时做好残饵的清除、排污及换水等工作。否则易出现肠道发炎直至胀气病症，影响饲料转化和苗体的生长速度。整个过程仍采取微流水加充气机增氧的养殖方式。

大约经 15 天的驯饲培育后，苗体规格大部分在 8 厘米以上。鱼体已具备了成鱼形态，可移入鱼种培育池中养殖。移入时要选规格较整齐且体质强壮的。放养的密度为每平方米水面 50～100 尾，水位约 60 厘米。采用静水式培育，池中设水车式增氧机。经过约 2 个月的养殖，其成活率在 95％以上，鱼体大部分全长 35 厘米、体重 150 克以上。

5. 成鱼养殖

西伯利亚鲟可用流水或定期换水水泥池养殖、池塘养殖及网箱养殖，也可放养于湖泊和水库。有条件的地方可用恒温水来养殖效果更好。

6. 常见病害

鲟鱼的抗病能力很强，一般不会发生暴发性疾病，在条件不适宜时也会感染细菌性疾病及被寄生虫侵袭等。细菌性病主要为肠炎；寄生虫鱼病主要有三代虫、车轮虫、小瓜虫等，防治方法可采用 5％的食盐溶液浸泡鱼体 1 小时，或用 20％的福尔马林溶液浸浴鱼体；也可以采用中草药进行治疗（硫酸铜是杀灭车轮虫的有效药物，但鲟鱼对硫酸铜比较敏感，要特别注意，不要轻易使用）。鲟鱼病的防治要采取以防为主,积极治疗的方针。养殖池要进行消毒,鲜活饵料要消毒后再喂,不投喂腐败变质的饲料,合理投喂饲料。池内的残渣剩饵、排泄物等污物要及时清除干净,保持水质清洁,溶解氧丰富。定期投喂药饵及泼撒药物,进行预防。平时注意观察鱼类活动、摄食情况,发现鱼病,及时采取治疗措施,对症下药。

十、南方大口鲶

1.概况

南方大口鲶(*Silurus meridionalis*)属鲶形目、鲶科、鲶属。也称叉口鲶、鲶巴朗、大口鲶、大河鲶、大鲶鲌等。南方大口鲶原产于长江及其支流和通江湖泊,是一种大型肉食性鱼类。由于该鱼品质优良,四川省水产研究所最先于 1985 年将大口鲶进行人工驯化养殖研究。在驯养过程中,能使其食性发生改变,即由原只吃活鱼虾等肉食转变为可吃人工配合饲料,能够适应规模化、集约化人工养殖,经济效益也较高。从 1992 年起,养殖区域逐步扩大到中南、华东、华南各省、市、自治区,其产量大幅度增加。与南方大口鲶同属的种类,常见的还有河鲶(俗称本地鲶)。河鲶分布较广,各地江河、湖泊普遍出产,生长也较快,仅次于大口鲶,常见个体重 500 克左右,最大个体达 20 千克,现在也有人把它作为养殖对象。南方大口鲶与鲶鱼的主要区别在于:①前者的胸鳍棘内侧光滑而后者则有锯齿,手摸很容易区分。②前者的成熟卵呈油黄色而后者是草绿色,同时前者性成熟晚。

大口鲶适应性强,生长速度快,其肉质细嫩、味道鲜美、肌间刺少、腴而不腻,不仅是席上佳肴,而且有滋补、益阴、利尿、通乳、消渴、治水肿等药用功效。全鱼剁成碎泥炙热,可治白癜风,膘胶锻灰可治阴疱、瘘疮。消费市场广阔,亦受到欧美及我国港、澳、台地区人们的青睐。南方大口鲶具有生长速度快、养殖效益高、病害少、耐低温等优点,是适合我国广大地区推广养殖的名优鱼类品种。大口鲶的适应能力较强,既可单养,也可与其他鱼混养,还可在网箱、流水池进行集约化养殖。

人工养殖经济效益高，是普遍受到消费者和生产者欢迎的一个优良养殖品种。

2. 生物学习性

(1)栖息习性：大口鲶属底层鱼，在自然环境下，白天多成群潜伏于江河缓流区、光线阴暗处，仅晚上分散到水层中活动觅食，捕食鱼、虾及其他水生动物。其性情温顺，不善跳跃，也不会钻泥。经过驯养的大口鲶白天也能到饵料台上摄食，但不像鲤鱼等鱼类那样明显。深秋时节的晴好天气，大口鲶会集群到水面游动。喜集群，易捕捞。善于逃逸，因此池塘养殖，面积不宜过大，进排水口处要设置牢固的拦鱼设施。

(2)温度适应性：大口鲶属温水性鱼类，生存水温为 0～38℃，生长适宜水温为 12～31℃，最佳温度为 25～28℃。低于 16℃和高于 32℃时生长缓慢，在 8℃以下或 33℃以上时完全停食。在我国的大部分地区都可以进行养殖。

(3)对溶氧的需求：大口鲶对水中溶氧的需求稍高于"家鱼"，水中溶氧高于 5 毫克/升时，生长速度最快；水中溶氧 3 毫克/升以上时，生长正常；水中溶氧低于 2 毫克/升时，开始出现浮头；水中溶氧低于 1 毫克/升时，将导致死亡。鱼种的溶氧窒息点为 0.32～0.36 毫克/升与常规养殖鱼类相似。

(4)pH 的适应性：其可适应的 pH 值范围为 6.0～9.0，在这类水体中都能生存，但最适宜的 pH 值范围为 7.0～8.4。

(5)食性：大口鲶属凶猛肉食性鱼类，主要捕食各种鱼、虾其他水生生物及昆虫类。摄食鱼类一般有麦穗鱼、泥鳅、虾虎鱼、黄颡鱼、鲤、鲫鱼、餐条、"四大家鱼"等，并且同类相残现象严重，能捕食相当于身体长 1/3 的同类，在人工饲养条件下，也吃动物内脏和畜禽加工下脚料，如鸡肠子，猪肺等。经过驯化，也可摄食配合饲料。要求饲料中粗蛋白含量 40%以上，苗种阶段要达到 45%，其中动物蛋白占 30%以上。

(6)生长特性：南方大口鲶生长较快，在人工养殖条件下，当年 4 月份繁殖的鱼苗到年底即可长到 500～750 克，第 2 年可长到 1 500～2 000 克，第 3 年可长到 3 000～4 000 克。天然水域中最大个体可达

40～50 千克；在 5 龄以前，雌鱼无论体长还是体重都比雄鱼增长快，1～3 龄最为明显。自 5 龄开始，雄鱼体重增加逐渐超过雌鱼。在长江以南地区，一年四季都能生长，夏、秋季长势凶猛，日增重可达 3～5 克。

(7)繁殖习性：在天然水域中，大口鲶 4 龄达到性成熟，达到性成熟雌鱼体长 700 毫米左右。在人工养殖条件下，3 龄就开始性成熟。大口鲶性腺发育周期一般是：南方地区，1 月份多数雌鱼的卵为Ⅲ期，2～3 月份进入Ⅳ期，3 月下旬到 5 月份进入Ⅳ～Ⅴ期即产卵。雄鱼在 2～3 月份便能挤出成熟的精液。北方地区时间晚 20～30 天。体长 80 厘米的成熟雌鱼，可怀卵 4 万多(每千克亲鱼体重可产卵 5 000～8 000 粒)。产卵期 3～6 月份。产卵水温 18～26℃，最适 20～23℃。自然条件下 4～6 月份，在江河砂石底质的激流浅滩处产卵。卵为沉性卵，遇水即产生黏性，可附着到棕榈片、聚乙烯纱窗等孵化，卵为油黄色、透明，扁圆形。水温 22～25℃时，受精卵 40 小时孵出鱼苗，刚出膜的仔鱼有一个很大的卵黄囊，侧卧于水底只能尾部摆动，2～3 天后可自主游动开始觅食。幼鱼喜集群。

3. 鱼苗繁育

亲鱼来源有两种，一是亲鱼从自然环境捕捞的鱼中挑选，要求体质健壮，体重 5 千克以上，年龄达 4 龄以上，放到池塘中进行人工驯养培育；二是选用人工繁殖出来的鱼苗培育到成熟期的亲鱼。非生殖季节，大口鲶雌鱼生殖乳突末端较圆，胸鳍椭圆状，胸鳍后缘内侧锯齿细弱；雄鱼生殖乳突末端较尖锐，胸鳍稍尖，胸鳍后缘内侧锯齿粗大。此特征在 2 龄后终生保持不变。在生殖季节，性成熟的雌鱼腹部膨大，仰腹观察，可见明显的卵巢轮廓，手摸具有弹性，生殖乳突圆而短，长度一般不超过 0.5 毫米，生殖孔红肿，稍有扩张。性成熟好的雄鱼腹部明显比雌鱼小，生殖乳突尖而长，长度可达 1～2 厘米，生殖孔闭锁，略呈红色，稍压腹部有乳白色的精液流出，遇水马上散开。这样的亲鱼发育良好，可选作催产。

进行自然产卵，雌雄比例可采用 1∶1，或雄鱼稍多，采用人工授精，雌雄比可为 3∶2 或 2∶1。具体在选择亲鱼催产时，初期水温低，

亲鱼成熟度差异大，要严格选择；盛期选择时，一般腹部明显膨大且软就可用。到后期，雌鱼腹部膨大极软，但无弹性，泄殖孔充血红肿而突起，此时可认为卵巢发育已过熟，不适宜采用。有些鱼腹部膨大用手触摸有硬物，其实这是由于大口鲶贪食，饱食后造成腹部膨大的假象。

催产剂用家鱼常用的药物均可。注射催产剂后，密切注视亲鱼发情动态。人工授精严格掌握效应时间，适时取出亲鱼，先挤卵后采精，用羽毛搅拌，混合均匀，20～30 秒钟后加入清水，同时搅拌，完成授精过程。随后加清水漂洗 2～3 次，此时受精卵便呈现较强黏性，将卵脱黏放入环道或孵化缸中进行流水孵化。也可将精、卵搅拌均匀后，先将卵涂到棕片、纱窗网等上面，入水受精，放到孵化池中直接孵化。也可以自然产卵受精。

大口鲶孵化适宜温度为 17～28℃，最宜水温为 23～25℃，低于17℃或高于 28℃都会导致畸形苗多和出池率低。刚孵化出的鱼苗全长 4～4.5 毫米，金黄色，具有较大的卵黄囊，形似蝌蚪，集群于孵化器底部，畏光，头部趋向一致，尾部快速摆动，但不会游动，完全靠自身的卵黄囊为营养，水温在 23～25℃的条件下，仔鱼发育很快，2 天之后，卵黄囊消失 2/3，仔鱼可以短距离游动，同时开始摄食。此时可摄食人工投喂的熟蛋黄颗粒和轮虫、无节幼体及小型枝角类等浮游动物。此时要及时放入培育池培育。

4. 苗种培育

大口鲶的鱼苗培育和“四大家鱼”鱼苗培育不同。“水花”阶段的鱼苗一般不能直接下土池培育，最好采取小水泥池进行培育。鱼苗的开口饲料可用熟蛋黄或小型枝角类和桡足类，放养当天按每万尾鱼喂1～2 个熟蛋黄的量投喂，次日可直接投喂水蚤，每日 2～3 次，保证水池中有较高的饵料生物密度，每毫升水中不少于 15～20 个，尽量避免因食物不足引起鱼苗之间的相互残食。随着鱼体不断长大，可投喂水蚤、摇蚊幼虫、水蚯蚓、蝇蛆及各种小家鱼苗，或喂些蚕蛹粉、猪血、人工配合饲料等。生物饵料投喂前应用新水清洗，然后放入 3%的食盐水或者 0.5 毫克/千克的高锰酸钾消毒后方可使用，以免将病原体带入池内引发疾病。

大口鲶有些怕光，因此最好在鱼苗池上设置遮盖物。水质必须清新，无污染，自来水需曝气后使用，溶氧量保持在5毫克/升以上；及时排污，每天用塑料管采取虹吸的方法将池底的污物排出，并加换部分新水。经过15～30天的饲养，鱼苗生长达3厘米以上，即可分池饲养。

当鱼苗培育到3厘米左右时，进行第二阶段的鱼种培育。将体长3厘米左右的夏花鱼种培育到10～12厘米的大规格鱼种，历时30～40天。这个阶段是鱼种培育的关键时期，大口鲶要经历被迫由吃活饵料转变为吃人工配合饲料的转食过程，同时这段时间内是相互残食最严重的时期。用池塘、稻田、网箱等进行培育，都能达到较理想的效果，一般以池塘培育为主。

一般每亩投放3厘米大口鲶鱼苗3 000～4 000尾。池水透明度30～40厘米。水质太清时，自残现象严重。鱼种达到5厘米后，就要投喂人工配制的转食饲料，即添加了诱食剂的人工配合饲料，其基本成分是鱼粉、蚕蛹粉、猪血粉、酵母粉、饼粕和小麦等。诱食剂有鱼肉糜、虾蟹糜、动物肝脏糜等。逐步增加配合饲料比例，转食过程一般需7～12天。日投饲2～3次，投饲量为体重的10%～15%。在70%的鱼种已能摄食人工配合饲料时，即可完全投喂人工配合饲料，每天2次。配合饲料成分要求：粗蛋白42%～48%、粗脂肪8%～10%、糖25%～30%、粗纤维6%～8%，另加一定量的维生素和无机盐。保持水质清新。及时清池过筛、分级分池饲养。要加强管理，防治疾病。

5.成鱼养殖技术

大口鲶属于肉食性鱼类，在自然水域中，以捕食其他鱼类为生。在人工养殖条件下，可以利用冻鲜鱼、野杂鱼、动物下脚料以及直接向池塘里投入各种鱼种作为大口鲶活饵料，也可投喂专用的大口鲶全价人工配合饲料。主要根据饲料来源确定。以野杂鱼及动物下脚料为主要饲料来源养殖的大口鲶能获得很高的产量和可观的经济效益。

大口鲶可以用池塘、网箱、稻田及流水环境等多种方式饲养。目前饲养面积最大、产量集中、技术较成熟的是池塘和网箱养殖方式。池塘

养殖可以进行主养，也可在其他鱼养殖池套养。

6.病害防治

大口鲶比其他许多鱼类的抗病能力强，所以常见的疾病并不多。相对而言，大口鲶在苗种阶段的鱼病稍多些，常见的有白嘴病、白皮病、小瓜虫病和出血病等。成鱼阶段易患肠炎病、打印病、鱼鲺病等。这些病害发生的原因，往往是鱼池清塘消毒不好，苗种放养密度过大，水质变坏，未能及时改善，投喂的饵料带来病原体等。所以首先应以预防为主，一旦发病，就应及时治疗。由于大口鲶是一种无鳞鱼类，对许多药物都较敏感，因此用药应特别注意。治疗白嘴病，若由车轮虫寄生引起，每立方米水可用0.5克硫酸铜和0.1克硫酸亚铁全池泼撒；若是由细菌引起，每立方米水用0.2～0.3克强氯精或漂白粉1克全池泼撒，或每立方米水用生石灰25～40克全池泼撒，连用2～3天。

十一、翘嘴红鲌

1.分类地位与概述

翘嘴红鲌(*Erythroculter ilishaeformis*)也称翘嘴鲌，属鲤形目，鲤科，鲌亚科，鲌属。俗称：大白鱼、翘壳、翘嘴白鱼、翘鲌子，广东地区俗称长江和顺，长江中游俗称翘白、白鱼，长江下游俗称太湖白鱼。

翘嘴鲌分布甚广，全国大多数地区各主要水系都有分布，产于黑龙江、辽河、黄河、长江、钱塘江、闽江、台湾、珠江等水系的干、支流及其附属湖泊中，天然产量挺高。该鱼生长迅速，体型较大，常见为2～2.5千克，最大者重达10～15千克。是一种名贵淡水经济鱼类。

该鱼肉白而细嫩，味美鲜美，没有腥味，被视为上等优质鱼类。据报道，其营养成分为：每百克可食部分含蛋白质18.6克，脂肪4.6克，热量116千卡，钙37毫克，磷166毫克，铁1.1毫克，核黄素0.07毫克，烟酸1.3毫克。春、夏季捕获的翘嘴红鲌，全鱼可入药，其肉性味甘、温，有开胃、健脾、利水、消水肿之功效，治疗消瘦浮肿、产后抽筋等症有一定疗效。

由于翘嘴红鲌野生资源日益减少，开展人工养殖对于保护天然资源、满足市场需求、增加渔农民收入，都有十分重要的意义。

2. 生物学习性

(1)栖息习性：翘嘴鲌平时多生活在流水及大水体的中、上层，特别是敞水区，游泳迅速，善跳跃，性凶猛，性情暴躁，容易受惊。幼鱼喜栖息于湖泊近岸水域和江河水流较缓的沿岸，以及支流、河道与港湾里。冬季，大小鱼群皆在河床或湖槽中越冬。野生捕获的成鱼很难存活，多以冰鲜鱼状态运销。野生成鱼经驯养培育为成熟亲鱼后，人工繁殖出来的鱼苗，野性大减，养殖后，成鱼可以在宾馆、饭店的水族箱中暂养。

(2)温度适应性：翘嘴红鲌为广温性鱼类，生存水温 0～38℃，摄食水温 3～36℃，最适水温 15～32℃，最佳生长水温 24～28℃；繁殖水温 20～32℃。该鱼可在我国的大多数地区进行养殖。

(3)食性：野生翘嘴红鲌是以活鱼为主食的凶猛肉食性鱼类，幼鱼期间，以浮游生物及水生昆虫为主要摄食对象，50 克以上的个体，主要吞食小鱼小虾，偶尔吞食少量幼嫩植物。人工繁殖出来的鱼苗，早期经肥水进行浮游生物培育，在 2～3 厘米经驯化后，整个生长过程均可投喂人工饲料。如豆浆、黄粉、鳗料、蚕蛹粉、花生麸、黄豆饼或鱼糜、全价人工饵料等。因此饲料较易解决。

(4)生长特性：翘嘴红鲌生长迅速，粗生粗养，体型较大，最大个体达 15 千克以上，常见野生个体为 1～10 千克，人工养殖的鱼苗，1 周年可达 0.6～1 千克，2 周年可达 2～3 千克。一般而言，苗期至体重 100 克期间生长较慢，100～200 克期间生长稍快，200～300 克期间生长较快，300～2 500 克生长最快，3 000 克以上生长速度逐渐降低。雌雄鱼生长速度个体差异不大，雌鱼在繁殖季节，生长速度不会因繁殖而减慢。

(5)繁殖习性：雌鱼 3 龄达性成熟，雄鱼 2 龄即达成熟，亲鱼于 6～8 月在水流缓慢的河湾或湖泊浅水区集群进行繁殖活动。产卵后大多进入湖泊摄食或在江湾缓流区肥育。受精卵较小，呈浅黄色，吸水后每毫升约有 700 粒。

3. 苗种繁育

翘嘴红鲌适应性与抗病力都很强，生存水体能大能小，数十万亩的湖泊与水库至数平方米的水泥池或数平方米的网箱都可以将鱼苗饲养为成鱼甚至是成熟亲鱼。因此亲鱼对培育池的要求不很严格。一般可选择面积 2 亩左右、水深 1.2 米左右池塘。在培育池中投放成熟的青虾 30～50 千克，繁育小虾作为亲鱼饵料。

性腺发育良好的雌鱼，卵巢轮廓明显，腹部膨大、柔软弹性好，体侧鳞片疏松，用手拍腹壁，会有卵巢晃动和松软的感觉。雄鱼：轻压腹部，生殖孔有乳白色黏稠状的精液流出。像草鱼、鲂鱼等类似，雄鱼在生殖季节胸鳍及鳃部出现大量的珠星，用手摸有粗糙感；雌鱼手摸比较光滑。因为翘嘴红鲌的雌鱼比雄鱼多，雄鱼精液较充足，为充分利用培育池塘及亲鱼，采用 2∶1 比例自然产卵，也可有较高的受精率。进行人工授精产卵，雌、雄比可为 4∶1。

翘嘴鲌催产药物，用 HCG 与 LRH-A2 混合使用效果较好。因翘嘴红鲌性情暴躁、喜跳跃，容易受伤，催产时用一次注射、自然产卵的方法，既可避免亲鱼过度受伤，又可提高催产率、受精率、亲鱼成活率。翘嘴红鲌雌鱼多雄鱼少。水温 25～27℃时，效应时间 6～8 小时，亲鱼开始发情。

若要进行人工授精，当发现雌雄鱼在水面急速追逐时翻腾水面，拉网将鱼捕起，进行人工采卵。翘嘴红鲌的受精卵为黏性卵，干法受精后，用滑石粉溶液脱黏，用孵化缸或孵化环道孵化。当水温在 25～27℃时，20 小时左右脱膜，破膜 3 天后鳔形成，此时投喂蛋黄，饱食后下塘培育。也可将卵涂到网片、棕片等上面，放池塘中孵化。

4. 苗种培育

鱼苗培育措施与其他常规鱼类相似。放养密度为每亩 10 万～20 万尾。经过 20～30 天培育，鱼苗可达 2～3 厘米。可分塘或销售，此前要进行拉网锻炼。拉网时要轻、慢，仔细操作，不可离水操作，以免伤亡。起网后立即随水放出，隔日再进行第二次拉网锻炼，一般需要进行 3 次隔日拉网锻炼，每次延长困网时间。

苗种培育的成活率、生长速度取决于培育池中浮游生物的密度。如果水蚤密度大，鱼的生长速度就快且规格整齐，若水蚤密度小，鱼苗生长缓慢，规格差异大。因此，培育池施好基肥，定期补施追肥，培育饵料生物丰富的水质是培育好坏的关键。

鱼种培育，放养密度根据养殖出塘规格确定，一般在 1 万尾/亩左右，可以育成规格 13～15 厘米的冬片鱼种；若培育小规格冬片鱼种，可加大投放量。

要注意：翘嘴红鲌早期培育出塘规格不宜太大，计数时要带水，动作轻、快，规格在 2～3 厘米时较易装运，成活率较高，4 厘米以上极难装运，成活率极低。

5.成鱼养殖

随着近年来苗种人工繁殖技术的突破和人工饲料投喂技术的解决，翘嘴红鲌的养殖已经成为特种水产养殖的又一个新热点，池塘专养、池塘混养、网箱养殖等技术也已十分成熟。池塘养殖是当前各地翘嘴红鲌养殖的主要模式。

池塘四周最好栽种 1 米左右的水葫芦或水花生以防止翘嘴红鲌跳跃时碰到池壁，造成受伤。翘嘴红鲌生性凶猛，每亩池塘放养的规格应基本一致，若规格差别过大，会因抢食能力的强弱导致更大的个体差异，从而产生大小相残，影响成活率和产量，所以苗种入塘时要进行筛选，不同规格分池饲养。翘嘴红鲌鳞片疏松，容易掉鳞，放养操作时要谨慎，以避免损伤鱼体。先把装运苗种的氧气袋放入池塘水面 30 分钟，经检测温差不超过 2℃，将鱼苗倒入大盆中，用 2.5%的食盐水或 10 毫克/千克的高锰酸钾浸浴 10～15 分钟。因为高锰酸钾为强氧化剂，浸泡时间过长容易造成死鱼，使用时要特别小心。

目前用于翘嘴红鲌养殖的饲料主要有两种，一是用鲜活饵料如淡水小杂鱼虾、冰鲜海水鱼等喂养；二是用浮性全价配合饲料。但由于用低值鱼类养殖翘嘴红鲌成本过高，尤其在内陆淡水地区养殖成本相对于沿海会更高，同时也不利于大规模养殖，另外这种养殖方式对水质的影响非常大，尤其在池塘养殖的条件下必须大量换水才能保持翘嘴红

鲌对水质的要求，因此采用鲜活饵料养殖翘嘴红鲌，正在迅速减少。使用配合饲料养殖翘嘴红鲌，成为大规模养殖的必然趋势。

因为翘嘴红鲌是肉食性鱼类，要投喂配合饵料需要有一个驯化过程。具体做法是先将原先投喂的鲜活鱼虾类，用搅肉机做成鱼糜，然后加入10%～20%配合饵料，进行投喂，2天后增加20%配合饵料，每2天逐步增加配合饵料量，直到全部投喂配合饵料，一般经过10天左右时间可驯食成功，可全部停止鲜活饵料，仅用配合饵料投喂。因为翘嘴红鲌为口上位，习惯于在水的中上层猎取食物，沉底的饲料一般不吃，因此用浮性颗粒饲料投喂翘嘴红鲌，有很好的效果。

翘嘴红鲌对水质的要求相对较高，pH值应控制在7.5～8.5，氨氮要求小于0.5毫克/千克，亚硝态氮小于0.2毫克/千克，溶氧大于5毫克/升。整个饲养过程中，水质保持清新，透明度应控制在30厘米左右。当水质过浓，鱼类吃食量减少时，应及时注入新水调节水质，并准备开启增氧机或水泵冲水等增氧措施，预防鱼类缺氧浮头。

6. 病害

翘嘴红鲌抗病能力较强，不易发生疾病。但如果水质不良、操作不善、饵料变质等也诱发疾病。平时要注意预防，放养前要用生石灰彻底清塘，放养时对鱼体用药物浸洗消毒，养殖过程要保持水质清新，不喂变质饵料，定期进行药物预防，外用杀虫剂，抗菌药，内服中草药抑菌制剂，有很好的预防效果。如果发生疾病要及早治疗。翘嘴红鲌疾病主要有：水霉病、细菌性烂腮病、细菌性出血病、车轮虫病、指环虫病、小瓜虫病、锚头鳋病。

十二、黄鳝

1. 概述

黄鳝俗称鳝鱼、长鱼、罗鳝、无鳞公子等。在分类学上属于合鳃目、合鳃科、鳝属。黄鳝肉质细嫩、营养丰富，是一种淡水经济鱼类，也是一种名贵水产品，它肉质细嫩，营养丰富，具有很高的食用价值和一定的药用价值。据分析，每100克肉中含蛋白质18.8克、脂肪0.9克、钙质38毫克、磷150毫克、铁1.6毫克，还含有硫胺素（维生素B_1）、核黄素（维生素B_2）、尼克酸（维生素PP）、抗坏血酸（维生素C）等多种重要的维生素。黄鳝还具有一定的药用价值，如补血、补气、除风湿等，中医药典中记载许多用其治疗颜面神经麻痹、中耳炎等偏方，疗效很好。黄鳝是亚热带鱼类，广泛分布在东南亚，如朝鲜、日本、泰国、马来西亚、菲律宾等，我国除青藏高原以外的大部分地区都有分布。黄鳝可食部分达65%以上，可做成多种佳肴美味，如红烧鳝片、油溜鳝片、油卤鳝松和鳝鱼火锅等，深受群众欢迎。黄鳝的头、尾骨等是加工鱼粉的原料。

长期以来，市场供应一直靠采捕自然资源。近年来，黄鳝越来越走销，而过度捕捞和农药污染，导致自然资源日趋匮乏，人工饲养黄鳝，占地面积少，用水量不大，管理简便，病害少，饲料来源广，成本低，产量高，经济收益大，是渔民家庭多种经营的一项致富的门路。因此，发展人工养殖势在必行。

2.生物学特性

（1）栖息：黄鳝为岸边浅水穴居性鱼类，喜欢在水域岸边浅水处栖息，多为群体穴居，一般3～5条同居一穴，适应能力很强，在各种类型淡水水域中几乎都能生存。湖泊、稻田、沟渠、水库等静水水源数量较多。活动规律是昼伏夜出。黄鳝善于用头部钻穴，洞穴深邃，约为体长的3倍左右，结构复杂，弯曲而多叉，其中1个洞口留在近水面处，以便呼吸空气。在稻田内90%的黄鳝沿田埂作穴，栖息在稻田中间的很少。昼伏夜出是黄鳝的栖息特性之一，这一特性有利于逃避敌害，也是其机体自身保护的需要。据试验，将黄鳝置于没有丝毫遮阳物的水池中，同时保持水温不变，连续观察几天，黄鳝吃食活动并无异常，但持续10天以上的连续光照，黄鳝表现为烦躁不安，聚集池角翻转，发病率很快上升。这说明，紫外线对黄鳝具有伤害作用，在人工养殖中，我们应尽可能创造条件，让其在阴暗的环境下生活。

（2）溶氧需求：黄鳝无鳔，其口腔和喉腔是黄鳝的辅助呼吸器官，在其内壁上分布着丰富的血管，能进行气体交换。在氧气贫乏的水体中，

黄鳝能将身体的前半段竖起，将吻端伸出水面，鼓起口腔，吸入空气，直接进行呼吸，因此在低溶氧的水中仍能生存；即使出水以后，只要保持皮肤湿润，也能存活相当长的时间，能耐长途运输，高密度饲养时也比较耐低氧。

(3)温度适应性：黄鳝的活动与水温密切相关，适宜黄鳝生存的水温为1～32℃，适宜黄鳝生长的水温为15～30℃，最适黄鳝生长繁殖的水温为21～28℃，此时摄食活动强，生长较快。春季当水温回升到10℃以上时出入活动和觅食。水温低于15℃时，黄鳝吃食量明显下降，当水温降到10℃以下时停止摄食，钻入土下20～30厘米冬眠。当水温超过30℃以上时，黄鳝行动反应迟钝，摄食骤减或停止，长时间高温或低温甚至引发黄鳝死亡。黄鳝具有自行选择适温区的习性，当所栖息的环境水温不适时，黄鳝会自动寻找适宜的区域，当长时间找不到适宜生存的水温环境，就会致使黄鳝的生理功能紊乱，诱发疾病甚至死亡。在高温状态下，黄鳝频繁伸出头到水面呼吸空气，因此，当水面气温过高(高于32℃)，同样会对黄鳝的正常呼吸产生不良影响。此外，黄鳝对水温的骤然变化也非常敏感，因而在人工养殖中，若对水温调控不当，常会导致黄鳝患上感冒病。

(4)食性：黄鳝为肉食性凶猛鱼类，喜吃鲜活饵料，其视力退化，多在夜间活动觅食，觅食主要靠嗅觉和触觉。在自然条件下，黄鳝主要捕食蚯蚓、蝌蚪、小鱼、小虾、幼蛙，以及落水的蚱蜢、蝇蛆和其他水生、陆生昆虫，也摄食枝角类、桡足类等大型浮游动物。此外，兼食有机碎屑及河蚌肉、螺蛳肉等，人工养殖可投喂蚕蛹、熟猪血、动物下脚料等。在饵料严重不足时，也有自相残食的习性。

黄鳝的摄食方式为噬食及吞食，以噬食为主。食物不经咀嚼就咽下，遇大型动物时先咬住，并以旋转身体的方式，将食物咬成一段一段，然后吞食。摄食动作迅速，摄食后迅速缩回原洞中。黄鳝食量很大，在摄食旺季，最大食量可达体重的15%。耐饥饿能力很强，较长时间不吃食，也不会死亡，但体重会减轻。

黄鳝也可摄食人工配合饲料，但对配合饲料有一定要求：具有一定的腥味，细度均匀，柔韧性好，饲料形状为条形。黄鳝对饵料的选择性较为严格，一经长期投喂一种饵料后，就很难改变其食性。因此，在饲养黄鳝的初期，必须在短期内做好驯饲工作，即投喂来源广泛，价格适中，增重率高的配合饲料。

(5)生长习性：黄鳝的生长与生活环境的食物状况关系很大。在其他条件不变的情况下，食物充足、质量好，生长就快，否则生长速度则慢。另外，黄鳝的生长速度受品种、年龄、营养、健康和生态条件等多种因素影响。在自然条件下生长比较慢，据报道，5～6月份孵化出的小鳝苗，长到年底，其个体体重仅5～10克；到第2年底仅重10～20克；到第3年底体重50～100克；到第4年底体重100～200克；到第5年底体重200～300克；到第6年底体重250～350克；6年以上的黄鳝生长相当缓慢。体重500克的野生黄鳝一般年龄在12年以上，且极为少见。国内有资料记载的最大的野生黄鳝为体重3千克左右。人工养殖条件下，采用优良的品种并配以科学的饲喂方法，5～6月份孵化的鳝苗养到年底，体重可达50克左右，若第2年继续养殖，则个体体重可达200～350克，第3年可达400克左右。

(6)繁殖习性：黄鳝生长发育中具有极为罕见性逆转特性。2龄黄鳝，体长20厘米左右达到性成熟，此时都为雌性个体。但产卵以后，其卵巢都会慢慢向精巢转化，以后就产生精子而变为雄性。几乎所有的雌性黄鳝一经成熟产卵后，都变成终身雄性。这种现象称为“性逆转”。在较高密度养殖条件下，黄鳝即使不产卵，但第2年依然会直接转化为雄鳝。

一般野生黄鳝，全长26厘米以下的个体几乎都是雌性；全长26～32厘米的个体，雄鱼占6%，全长32～38厘米个体，雄鱼占30%。46厘米以上，几乎全是雄性。人工养殖的黄鳝由于营养供应充足，生长快，也会出现例外。另外，可根据年龄判定：一般2龄以内的都是雌鳝，3年以上的大都是雄鳝。

黄鳝的性成熟年龄为1冬龄，成熟最小个体体长约20厘米，重约17克。黄鳝的生殖腺不对称，左侧发达，右侧退化。卵巢充分成熟时，

雌体腹部膨大柔软，呈淡橘红色，通过腹壁肌肉，可见卵巢的轮廓与卵粒。黄缮的怀卵量少，一般 20～30 厘米个体，绝对怀卵量为 100～300 粒，目前所见最大个体怀卵量 500～1 000 粒。黄鳝为一次怀卵，分批产卵，可产卵 1～3 次，进行人工催产，可以使黄鳝集中一次产卵，方便集中培育管理。

5 月下旬至 8 月上旬为黄鳝的繁殖季节，产卵常在其穴居的洞口附近，或有挺水植物处或乱石块间。产卵前亲鳝吐出泡沫堆成鱼巢，将卵产于泡沫之间，受精卵借助泡沫的浮力在水面发育和孵化。雌雄亲鱼均保护在鱼巢周围。受精卵在 28～30℃条件下，160 小时即可孵化出仔鱼，刚出膜的仔鱼全长 11～13 毫米，10 天后卵黄消失，体长达 28 毫米左右，能自由游泳摄食。

3. 人工繁育

黄鳝人工繁殖方法与其他鱼类类似，但由于其怀卵量小，繁殖需要大量的亲鱼。

雌雄鳝的区别：雌性黄鳝头部细小，不隆起，背部是青褐色，没有斑纹花点，有的时候能看见 3 条平行的褐色素斑；身体两侧从上到下颜色逐渐变浅，褐色斑点细密而且分布均匀；腹部呈浅黄或淡青色；腹部肌肉较薄，繁殖时节用手握住雌鳝，将腹部朝上，能看见肛门前面肿胀，稍微有点透明；雌鳝不善于跳跃逃逸，性情较温和。雄性黄鳝头部相对较大，稍微鼓起，背部一般由褐色斑点形成 3 条平等的带状纹，身体两侧沿中线分别可见 1 行色素带，其余的色素斑点均匀分布；雄鳝腹部呈土黄色，个体大的呈橘红色，腹部朝上，膨胀不明显；解剖腹腔，未成熟的精巢细长，灰白色，表面分布有色素斑点，性成熟的精巢，比原来粗大，表面有形状不一样的黑色素斑纹。

催产剂一般采用促黄体素生成激素类似物（LRH-A2）、绒毛膜促性腺激素（HCG）、鲤鱼脑垂体等。先注射雌鱼，雌鱼注射 24 小时后再进行雄鱼注射，一般每尾注 10～20 微克。注射药物后把雌雄分开放入水泥池中暂养，暂养期间换水两次。在水温 25～27℃时，50 小时左右，可挤出卵粒，此时应进行人工授精。根据产卵量选择面盆、水族箱、小网箱、水泥池等孵化。水温保持25～27℃时，7天后陆续孵化出幼鳝苗，大约11天出齐。

4.鱼苗培育

黄鳝苗的培育一般选用水泥池。出膜后5～7天，鳝苗即可入池培育，每平方米放鳝苗100～200尾。开口饵料最好用丝蚯蚓，也可用浮游动物或鱼虾肉等动物性饲料。经1个月养殖，可生长至8厘米左右，至年底可培育至15厘米左右，体重3克以上，可转入成鳝池进行成鳝养殖。

5.成鱼养殖

黄鳝对水质等环境条件要求不高，一些不适合其他鱼类养殖的废弃坑塘等都可利用养殖。但要进行高密度精养，需要建造高标准养殖池。也可进行稻田养殖、藕池养殖及小网箱养殖。

黄鳝生性喜温、避风、畏光、怕惊、怕高温和温度的剧烈变化，因此选择鳝池位置要考虑这些因素。选择冬暖、夏凉、背风向阳、水源充足，排灌方便的地方。

鳝池大小根据养殖规模确定，可大可小，池形可因地制宜，方形、长方形、圆形、椭圆皆可。养殖池可建成水泥池或土池。水泥池，管理方便，养殖效果较好，但建设成本高；土池，成本低，但管理难度相对较大。

水泥池：根据各地气温及地温情况，可建成地上池、半地上池和地下池。面积以20～40米^{2}较适宜。池深80～100厘米，泥深30～40厘米，水深10～20厘米，水面以上30～40厘米。在距池底15厘米处建一越冬槽，宽30～40厘米，深30厘米，顺南北走向建数个导引槽，槽宽30厘米，由池中心向越冬槽倾斜辐射连通，引导黄鳝在地温降低时进入越冬或盛夏高温时进入避暑。池壁要光滑，在池顶用砖探入10厘米，防止鳝鱼外逃。顶端要高出地面10厘米以上，以防雨水直接流入池内。进水口建在池的一角，出水口建在对角，进水口要高出水面30～40厘米，出水口在尼层以下。泥面以上安装一溢水口，控制水位。

池塘建好后，用水浸泡10～15天，在池底铺30～40厘米富含有机质的壤土，土层软硬要适当，黄鳝打洞时，洞口不塌陷。加水浸泡5～

7天，换水后可放入鳝种进行养殖。夏季，为防止鳝池水温过高，要在鳝池内移植水生植物，如莲藕、茭白、蒲草、水浮莲、水花生、水葫芦等，占池塘面积的1/3，既可遮挡阳光，降低水温，又可保持土质松软和空隙度及调节水质。

土池：土池的结构、布局及处理方法等和水泥池相似，要选择土质黏硬的地方挖池，池岸要加固，池底要夯实。

黄鳝喜穴居，鳝巢有很好的栖身防敌作用。人工高密度养殖要设人工寄居巢。可有以下几种：

(1)建梗栖巢：放干池水，把池中硬质粘土间隔挖起，筑成高出水面的泥梗，梗高30厘米左右，宽40厘米，间隔40厘米，各梗交错不连接，在梗壁上人工打洞，并在梗面上栽种水生植物，不仅起到加固梗巢的作用，还能起调肥换气、遮阳保湿等作用。

(2)竹筒、聚乙烯管类巢：将竹筒、聚乙烯管(直径3～5厘米)等截成30～50厘米长，管内清理光滑，三五扎成捆，分散斜插入泥中即成。

(3)散状洞穴：在泥之间放入柳树根、瓦块等，形成散状洞穴。

黄鳝是以肉食性为主的杂食性鱼类，饵料来源广泛。如小鱼虾、蚯蚓、动物内脏及下脚料、蝌蚪、蚕蛹、螺肉、米饭、瓜皮、菜屑等。黄鳝的肠道呈直管状，没有盘曲，总长度约占体长的4/5，对植物蛋白和纤维素几乎完全不能消化，对动物蛋白、淀粉和脂肪能有效消化。因此，黄鳝饵料要以动物性饲料为主。在不同的生长时期，黄鳝的食物组成不同：仔鳝吃食蛋黄、水丝蚓和蚯蚓；幼鳝吃食水丝蚓、蚯蚓、轮虫、枝角类；成鳝主要摄食蚯蚓、小杂鱼、螺肉、蚌肉、小虾、蝌蚪、小青蛙和昆虫等。为了解决饲料来源问题和提高增重，幼鳝和成鳝应尽可能及早驯化投喂人工配合饲料。

黄鳝生长的适宜水温是15～28℃，28℃以上对摄食有不良影响，因此必须在高温季节做好防暑工作，黄鳝池周围种植遮阳作物；经常更换池水，及时注入井水或泉水等(温差不能太大)。水温在10℃以下时，黄鳝处于休眠状态，所以当气温下降到15℃左右时，即应该给黄鳝投喂优质饲料，使黄鳝能大量摄食，贮积养分供冬眠所需。黄鳝冬眠

时，要注意保持池泥湿润、温暖。防止黄鳝冻伤、冻死。此外，要注意防止老鼠等的危害。

6. 常见病害

黄鳝抵抗力较强，一般情况下很少生病。但当养殖环境污染，水质恶化、鳝体受伤时也感染疾病。水霉病、腐皮病、细菌性肠炎、烂尾病、隐鞭虫病、毛细线虫病等。人工养殖黄鳝要本着无病早防、有病早治、防重于治的原则。

十三、革胡子鲶

1. 概况

革胡子鲶俗称埃及塘虱，在分类学上属胡子鲶科，胡子鲶属。系广东省淡水养殖良种场于 1981 年 11 月从埃及引入。革胡子鲶的形态与我国南方产的胡子鲶相似，区别在于革胡子鲶体呈圆筒形，比当地胡子鲶头更扁平，身体更延长，口稍下位，口裂较宽，触须发达，眼较小。背鳍和臀鳍的基部更长，鳍条数目更多；头背部有许多骨质微粒突起，呈放射状排列；胸鳍硬刺短而钝，不刺手；鳃耙密集，数目高达 52～90（胡鲶仅 15～18，蟾胡子鲶为 18～23）；体背及两侧苍灰色，带有不规则云状斑块，胸鳍部色白；体重 10 克以上的个体所有鳍条边缘均有淡红线环绕。

革胡子鲶营养丰富，蛋白质含量高，并含丰富的铁、锌、钴等人类必须摄取的微量元素。经常食用，除对贫血有改善的功效外，还可以促进儿童的发育以及预防便秘等。革胡子鲶具有个体大、生长快、肉质细嫩、易繁殖、适应性强、耐低氧、抗低温能力较强等优点，饲养一年可重达 2 千克，最大个体达 10 千克以上，是一种很有发展前途的养殖鱼类，可开展家庭庭院养殖。栖息于河川下游、田野、坑塘、沟渠等处。性喜成群，贪食，主要摄食动物性饵料，如昆虫、小杂鱼、虾、贝类等。多在夜间活动和取食，白天则潜入水底或洞穴中。人工饲养后，亦能在白天摄

食，食取部分植物性精饲料。

2. 习性

(1)栖息：革胡子鲶属于底层鱼类，性格温顺。环境适应能力较强，种内竞争较激烈，在鱼种池和成鱼塘，经常出现弱肉强食、互相残杀的现象。

(2)食性：革胡子鲶是以动物性饵料为主的杂食性鱼类，既食植物性饲料，更喜食动物性饲料，生长速度以食动物性饲料为快。在天然水域，主要摄食小鱼、小虾、水生昆虫、水蚯蚓、底栖生物等。人工养殖时，可投喂野杂鱼类、蚕蛹、蝇蛆、蚌肉、屠宰场的废弃下脚料等，亦也投喂人工配合饲料，如麦麸、面粉、豆饼等，或以这些饲料制成膨化颗粒饲料效果更好。埃及胡子鲶多在夜间觅食及活动，在傍晚更为频繁。革胡子鲶贪食，每次的食量可达自身体重的10%～15%。在鱼种塘和成鱼塘经常出现弱肉强食、互相残食的现象，因此，饲养埃及胡子鲶一定要使其吃饱吃好。

(3)温度适应性：革胡子鲶为热带鱼类，适宜的生长温度为22～30℃。耐寒临界温度为7℃。

(4)溶氧需求：革胡子鲶耐低氧能力强，当溶氧量低至0.128毫克/千克时仍能生存，水中溶氧不足时常窜游至水面吞咽空气。因此，养殖产量非常高，一般池塘养殖亩产量可达5 000千克。

(5)生长特性：革胡子鲶的生长速度较快，当年孵化的苗种当年可达到商品规格，一般个体可达500～700克，最大个体可达1.5～2.5千克。

(6)性特征：革胡子鲶的性成熟年龄约为1冬龄，性成熟最小个体100克左右。繁殖季节4～10月，最适繁殖期为5月上旬至7月上旬，最适繁殖水温25～32℃。它能在池塘中自然产卵繁殖，其产卵习性似鲤鱼，而不同于本地的胡子鲶和蟾胡子鲶；并且亲鱼有吞食鱼卵和仔鱼的本能，故不能在产卵原塘孵化。埃及胡子鲶为多次产卵类型，产后亲鱼经精养1月左右，性腺再度发育成熟，1年可催产4～5次。怀卵量较大,体重 500 克左右的亲鱼,每次可产卵 1 万粒左右。

3. 苗种繁育

(1)亲鱼选择:革胡子鲶但催产亲鱼应选择体重不小于 250 克,饲养 1 周年以上,体质健壮,无病无伤的个体。成熟雌鱼卵粒大小一致,呈碧绿色。如卵粒大小不一,或呈糊状,均属未成熟或过成熟的特征。

未成熟的雌鱼体表黏液较丰富,色素浅淡,体侧黑斑点略少。腹部丰满,外生殖突呈短圆状,泄殖孔呈长裂状,生殖突远离臀鳍起点,色淡红。雄鱼体表较粗糙,体色较深黑,体侧黑斑显著。腹部不丰满硬实,外生殖突长条状,泄殖孔圆而小,开口于末端,外生殖突后延超过臀鳍起点。

成熟雌鱼腹部呈现有卵巢轮廓,以手抚摸有弹性柔软感,有时可压出碧绿色的卵粒,生殖孔呈圆管状,肛门略突,有时有红肿。雄鱼体平直,很少腹部有膨胀,生殖孔呈细长管状,末端较尖,长达臀鳍基部,肛门略凹有时呈微红色。

(2)催产、孵化:革胡子鲶产卵池以 10～30 米^2 的方形水泥池较适宜,水深保持 30 厘米左右。产卵池要设置沉性和浮性两种鱼巢。鱼巢密度基本上能覆盖整个水面,在池底应有一定数量的鱼巢,可减少鱼卵下沉黏附池底。

人工催产宜 1 次注射,催产药剂可用鲤鱼脑垂体或绒毛膜促性腺激素或两者混合使用。从催产到亲鱼发情追逐需 3～4 小时,至产卵需 10～16 小时。效应时间随水温变化而变化。从发现亲鱼产卵到停止产卵一般需 3～4 小时。故在产卵 3～4 小时后,捕出亲鱼,将受精卵移出疏开孵化。

孵化可在小型小泥池、网箱或用塑料薄膜、木板等围成的浅水池中进行。静水孵化,每平方米水面容卵 2 万～3 万粒,流水孵化其密度可增加。孵化水位以 30 厘米左右为宜。孵化过程中要避免阳光直接照射,昼夜温差不宜太大。水温 22～25℃,孵化需 26～36 小时;水温 25～26℃,需 22～25 小时,水温 27～30℃,孵化需 21～22 小时。

(3)培育:革胡子鲶可用水泥池、网箱或池塘进行培育。

水泥池培育:水泥池面积以10～20米^{2}为宜,池高1米左右,水深不超过30厘米。鱼苗放养密度,如养到3厘米左右,每平方米放2 000尾左右。在饲料充足的情况下,培育15天左右,即可达到出池规格,鱼苗的成活率较高。鱼苗孵出2天后开始投饵,开食头几天可用经过滤(50目标准筛)的水蚤、鸭蛋黄,每天分2～3次投喂,日投量每天1万鱼苗用鸭蛋黄一个,沿池边泼撒。4～5天后,可改用水蚯蚓或用鱼粉(60%)和面粉(30%)、蛹粉(10%)配成混合饲料,每次投喂量视能在5小时内吃完为度,日投二次。培育中,防止阳光直接暴晒。

网箱培育:网箱规格以0～20米^{2}为宜。放养密度以每平方米放1万尾左右为宜。

塑料薄膜池培育:用木板在地面围成一个长方形木框,内铺一层塑料薄膜,池深15～20厘米,每平方米放苗1万～1.5万尾。饲养管理方法与上述相同。

池塘培育:与“四大家鱼”基本相似,饵料来源主要靠人工培养浮游动物,补投人工饵料。池塘面积以0.3～0.5亩,密度每亩10万～15万尾。其他管理方法同于水泥池培育。

4.成鱼养殖

革胡子鲶抗逆性强,可采用多种方式进行养殖。如池塘主养、与其他品种混养、稻田养殖、藕池养殖、工厂化流水养殖、家庭庭院养殖等。

5.越冬

埃及胡子鲶系热带性鱼类,对低温的忍耐能力高于罗非鱼,水温降至10～15℃,开始进入越冬期。可利用地下热水、温泉水、防空洞、温室或工厂余热水进行越冬。

6.病害

埃及胡子鲶饲养期间很少生病,成活率很高。常见病有气泡病、水霉病、黑体病、肠炎病及小瓜虫病、车轮虫病、三代虫病等寄生性疾病,可用常规消毒药物防治。

十四、杂交条纹鲈

条鲈与白鲈杂交后的第一代杂交种—杂交条纹鲈，表现出良好的杂交优势，在适温条件下生长速度很快，养殖一年体重可达1千克，已广泛应用于生产，已是继斑点叉尾鮰后，美国第二养殖鱼种。它的肉味极佳，生长速度快、抗逆性强、备受养殖者的欢迎，可以用多种烹饪方法加工成美味佳肴。已经成为商业性和增养殖价值高的重要品种。

我国台湾省南部于1991年开始引进该杂交种的受精卵来养殖，大陆杂交条纹鲈于1993年由广东省引进试养。经试养表明，杂交条纹鲈与我国现有鲈科养殖品种相比，该品种具有体型和体色好看、食性杂、生长速度快、抗病力强、当年可养成商品鱼的特点。其个体大，体色鲜艳，肉质嫩滑、无肌间刺，营养丰富，富含不饱和脂肪酸，商品价值高等优点，是很有发展前途的养殖品种。继广东之后山东、福建、浙江、湖北等地开始小规模养试养，其他省市也纷纷引种试养。经养殖取得了极佳的效果。很有发展前途。据养殖情况看，平均每千克养殖成本14～20元、市场售价40～60元，养殖效益高，是目前国内市场畅销的新品种。

该鱼属广盐性鱼类，既可在淡水池塘里饲养，也适宜在沿海地区的咸淡水池塘养殖，具有显著的生长优势。因杂交条纹鲈不仅肉质细嫩，营养高，经济价值高，而且生长快、抗病能力强，适应性广，可在我国规模化养殖。

十五、美国大口胭脂鱼

大口胭脂鱼又名牛鲤、巨口胭脂鱼、巨口胭脂鲤，属于鲤形目、胭脂鱼科。此鱼原产于北美洲的密西西比河流域，是一种大型经济鱼类，并具有个体大、生长快、抗逆性强、易繁殖等优点。此鱼于1993年由湖北省水产研究所从美国引入我国，经在部分地区试养发现：其生长速度较

快，亩产量可达500千克以上，当年鱼苗下池，最大个体可达600多克，而且易于捕捞，是一个较好的养殖新品种。短短几年时间我国许多省市都引进进行养殖。

该鱼肉质爽滑，味道鲜甜，营养价值高；个体大，生长快，最大个体达36.3千克；养殖产量高，亩产可达500千克以上；杂食性，饲料转化率高，自然条件下该鱼主食浮游动物、底栖生物、有机碎屑等，人工养殖条件下可喂各种商品饲料；对环境适应能力强，耐低氧，不怕冷，在我国不用保温越冬。由于该鱼在生活习性上与鲤鱼、鲫鱼有相似之处，而肉质优于鲤、鲫鱼，很多国家作为鲤鱼的替代品种而引入池塘、水库、河流养殖。是一种值得推广的优良经济鱼类。市场价格在12元/千克。

十六、漠斑牙鲆

漠斑牙鲆又称南方鲆，隶属鲽形目、鲆科、牙鲆属，属深海底栖鱼类，是美洲众多鲆鲽鱼类中个体最大的一种，自然分布于美国北卡莱罗纳州至佛罗里达州南部海湾，得克萨斯州南部海峡沿岸也有分布。

图5-4　漠斑牙鲆(来自网络)

漠斑牙鲆属于广盐、广温性鱼类，通常可以在海水和淡水中生存。雌性生长快于雄性，2龄可达到性成熟。性成熟个体在9月份从深水区向近岸河口区游动并索饵肥育，10～12月份为发育期，12月份开始

产卵受精，产卵的合适水温17.0～26℃，盐度28～33。卵为浮性卵，单油球，卵径0.98～1.08毫米。仔稚鱼期的漠斑牙鲆在1～4月份重新进入海湾和河口。通常雄鱼的寿命期为两年，据报道，在南卡莱罗纳州寿命最长的雄鱼可达到3年以上。在鱼龄相同的情况下，雌鱼的体重要明显大于雄鱼的体重，一条3龄的雌性成鱼可达到25厘米左右。在自然海域，成鱼最大可长到75厘米，雌鱼生长速度快于雄鱼，2龄鱼达到性成熟时雄鱼长度可达到20～25.5厘米，雌鱼可达到30～35.6厘米。若进行人工养殖，其生长期明显缩短，见效更快，效益更好。在自然海域里，漠斑牙鲆具有埋伏捕食的能力。仔鱼主要以甲壳纲动物为饵料，随着鱼的不断长成，逐渐以各种鱼类为食，通常捕食的对象包括斑点鲻鱼、条纹鲻鱼和白鲻鱼及草虾等。

美国自20世纪90年代初开始研究漠斑牙鲆繁育及养殖技术，在生理、生态、人工繁殖及养殖技术方面已取得突破，漠斑牙鲆的养殖已成为美国迅速发展起来的一个新兴养殖产业。我国自2001年开始引进漠斑牙鲆进行繁育、养殖技术研究，国内相关企业相继从美国引进了漠斑牙鲆亲鱼，人工繁育和养殖工作在国内广泛开展起来。漠斑牙鲆具有生长快、适应性广、抗逆能力强等特点，较耐高温，易活运，且肉质细腻、营养丰富，是公认的优良养殖鱼类。在美国、日本、韩国备受消费者青睐，具有很高的经济价值和推广价值，养殖前景十分广阔。该品种引入我国后极具开发价值，有着广阔的发展前景。

漠斑牙鲆喜欢栖息于泥沙质底层，且在由泥土和黏土构成的底质也有分布。漠斑牙鲆育苗必须在海水中进行，苗种期最适培育盐度范围为20～30。成鱼对盐度的耐受范围很广，适盐范围0～60，最佳5～35；对盐度的适应随季节和年龄而变化，仔稚鱼在海水中存活，随着个体的生长，对盐度的适应能力增强并可驯化至淡水生长。耐受水温范围1～37℃，生长水温7～32℃，适宜水温18～30℃；当水温低于10℃时，自然海区的成体漠斑牙鲆开始向深海迁移。pH值6.0～9.0，适宜7.0～8.2；饲料蛋白质要求40%～50%，最佳45%～48%；溶氧要求3.5～20毫克/升，最佳7.0～10毫克/升。漠斑牙鲆喜食小鱼、小虾、

蟹、头足类等。

漠斑牙鲆在适宜温度下，养殖 8～12 个月，规格可达 600 克以上，在海水、淡水中都能正常生长，能够解决淡水地区缺乏优良鱼类养殖品种的问题，也是海水池塘养殖及工厂化养鱼的优良品种。

试验表明，漠斑牙鲆养殖 4～5 月份放苗，当年 10 月份收获，平均规格 500～600 克，最大个体达到 1 300 克以上，成活率达 90%。池塘养殖每亩放苗 300～500 尾，养殖效益 2 万～3 万元。网箱养殖以 3 米×3 米×3.5 米的网箱为例，养殖成鱼 300 尾左右，养殖效益 2 万元左右。工厂化大棚养殖每平方米放苗 20 尾，效益达 1 300 元以上。

十七、淡水石斑鱼

淡水石斑鱼为原产于中美洲尼加拉瓜的慈鲷科鱼类。1988 年被引入台湾试养，后成为台湾南部地区的淡水鱼养殖主要品种之一。1996 年被广东、江西等一些养殖单位从台湾引进养殖，该品种在广东、江西一带养殖非常成功，而且市场价格较高。近年来，淡水石斑鱼的养殖技术，经国内各地水产工作者不断研究，日臻成熟，淡水石斑鱼的养殖规模也越来越大，是一种较为理想的淡水养殖新品种。

图 5-5 淡水石斑鱼

淡水石斑鱼为热带鱼类，淡水中生长，也可在低盐度海水中生长。适温范围25～30℃，水温20℃以下时摄食明显减少，水温下降至15℃时身体失衡，故冬季水温会降至15℃以下的地区不适合养殖此种鱼，除非有保温措施。越冬期间水温保持在19℃以上为好。

淡水石斑鱼为偏肉食性杂食鱼类，鱼苗阶段，其肉食的特性相当强烈，以摄食动物性浮游生物为主，体形相差悬殊的鱼苗亦会互相残食，故养殖要注意及时分级分塘。成熟的种鱼下腭较为突出，上下腭除有细齿外，上颚前方的两侧有2双尖锐的门牙，下腭的前方的正中央有1双细长的门牙，不具有咽头齿，故此种鱼类为肉食性的鱼类，捕获的掠物以吞食为主。繁殖出的苗要及时拉出，以免被亲鱼吞食。出膜仔鱼全长为0.58～0.6厘米，群集在池底不停地运动；水温26～28℃时，第6天卵黄囊消失，仔鱼游至中上水层，此时可投喂轮虫、枝角类等小型浮游动物，稍大后可投喂水蚯蚓，然后再以团状鳗鱼饲料驯食，经过1个月的培育，体长达10厘米左右即可下塘养成鱼。在生长速度上，雄鱼明显快于雌鱼。从鱼苗开始即可用浮性鳗鱼饲料驯食人工配合饲料。

淡水石斑为底层鱼类，耐低氧，抗病力强，在养殖过程中很少发生鱼病，可与罗非鱼、鲫鱼混养，以清除池塘中的小杂鱼，达到优质高效的目的。

淡水石斑1冬龄性成熟，即可产卵。产卵习性与罗非鱼相似，先在池塘底部挖巢，然后产卵，受精卵主要由雌鱼守卫。卵为椭圆形，卵黄暗绿色，不透明，黏性，分散排列于池底，很少有重叠。体重140克的雌鱼每次约产卵3 000～4 000粒，水温26～29℃时，受精卵经48小时可孵化出仔鱼。刚孵化的仔鱼之全长为0.58～0.6毫米，有一若大的卵黄囊，眼睛的黑色素尚未生成，会群集在底部不停的攒动，往往会发现一些污物粘在头部，24小时后全长约为0.65毫米，眼睛的黑色素已经生成，眼略为突出，在水温26～28℃下，以孵化后第6天卵黄接近消失的阶段，仔鱼已经可以游至中、上水层，不再群集在底部。

因淡水石斑鱼肉质好，市场售价较高，属名贵鱼类。其食性为杂食，容易饲养，只要温度条件合适，进行淡水石斑的养殖将有很好的经济效益。

十八、巴西鲷

巴西鲷学名小口脂鲤，又称南美鲱鱼，属鲤科，脂鲤属。原产于巴西南部的巴拉那河与巴拉圭河水系，主要分布于南美洲的巴西、巴拉圭、阿根廷等国的湖泊、河湾、水库等水域，是巴西国内的主要淡水经济鱼类。该鱼肉质爽口鲜美。经测定，该鱼的含肉率 83.28%～84.09%。水分 74.73%、粗蛋白 17.74%、脂肪 5.25%、灰分 1.02%。此鱼在巴西除具食用价值外，还用于提取鱼油和加工鱼粉，因而经济价值高。1996 年由浙江省淡水水产研究所首先引进我国。经过几年的研究试验，该鱼适应性强，食性广，生长快，病害少，易起捕，肉质细嫩，经济价值较高。

图 5-6　巴西鲷

巴西鲷属温水性鱼类，生活在水体底层，适温范围 9～39℃，最佳生长水温为 26～32℃，水温低于 20℃食欲下降，低于 9℃死亡。该鱼耐低氧能力极强，鱼种耗氧率为 0.450 0 毫克/(克·小时)，窒息点极低，为0.198 2毫克/升，仅为青鱼、草鱼、鲢鱼、鳙鱼等养殖鱼类的22.43%～66.07%，这表明巴西鲷能够耐低氧。pH值要求6.0～8.5，属纯淡水鱼类，经过渡适应可在盐度值低于8的半咸水水域生活。性情温顺。

巴西鲷食性为杂食，偏植物食性，且很贪食，但抢食能力较弱。随着不同的生长发育阶段及不同的环境条件，其要求的食物是不同的，鱼苗出膜（胚体长为4.46毫米）至鱼苗能平游之前（平均全长5.99毫米，平均体重为0.22毫克），是以自身残留的卵黄为营养物质。自然条件下，巴西鲷幼鱼阶段主要以轮虫、枝角类和桡足类为食，也摄食绿藻和硅藻，稍长大后摄食水生昆虫的幼虫、孑孓、水蚯蚓和水生昆虫等动物饵料。在人工养殖条件下，鱼苗鱼种阶段可摄食豆浆、蛋黄等人工饵料。成鱼阶段食性更为广泛，可以投喂米糠、豆饼、花生饼、菜仔饼和少量的鱼粉、蚕蛹粉等，在主养池塘中投喂鲫、鳊的全价颗粒饲料效果更好。在粗放混养模式中，不需投饵，只要注意有机粪肥如牛粪的施放，同样可以将巴西鲷养成商品鱼。摄食强度有明显的季节变化，主要是受水温变化的影响。水温在20～30℃时，巴西鲷摄食旺盛，当水温超过33℃及低于18℃时，摄食减少。

巴西鲷对水质要求不高，养殖四大家鱼的池塘都可以放养巴西鲷，其养殖对池塘条件及生产管理没有特殊要求。在水温15℃以上时，可以放养。当年夏花在年底养成每尾250～400克的商品鱼，主养巴西鲷每亩单产可达500千克以上。池塘混养也是很好的养殖方式，以套养越冬鱼种为好。鱼池和虾塘里适当套养巴西鲷可达到增产增效的目的。它不仅不影响主体鱼或虾的生长，而且有清除残饵，改善水质的作用。

思考题

1.“四大家鱼”食性是怎样的？

2.本章所述品种哪些是广温性鱼类？

3. 哪些品种是肉食性鱼类？
4. 黏性卵鱼类有哪些？
5. 怎样繁育乌鳢苗种？
6. 罗非鱼有哪些养殖模式？
7. 怎样建黄鳝寄居巢？

第六章

淡水鱼的人工繁殖技术

提　要：本章通过对鱼类性腺发育规律的论述，在亲鱼培育工程中按照其发育规律在不同阶段根据鱼类的不同生物学习性，采取相应的培育措施以培育成熟良好的亲本。

苗种是养殖生产的基础，要实现健康养殖，必须从苗种生产抓起。首先要有成熟良好的亲鱼，用合适的催产剂及适当的剂量进行催产、孵化，培育健康的苗种。对亲本的挑选、催产剂的种类与使用，催情产卵的办法以及不同的孵化设施和孵化技术进行阐述。以期为苗种生产者提高帮助。

第一节　亲鱼培育

要成功地进行苗种生产，必须抓好亲鱼培育的关键环节。每种鱼都有一定的生物学特性，要创造适合亲鱼发育的条件，做好培育工作。

一、亲鱼性腺发育规律

1. 性腺发育期

鱼类和其他脊椎动物一样，必须生长发育到一定阶段和年龄才能成熟产卵。但一年内存在周期性变化，有些鱼汛在一年几次的成熟周期，如罗非鱼、淡水白鲳等，有些只有一次成熟周期，如“四大家鱼”等，这些成熟周期必须受身体和环境的影响，如激素和神经的控制是内在因素，光照和温度等十大外在因素。了解和控制这些因素对于鱼类的人工繁殖有密切的关系。

鱼类卵子发育分为三个时期，即增殖期、生长期和成熟期。鱼类的生殖细胞是从原始生殖细胞发育而来。原始生殖细胞进入生殖嵴后先经过细胞分裂时期而增殖为卵原细胞，每个卵原细胞分裂 7～13 代，由卵原细胞达到卵母细胞，进入体积增大的生长期。最后进入成熟期，准备产卵。

生长期卵子的核和细胞质有所增长，但体积增长较慢，后来有一层滤泡细胞包围着，这时属于卵母细胞发育的第Ⅱ期。各种鱼类这一时相的长短很不规律，有的时间较短，有的长达几年，如多年成熟的鱼类在性成熟前卵巢就往往停留在此阶段。

生长期后期为营养物质快速增长阶段，滤泡细胞增殖为二层，这时为卵子的第Ⅲ期。以后营养物质迅速积累与卵质各处，只有核周围留一薄层细胞质，卵子皮层出现颗粒或小泡，这时卵子到第Ⅳ期。

鱼卵完成营养物质积累，核进行成熟分裂，称为成熟期。核及周围细胞质向卵膜孔移动，进行成熟分裂，排出第一极体而停于第二成熟分裂中期，等待受精。这时滤泡细胞分泌溶解酶将滤泡细胞间的胶质溶解，卵子排于卵巢腔中。这是卵子的第Ⅴ期。

卵子的成熟和排放是两个彼此协调而不一致的生理过程，由互补协调的情况发生，这对于人工繁殖鱼苗是很重要的问题。

发育各期的卵母细胞因受到不良环境影响而不再正常发育，随时都会退化而消失。一般是卵膜破裂，核胀大液化，细胞质也液化，混成一团胶糊，最后被滤泡细胞吸收。整个过程很慢，需时很久。

根据卵子发育的形态，整个卵巢发育的过程可分为六个时期。

Ⅰ期　由生殖嵴发育的卵巢，紧贴在肠系膜两侧的体腔膜上，成一条细线状，用肉眼不能区分性别。此时卵母细胞的直径大小不一，核很大，约占卵径的一半。“四大家鱼”在第二年的夏季，处此阶段。鱼类Ⅰ期的卵巢和精巢终生只出现1次。

Ⅱ期　卵巢发育为扁带状，因血管发育呈淡黄色或粉红色，发育较差则呈青灰色，卵巢不紧密，肉眼看不清卵粒，在放大镜下可分辨。卵母细胞多发育到第Ⅱ期，但经过成熟产卵后的Ⅱ期卵巢、血管与结缔组织都十分发达，卵母细胞以第Ⅱ期为主，但可掺杂第Ⅲ期或第Ⅳ期退化的细胞。

Ⅲ期　卵巢呈青灰或黄白色，肉眼可分辨卵粒，彼此不易分离。血管发育良好且有分支。卵子开始沉积营养物质，一般停留1～3个月的时间。我国达到性成熟年龄后“四大家鱼”Ⅲ期卵巢出现于秋冬季。

Ⅳ　期精巢呈不规则长扁平状，灰白色。鲤鱼、鲫鱼达性成熟年龄个体都是以Ⅳ期精巢越冬。

Ⅳ期　血管十分发达，卵巢松软，呈淡黄或粉红色。卵粒内积满营养物质，外形饱满为圆球形，在卵超内因彼此积压呈不规则形状。池养“四大家鱼”卵巢发育到Ⅳ期即停止发育，必须通过人工催产才能继续发育到第Ⅴ期产卵。在生殖季节，成熟好的卵巢几乎充满整个腹腔，用挖卵器从泄殖孔一侧伸入卵巢旋转取卵。挖卵器用不锈钢、塑料、竹、粗羽毛等均可制作，直径0.3～0.4厘米，长约20厘米，头部开一长约2厘米的槽，槽两边锉成刀刃状。卵经透明液(85％酒精)处理2～3分钟后，肉眼隐约可见鱼卵大部分卵核偏心，发育较差的卵则卵核大多居中，而过熟和退化的则无核象。各种鱼的卵巢发育情况不一，可分两类：一次产卵的鱼类，卵黄已充满卵子，正待产卵；分批产卵的鱼类，卵黄的积累程度不一，可明显地分为各种类型。

Ⅴ期　卵子已经成熟，排放于卵巢腔中。卵巢松软，用手触摸可以

感觉。提起亲鱼，卵子可从生殖孔自然流出，或轻压后有卵子流出。“萨大家鱼”的卵子一般为浅灰、浅黄或浅绿色。

一次产卵的鱼类，产卵后卵巢中仅有小型卵母细胞，当年不再成熟。分批产卵鱼类，产卵后的卵巢中存在个期的卵母细胞，当年可再次成熟产卵。

Ⅵ期　一次产卵鱼类卵巢，产卵后体积大大缩小，松软而空虚，血管充塞，外观呈紫红色，卵巢内残留的较大卵母细胞很快退化而被吸收，有许多排空卵子的滤泡腔。分批产卵鱼类的卵巢一般存在许多过渡型卵母细胞，卵巢退化以Ⅲ期为限，不久又向Ⅳ期发育。

经良好培育的亲鱼，雌雄鱼一般能达到同步成熟，有关精巢的发育与分期，不再赘述。

根据鱼类卵巢与精巢发育规律，亲鱼的成熟要满足必要的条件。亲鱼放养密度、水流、水温、饲料、其他环境条件都影响到亲鱼的发育。

2. 影响亲鱼成熟的生态环境

(1)水温：水温是影响代谢速度的重要因素，其影响性腺发育成熟是不难理解的，但最重要的温度关系是鱼类产卵的温度阀。每种鱼在某一地区开始产卵的温度是一定的，低于此温度就不会产卵。如淡水白鲳只有达到 23℃以上时才能产卵。“四大家鱼”在我国南方要比北方水域的鱼类提早成熟 1～2 年。

(2)光照：光照长短也是影响性腺发育的重要因素，这与鱼类性腺细胞的发育有关. 黑暗可使垂体分泌机能下降，性腺萎缩，反之光照时机能恢复，光照时间长的地区，鱼类性腺发育快。

(3)饵料：饵料的数量与性质也是促使鱼类性腺发育的重要因素。饲料过于丰富，常使鱼体肥胖，但生殖腺却受到抑制；各种维生素和微量元素必须配合恰当，否则生殖细胞也会发育不全。

(4)水质条件：水质条件影响性腺发育，如流水一般比静水好，主要因素是含氧量的高低。只要含氧量达到生活要求，静水也可使性腺发育成熟，但要注意水体要新鲜，不受污染，有些鱼类产卵需要有流水刺激。其他如水的硬度、盐度、pH 值等也要注意。

(5)环境条件:环境中有异性亲鱼的存在也会影响亲鱼性腺的发育。必须使雌雄亲鱼搭配在一起。

(6)水底条件:水底物质条件也影响成熟,如鲤鱼、鲫鱼等喜处于有水草、树根的环境;"四大家鱼"等则喜在水流激荡而有沙砾的江河底部产卵。

亲鱼的饲养条件是多样而复杂的综合因素,不能由单一环境决定,而且与鱼体本身的激素分泌密切相关。亲鱼的培育过程要根据性腺发育规律,分阶段调整饲料营养及调解好水质。

二、亲鱼培育

1.亲鱼质量要求

要生产高质量的鱼苗,必须选用合适的亲本。影响鱼类种质质量的因素较多,主要有以下几个方面。

近亲繁殖是造成种质退化的重要原因,近亲繁育造成性成熟提前,怀卵量少,受精率低,子代性状退化严重,特别是在抗逆性方面降低。为避免近亲繁育,可建立不同的家系,分别选择雌性或雄性作为亲鱼,通过系间杂交,繁育后代品种。苗种繁育时弄清亲鱼间的亲缘关系,严禁父母本不清、性状有异、纯度不好、血缘近的鱼做亲鱼,杜绝了近亲交配。

有效繁育群体过小也是近交的主要原因之一,为此尽量扩大亲本的群体数量,以保证后备亲鱼选育中的远缘性。

亲本质量及环境条件也是影响种质质量的重要因素。生产中选择体质健壮、无疾病、无伤残、发育良好的亲鱼作亲本,亲本种质要符合有关国家种质标准。养殖中要给鱼类创造良好的生态环境(水质良好、饵料营养要全面、防病等)。制定亲鱼培育技术方案,严格按方案实施。

有些鱼类如罗非鱼、鲤鱼、鲫鱼等品种多,比较容易混杂,使优良性状退化,必须保持其种质纯度。主要措施如下。

(1)实行严格的隔离措施:尼罗和奥利亚分别在东区和西区生产、选育,分别在东西温室越冬保种。

(2)池塘保证:不渗漏,进排水系统独立、完好,进水用筛绢严格过滤,杜绝混入其他鱼类。

(3)挑选亲鱼:挑选严格,种质纯正,符合规定标准。

(4)鱼池距离:鱼池相隔尽量要远,不同来源品种用其他品种隔开。

(5)渔网清理:拉网后渔网要清理干净、晒干,才能拉其他池塘,以防带入其他鱼。

(6)鱼种管理:销出的鱼种在成鱼养殖期间,繁育的苗种不能回收。

不同鱼类成熟年龄不同,同一品种不同地区成熟时间不同,要选择达到成熟年龄或即将达到成熟的亲鱼或选择的后备亲本进行培育。无论什么品种的亲鱼,使用的有效时间是有限的,一般达到性成熟后,大型鱼类,如“四大家鱼”可继续使用 8～10 年,而中、小型鱼类一般使用 4～6 年。

2.草食性鱼类亲鱼培育技术

草鱼、团头鲂属于草食性鱼类,除投喂营养全面的配合饵料外,还要以苦草、菹草、轮叶黑藻等及种植的各类青饲料、野生禾本科草类、菜叶等进行培育。以草鱼为例,亲鱼的培育分 4 个阶段。

(1)产后培育(产后约 1 个月):催产后的亲鱼,体质一般较弱,还常常因催产儿受伤,因此产后培育要求水质要清新,以投喂营养全面高蛋白的颗粒饲料为主,头 7～10 天,宜投喂拌有消炎药物的药饵。

(2)夏秋季培育(7～11 月):该阶段是培育的重点,此时水温高、食欲旺,以投饲水草即青草为主,应注意均量、足量(陆草以鱼体重的 30%草量为宜,水草为鱼体重的 50%),辅助投喂精饲料,以鱼体重的 1%～2%投喂。保持中度肥水。

(3)冬季培育(12 月至翌年 2 月):该阶段水温渐低,食量减退或停食,在南方地区可视天气适量投喂少量颗粒饲料,长江流域每周选晴天投喂少量精饲料,北方则不需要投喂。

(4)春季培育(3～5 月):该阶段水温回升,亲鱼食欲渐旺,以青草及水草为主,并投以谷芽或麦芽,因谷芽或麦芽维生素 E 含量高,能促进草鱼的发育成熟,麦芽投饲量按体重的 5%计算。草鱼在产前一个月,食量有从大增到逐减的变化,大增时要加大投饲量。本阶段要定期加注新水,进行产前流水刺激,促进亲鱼性成熟。具体做法是:3 月份以后,每周冲水一次,到 4 月份每周冲水两次,每次冲水时间 2～3 小时。

在整个草鱼亲体培育日常工作中,要注重水质调节和疾病防治工作和管理工作。

同时,鱼的品种不同,放养密度也不同。

草鱼:每亩池塘放养量为 200～300 千克(雌、雄比为 1∶1 或 1∶1.1),每亩混养鲢鱼或鳙鱼亲鱼或后备亲鱼 3～4 尾,凶猛鱼类 2 尾左右,青鱼 2 尾左右。

团头鲂:每亩放养团头鲂 300 千克左右(雌、雄比为 1∶1),搭配混养 50～100 克鲢鱼 100 尾左右,鳙鱼 20 尾左右。

3. 青鱼亲鱼培育

放养密度:每亩 200 千克左右,配养鲢鱼亲鱼 5～6 尾,花鲢亲鱼 2 尾。

饵料:青鱼饵料要以鲜活的螺、蚬、河蚌为主,辅以少量豆饼、蚕蛹、青鱼专用颗粒饲料等精饲料。投喂量:全年投喂螺、蚬为亲鱼总质量的 10 倍。摄食旺盛的夏、秋季每天或 2～3 天投喂一次,头尾要经常、均衡、不断食。不得投喂变质的螺、蚬和霉变精饲料。

注意要保持水质清新,夏秋季要经常换水,催产前 1 个月每天要冲水刺激,促进成熟。

由于池塘中螺蛳十分有限,在青鱼苗需要量不大的情况下,一般将青鱼亲鱼作为搭配品种混养在其他亲鱼池中。根据青鱼性腺成熟较晚,在其他亲鱼催产中,陆续将青鱼集中一池,待催产季节后期再进行催产繁殖。

4.鲢、鳙鱼亲鱼培育技术措施

放养密度:主养鲢亲鱼池,每亩放养100～150千克,搭配放养鳙鱼后备亲本30～45尾,另外套养适量草鱼、青鱼及肉食性鱼类以清除池中水草、螺蛳和野杂鱼。主养花鲢池,每亩放养亲鱼80～100千克,不套养白鲢鱼,套养少量草鱼、青鱼及肉食性鱼类。

花、白鲢培育主要以施肥为主。清塘消毒后,亲鱼放养前7～10天,每亩施用100～150千克粪肥和200～250千克绿肥作基肥。养殖过程中,根据水质的肥瘦变化,做到少量、多次及时追肥。绿肥可堆放到池边或池角,粪肥可采用搅成水浆泼撒。也可泼撒尿素和过磷酸钙等无机肥,一般每次用尿素2.5千克,过磷酸钙5千克化水泼撒。

主养鳙鱼池除肥水外,可适当投喂部分精饲料,如浸泡的豆饼等。催产前要冲水刺激。

5.鲤鱼、鲫鱼亲鱼培育技术

鲤鲫鱼属杂食性鱼类,一般用专用配合饲料喂养,培育可获得成功。

以鲤鱼为主和以鲫鱼为主的放养方式,放养密度每亩放亲鱼200～300千克,另外,搭养少量鲢、鳙(50～100克白鲢鱼100尾左右,鳙鱼30尾左右)、草鱼、鲂等鱼类调节水质。鲤、鲫鱼培育方法同样分产后(包括夏季)、秋季、冬季和春季培育。由于鲤鱼、鲫鱼性腺是在Ⅳ期越冬,故培育重点应在夏、秋两季。早期是产后亲鱼恢复体质,随后一直到秋季是肥育。此阶段需积累脂肪和准备越冬,需要大量营养,饲养鲤鲫鱼亲鱼,以投饵为主。常用的饲料除配合饲料外可投喂豆饼、菜饼、米糠、菜叶和螺蛳等。鲤鱼是杂食性鱼类,不要长期喂单一的饲料。投饵量为体重的3%～5%,依季节不同适当增减。越冬期间,每亩亲鱼池需施入(堆施)粪肥500千克,并在天气晴朗时不定期投喂少量精料,以维持体质和性腺成熟转化。鲤、鲫鱼在培育后期要注意不能加新水,或有流水的刺激,依法引起零星产卵,影响催产效果。

第二节　催产、孵化

一、催产

培育成熟的亲鱼，在温度适宜的条件下可以进行产卵、孵化。许多鱼类，如“四大家鱼”，在人工养殖条件下，即使成熟后一般也不能自行产卵，需要注射催情激素催产，鲤、鲫鱼、鲂鱼等在条件合适时可自行产卵，但为使苗种整齐，批量生产，也要进行催产。

1. 催产剂种类与选用原则

生产上常用的催产剂包括鲤鱼、鲫鱼脑垂体（PG），绒毛膜促性腺激素（HCG），促黄体素释放激素类似物（LRH-A），地欧酮（DOM），利血平（RES）等。

（1）鱼脑垂体：是鱼类人工繁殖中的常用催产剂之一。其主要作用是促进精子、卵子的发育与排精、排卵，具有很好的催产效果。鱼催产用多是性成熟的鲤鱼、鲫鱼脑垂体。其制备方法是：摘取脑垂体多在鱼产卵前的冬季或春季进行。摘取方法有两种：一种是砍去头盖骨，把鱼脑翻过来，即可看到乳白色的脑垂体，用镊子取出；另一种是从鳃盖骨内蝶骨的侧面摘取。摘取时，左手握鱼，鱼头向前，背朝上，用食指把鱼左鳃盖支开，右手持脑垂体摘取勺（将 8 号铁丝的一端砸成勺状），先将左鳃盖剥离，然后将摘取勺插入蝶骨缝内，把左侧蝶骨去掉，即可见脑垂体，用摘取勺挖出垂体。

（2）将摘出的鱼脑垂体放入丙酮中或无水酒精脱水脱脂：丙酮的用量为脑垂体的 15～20 倍，4～6 小时换一次新鲜丙酮，经 24 小时后取出，用滤纸吸干，装入棕色小瓶内，加盖用蜡密封，放在阴凉干燥处保存备用。PG 对促进卵母细胞的卵泡成熟作用大，在水温正常和偏低的

条件下作用显著。PG 几乎可用于所有鱼类催产，可单独或与其他催产药物配合使用。使用剂量一般为：每千克体重 3～5 毫克，雄鱼剂量减半。这种药物使用过量时，副作用大。用于亲缘关系较近的鱼类催产，效果明显。

(3)绒毛膜促性腺激素：HCG 是由孕妇尿中提取的催产药物。它对促进卵母细胞的滤泡膜成熟作用大，在水温正常和偏高时作用显著。HCG 也广泛用于其他鱼类催产和配合其他催产药物协同催产。使用过量时副作用大。要注意：HCG 溶解后容易失效，必须现配现用，最好一次用完。如果有多余，必须贮藏在冰箱冷冻室内，并在短时期内用完；HCG 对不同鱼类催产效果有一定差异，一般对鲢鱼、泥鳅、团头鲂等效果较好；HCG 的催产效果跟亲鱼性腺发育程度有关，成熟度较差的亲鱼可以增加 20%～30%的剂量；HCG 跟脑垂体、LRH 类似物配合使用，可以提高催产效果。

(4)促黄体素释放激素类似物：LRH-A 是由人工合成的多肽类催产药物，能促使动物垂体前叶分泌促黄体素(LH)和促卵泡素(FSH)，促使卵巢的卵泡成熟而排卵，对雄性动物，可促进精子形成。它几乎可用于所有鱼类催产，剂量范围较大，副作用较小。LRH-A 有多种型号，常有的为 LRH-A2。

(5)DOM：是催产辅助药，一般不单独使用，与其他催产药配合可提高催产率。DOM 在亲鱼性腺发育不十分好和水温较低的条件下可发挥良好作用；相反，则减少用量，或不用。用于“四大家鱼”催产剂量为每千克体重亲鱼 2～5 毫克，雄鱼减半。

值得注意的是，凡利用一种药物能达到催产目的或催产率很高的，就不用其他药配合；需要配合时，也应避免过多种药配合，一般 1～2 种即可。

利血平(RES)等其他药物的特性和用量可参照厂家说明书灵活掌握。

根据实践经验，常规鱼类催产可参照一下剂量(一般雄鱼减半注射)。

青鱼:常用剂量为(LRH-A2 5 微克+HCG 500 国际单位+PG 3 毫克)/千克体重。分 2 次注射,第一针按 LRH-A2 1 微克/千克体重,只注射雌鱼。水温 25℃左右,间隔 15 小时,进行第二针注射。一般青鱼发情不明显,自然产卵受精率较低或不产,根据效益时间,检查成熟情况,进行人工授精。

草鱼:常用剂量为 LRH-A2 10~15 微克/千克体重。2 次注射:第一针用 1 微克,第二针用 10~15 微克。在水温偏低和亲鱼性腺发育较差时,每千克体重加 DOM 2~5 毫克。

鲢鱼、鳙鱼:常用剂量为 HCG 800~1 200 国际单位/千克体重。或使用专用催产剂 1~2 个单位。在水温偏低和亲鱼性腺发育较差时,每千克体重加 DOM 2~5 毫克。HCG 和 LRH-A2 与混合使用第一针按每千克鱼体重注射 1~2 微克 LRH-A2,第二针按每千克鱼体重注射 10~15 微克 LRH-A2 加 300~400 国际单位 HCG。

鲤鱼、鲫鱼:常用剂量为 DOM 2~5 毫克+LRH-A 210/千克体重。

团头鲂:常用剂量为 LRH-A2 8~10 毫克/千克体重。在水温偏低和亲鱼性腺发育较差时,每千克体重加 DOM 2~5 毫克。

值得注意的是,在水温较高条件下,无论什么鱼,DOM 宜用低剂量(不超过 2 毫克),或不用 DOM。

由于环境条件的变化和亲鱼成熟度的差别等可变因素,需要相应灵活运用催产药物剂量,以提高催产率。如催产季节早期,亲鱼成熟度较差,水温较低,可采用偏高剂量和两次注射,并且可应用催产辅助药 DOM,提高催产率;在催产季节中期,亲鱼成熟较好,水温适合,可采用中、低剂量;在催产季节后期,宜采用偏高剂量;对于小个体亲鱼和怀卵量较大的经产鱼(腹部特别膨大),宜采用偏高剂量,以获得高的催产率。另外,经过多次产卵的鱼类,可使用较低剂量。

2. 成熟亲鱼挑选

要想得到高质量的鱼苗,选择成熟良好的亲鱼是关键。亲鱼成熟不好,即便能够产卵,卵的质量差,往往不能发育下去或影响其他卵的

发育，即使能够发育下去，苗种质量往往不高。用于催产的亲鱼必须种质纯正，无病无伤，成熟良好的适龄亲鱼。

不同种鱼繁殖的水温不同，由于不同季节水温不同，所以不同种鱼的催产季节不一样。必须了解适宜繁殖的温度以做好繁育工作。如“四大家鱼”繁殖的水温范围是18～30℃，适宜水温是22～28℃，最适水温是24～26℃。鲤鱼、鲫鱼繁殖水温范围是15～28℃，适宜水温是18～25℃，最适水温是23℃左右。在实际生产中，为了尽早提供市场需求的苗、种，增加苗、种当年生长时间和提高经济效益，往往可通过加强亲鱼培育和根据气候变化趋势，温度适合时及时开展人工繁殖。

亲鱼年龄的鉴别：通常用洗净的鳞片在解剖镜下或肉眼进行观察。一般以鳞片上的每一疏、密环纹为一龄，或在鳞片的侧区观察两龄环纹的切割线的数量，即一条切割线为一龄。用以上两种观察方法结合，确定其年龄大小。

多数鱼类在非繁殖季节区别特征不明显，但在繁殖季节雌、雄鱼可通过副性征加以区别。常规鱼类可从以下特征进行区别：

鲫鱼：雌鱼腹部膨大、柔软，卵巢轮廓明显，轻压后腹部有少许卵粒挤出；雄鱼腹部较扁，轻压后腹部则有乳白色精液流出，部分鱼胸鳍及鳃盖等部位有“追星”出现。

团头鲂：在生殖季节，雌鱼腹部膨大、柔软，胸鳍光滑，第一根鳍条细而直，雄鱼头部、胸鳍、尾柄上和背部均有大量“追星”出现，手摸有粗糙感，挤压腹部有乳白色精液流出，胸鳍第一根鳍条肥厚略有弯曲呈“S”，终生不变，在非生殖季节可凭此确认。

“四大家鱼”：雌鱼，腹部膨大，柔软，胸鳍光滑，鳍短较圆。雄鱼，腹部膨大不明显，胸鳍不光滑，成熟良好的有追星出现，胸鳍末端较尖。性腺发育成熟度可在催产前用挖卵器由肛门后的生殖孔偏左或偏右插入适当深度，然后转动几下取出少量鱼卵并倒入玻璃培养皿或白瓷盘中，加入85%的酒精透明液固定2～3分钟，观察卵核位置，并判断其成熟度。如果卵核位置大部分偏心（偏向动物极），少数居中则是成熟标志。如果腹部尽管膨大，但过分柔软、弹性差，肛门紫红，取卵用透明液固定观察无核象则为过熟、退化。

人工催产时，亲鱼自行产卵，雌、雄鱼配组比例为1∶1或雄体略多；如果采取人工授精则1∶0.5或雄体略少。

3.催产剂配制与注射

(1)药液配制：注射液的配制浓度根据针剂的效价、亲鱼的大小进行调整计算。首先根据不同的鱼类，确定要注射的激素种类和每千克鱼体重应注射的剂量，然后根据要催产的亲鱼大约总重量计算出需要的激素总量。根据亲本大小确定每尾鱼要注射的药液体积，一般较大鱼类，如“四大家鱼”每尾注射2～4毫升，小型鱼类如鲤鱼、鲫鱼和团头鲂等，每尾注射0.5～1毫升。将激素溶解到全部亲鱼注射所需溶液中，注射液可使用生理盐水或葡萄糖溶液，考虑到在注射过程中注射液有可能损失，配制量要高于计算用量的5%左右。因激素性质不同，在配制药液时要注意，如LRH-A2和HCG能很快溶解于上述溶液中，而PG和DOM需要先在研钵中研磨精细，再加入少许溶液继续研成浆液后使用。

(2)注射：根据亲鱼成熟度不同，催产药剂可分一次注射和两次注射两种。一次注射是将所需药剂一次性注入鱼体，在亲鱼性腺发育良好和催产中期多采用一次注射。两次注射是将所需药量分2次注入鱼体。第一次注入量为总量的1/5左右，其余量，第二次注入鱼体，一般第一次注射，只使用LRH-A2。两次注射间隔的时间根据水温和成熟情况确定，温度低或成熟度差，间隔长，温度高或成熟好，间隔短。一般间隔6～12小时。由于行两次注射操作，所以应注意保护鱼体，使其不受伤或少受伤。催产药剂的注射方法一般分为胸鳍基部体腔注射和背部肌内注射两种方法。胸鳍基部体腔注射，是在胸鳍的内侧基部凹陷无鳞处，以注射针头朝背鳍前端方向，与鱼体表呈45度角刺入鱼体腔内。这种方法注射速度快，药容量大，是最常用的方法。背部肌内注射，是在背鳍下方肌肉最厚处，以注射针尖翘起鳞片，与体表呈40度角刺入鱼体肌肉内，并缓缓注入药液。这种办法适合药液较少的注射，

两次注射的第一针可使用该法。注射药物时，进针深度跟鱼体大小有关，鱼体小，进针宜浅，以免刺破内脏，也应避免过浅，以防药液反流体外。

4.发情产卵

当亲鱼注射催产药剂后，到一定时间出现雌雄追逐现象，往往雌鱼在前，雄鱼在后，紧追不舍，这种现象称为发情。当发情进入高潮时，雌、雄鱼产卵、排精，完成鱼卵受精过程。亲鱼自注射药物到发情、产卵的时间称效应期。效应期长短取决于催产的品种、注射的药物及水温。正确的预测可便于操作处理。如鱼卵的收集，特别是进行人工授精非常重要。如“四大家鱼”，水温 20℃ 情况下，一次注射后经 14～16 小时即开始发情、产卵；行两次注射打第二针后经 12 小时左右即开始发情、产卵。而水温每上升或下降 1℃ ，则分别提早和推迟 1 小时左右。

产卵方式，可采取自然产卵及人工授精两种。自然产卵操作比较方便，产卵后收集鱼卵直接孵化即可。人工授精操作较繁锁，但授精率高，卵胚胎发育较一致。进行人工授精是在亲鱼出现发情现象后，捞出亲鱼，观察成熟情况，一般成熟好的雌体，腹部膨大、柔软、富于弹性，肛门微红、突出，用手轻压有卵粒流出。成熟好的雄体用手轻压后腹部有一定量乳白色精液流出，遇水便如烟即散。如精液发黄、过稠，遇水成团不散，则为过熟退化。

鱼类人工授精的方法有干法、半干法和湿法三种。

干法授精：用鱼夹分别取出成熟好的雌、雄鱼，用毛巾或干布擦去鱼体表和鱼夹的水分。先将卵挤入擦干水分的搪瓷盆或大碗内，紧接着挤入数滴精液，用羽毛搅拌均匀。对于浮性卵，随即向盆内加入清水，搅动 2～3 分钟使卵受精，最后漂洗几次，转入孵化器进行孵化；对于鲤鱼、鲫鱼、团头鲂等黏性卵，可用滑石粉或黄泥浆脱黏后进行孵化，或将卵均匀地涂到鱼巢上，进行孵化。

泥浆水用黄泥或细泥土，加水搅拌成米汤状，用 40 目筛绢过滤后使用。滑石粉 100 克加 20 克。

食盐用 10 千克水搅匀使用,可脱黏 1～1.5 千克鱼卵。脱黏时,一人将授精碗中的鱼卵徐徐倒入脱黏盆(桶)内的泥浆水(或滑石粉)中,与此同时另一人不停地用手上下翻动泥浆水 5～10 分钟,之后将卵和泥浆一同倒入原过滤泥浆的小捞子,滤去余下的泥浆(可重复使用多次),然后将小捞子置清水中漂洗,卵粒计数后放入孵化器孵化。泥浆不能太稀,也不可过浓。

半干法授精:先将雄鱼精液挤出,在精子保存液中保存,短时间可用或用适量 0.85%生理盐水稀释,然后倒入盛有鱼卵的盆中搅拌均匀,然后加清水再搅拌 2～3 分钟使卵受精后按上述操作。

湿法授精是将鱼卵与精液同时挤入盛有清水的盆内,边挤边搅拌,使鱼卵受精。该法不适合黏性卵。

生产中,多采用干法和半干法人工授精。提高人工授精效率的关键是及时地取鱼挤卵、挤精进行授精。操作过程要求快捷、熟练。如果挤卵流畅,稀稠适中,卵廓清晰,富于光泽,精液乳白,数量充足,状如牛奶,遇水即散,可有很高的受精率。若卵不易挤出,不可硬挤。若挤卵过晚,卵液过稀,卵廓模糊,色泽暗淡,精液少、薄或过浓发黄,遇水不散,都会降低受精率,甚至完全不受精。

二、受精卵孵化

鲤鱼、鲫鱼、团头鲂等黏性卵的鱼类,在自然条件下,产卵后黏附在人工鱼巢上,或人工授精后涂到鱼巢上的受精卵孵化,可采取静水孵化、流水孵化和淋水孵化;对人工授精、脱黏卵需采取流水孵化工具孵化。

1.黏性卵人工鱼巢孵化

(1)鱼巢静水孵化:一般在准备好的培育池中进行,是最常用的黏性卵孵化法。该法利用苗种池,经过清塘消毒加水,将黏附鱼卵的鱼巢用竹竿成排均匀地布置在池塘背风朝阳的水面下 20 厘米左右。巢与

巢、排与排间隔一定距离,以利于水面通畅交换供氧。放巢数量,依每巢鱼卵数、受精率和孵化率评估及鱼池放苗密度计算而定。鱼苗孵出后就池培育。

(2)鱼巢流水孵化:将鱼巢放入流水养鱼池或孵化环道、孵化槽等流水孵化工具中进行孵化。其孵化条件更好,便于鱼苗计数进行池塘培育或对外销售。

(3)鱼巢淋水孵化:在水温较低的情况下,可将鱼巢移入室内进行淋水孵化。在通风的室内用竹竿等搭成框架,将鱼巢移到室内放到框架上,均匀间隔放置,每隔半小时到1小时淋水1次,保持鱼巢、鱼卵湿润,勿使鱼卵干燥。室温保持在20~25℃。当鱼卵发育到眼睛出现色素时将鱼巢移入到培育池塘继续孵化。

2. 非黏性卵与脱黏卵的孵化

"四大家鱼"等非黏性卵及脱黏卵,根据卵的数量及条件可采用孵化环道、孵化槽、孵化桶等进行孵化。

(1)孵化环道孵化:是最常使用的孵化工具,如图6-1所示。适用于较大规模卵的孵化方式。环道形状一般为圆形或椭圆形,有单环、双环等,钢筋混凝土结构或砖石结构。一般孵化密度达到每立方米水体放卵100万~150万粒。

图6-1 孵化环道

(2)孵化槽孵化:用钢筋混凝土或砖石砌成的长方形流水孵化工具。适用于中、小型规模鱼卵的孵化。孵化密度,每立方米水体放卵60万～80万粒。

(3)孵化桶孵化:用白铁皮剪裁、焊接成的漏斗形流水孵化工具。孵化桶结构如图6-2所示。孵化桶适用于小批量的鱼卵孵化,可容200～400千克水,每100千克水可孵20万粒卵。具有放卵密度大,孵化率高,使用方便等优点。

(4)孵化缸孵化:一般用普通水缸改制而成,要求缸形圆整,内壁光滑。如图6-3所示。是小规模人工繁殖鱼苗最普遍使用的一种孵化工具。以容水量200千克左右为宜。可按每100千克水放卵10万粒孵化。

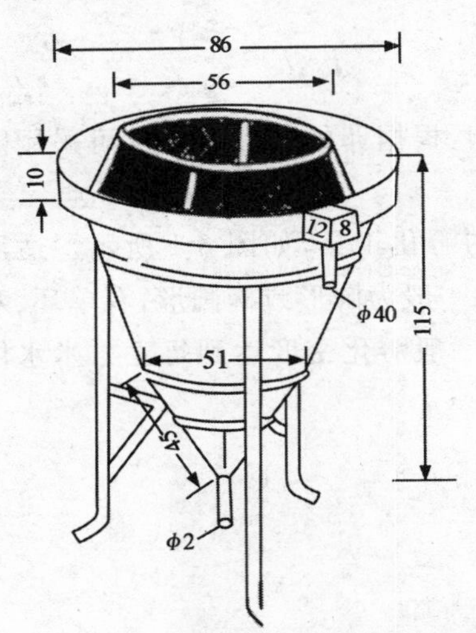

图6-2　孵化桶(单位:厘米)

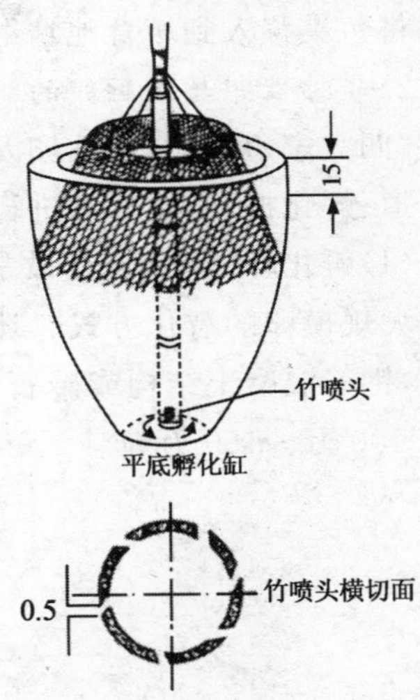

图6-3　孵化缸(单位:厘米)

3.孵化影响因素

(1)水温:不同种类鱼的受精卵有其最适宜的水温孵化范围,在水温范围上、下限之外会对鱼卵孵化造成不利影响,如发育停滞,出现畸形胎,甚至造成死亡。必须在合适的水温条件下孵化。在适宜水温范

围内随着水温升高，孵化速度加快，水温降低，孵化时间延长。

(2)溶氧：水中溶氧对鱼卵孵化影响极为重要。一般鱼卵孵化要求溶氧在要求更高。孵化适宜的溶氧量为4～5毫克/升以上。溶氧低造成胚胎发育迟缓或死亡。

(3)pH值：鱼卵孵化要求pH值为7.5～8.5。pH值过高易使卵膜变软甚至溶解；过低易于形成畸形胎。

(4)浮游生物：枝角类与桡足类等浮游动物对鱼卵造成危害，孵化用水要用60目以上的筛绢过滤。过滤网布应具有较大面积，以保证有效的过滤和孵化用水量。

此外，水质在一定的条件下，如水太肥、不同程度污染和不同土质等，还会存在或生成有害物质，卵、鱼苗本身代谢产物的积聚(小范围循环用水)，也会危害其孵化，降低孵化率，甚至大量死亡。为此，需要首选清新、良好的水源、水质，同时掌握水质和天气变化规律，进行人工净化、改造，避害兴利，以提高孵化率。

另外：卵子质量差、卵膜薄、水质偏酸、水流冲击等可引起卵膜早破，使胚胎提前出膜，增加畸形苗、降低孵化率。可用5～10毫克/千克的高锰酸钾液浸泡5～10分钟。

4.孵化过程中的管理

(1)掌握适当的放卵密度：即根据不同的孵化工具及其性能，放入数量合适的鱼卵进行孵化。

(2)调节适当大小的水流：即开始孵化时水流使鱼卵能够冲起来，并缓缓翻滚，均匀分布；出膜后幼鱼苗失去了卵膜浮力，同时活动性弱，易于下沉堆积，应适当加大流速，但也不能过大，以防冲伤鱼体；当鱼苗能够平游，活动性增强，又要适当减小水流，避免体质、体力消耗。

(3)定期洗刷过滤设备：保持水流畅通，使进、出水平衡。

(4)准确掌握出苗时间：当鱼卵经过4～7天的孵化，幼苗出现腰点(即鳔形成)，卵黄囊基本消失，能够平游，开始摄食，此时即可下池培育。如果鱼苗太嫩或未及时下塘，都会降低成活率。

思考题

1.性腺成熟分几期？特征是什么？

2.哪些因素可引起种质质量的退化？

3.主要催产药物的种类有哪些，怎样使用？

4.催产剂怎样配制？

5.黏性卵怎样脱黏？

6.孵化中要注意哪些问题？

第七章

淡水鱼类苗种的健康培育技术

提　要：本章对苗种培育池塘的选择、池塘的清整、消毒措施，水质的培育，“水花”下塘的注意事项，苗种培育的管理措施等进行阐述，以使苗种生产者能够掌握培育过程中的各技术环节。

苗种是养殖生产的物质基础，进行成鱼的健康养殖，要从苗种抓起，生产优质健康的苗种。一般淡水鱼苗种的培育分鱼苗培育与鱼种培育。鱼苗培育指自开口摄食的“水花”阶段培育至2～3厘米的“乌仔”阶段或3～5厘米的“寸片”阶段；鱼种培育是指由“乌仔”阶段或“寸片”阶段培育成较大规格鱼种的过程。

第一节　培育池清整与肥水

一、池塘选择与整理

1.池塘选择

鱼苗培育池要选择大小适中，池底平整，不渗漏，排、灌水方便的池塘。

2.池塘清整

(1)挖除过多淤泥:淤泥成分含泥土、鱼类粪便、饲料残饵、动植物残骸及微生物等。污泥本身富含营养物质,分解后成为附有生物、寄生虫及细菌的丰富营养来源,有淤泥的老池塘容易配肥水质,对鱼苗的培育有利,但经过长时间的养殖,容易造成寄生虫及细菌大量增殖。淤泥多的池塘,养殖过程中易引起鱼类罹病疾病,治疗时难以根除病原。池塘存在大量有机物易造成水质恶变,引发严重的细菌性疾病。因此,鱼苗培育池要挖除过多的淤泥,一般保留20厘米左右。

(2)池坝修整:一般养殖池塘经长期使用后,因池水浸渍及水浪造成池埂渗漏、坍塌等,要在池塘闲季进行整理。

(3)池塘曝晒:过多的淤泥清除后,对剩余的淤泥进行曝晒1～2周,翻耕底泥,底泥翻耕后再次曝晒1～2周,日光中强烈的紫外线,可以有效杀灭存在于池底及池壁隙缝中的寄生虫、虫卵及细菌等有害病原。彻底晒干池塘,使底泥风化,残留底泥中的有机物,有充沛的时间与空气中氧气充分作用分解,注水后藻类有充分的营养盐可供利用,会快速增殖达到注水的目的,创造优良的养殖环境。

二、清塘消毒

池塘除养殖鱼类外,往往还混有野杂鱼虾及各种生物,如细菌、螺、蚌、青泥苔、水生昆虫等,它们有些本身能引起鱼生病,有些则是病原体的传播媒介,有些则直接伤害养殖鱼类。消毒的目的也是为杀死鱼池中的野杂鱼类、寄生虫、寄生虫卵、霉菌、霉菌孢子及细菌等病害病原。清塘消毒的办法有多种,可根据经济和有效的原则,采取适当的方式,利用最少的资金、人力,以不会伤害生态环境的方式,得到有效而完全的消毒,且不会造成残留的问题。

常用的清塘药物有生石灰、漂白粉、茶饼、氨水等。其中以生石灰、氨水、漂白粉清塘具有较多优点。生石灰不但能杀灭塘内病原、中间寄

主、携带病原的动物和敌害，而且还有改良土壤、水质和施肥作用；氨水、漂白粉和生石灰有同样的杀灭作用，氨水还有施肥作用。茶饼灭菌作用不大，防病效果稍差。

(1)生石灰清塘：可使用两种方法。一种是干池清塘，先将池水抽出，仅留 5 厘米左右深度水，然后在池塘底部均匀地挖出数个土坑，将生石灰堆放在土坑内溶解，或用木桶等，把生石灰放入加水溶化，不待冷却立即均匀向四周泼撒，亩用生石灰 50～75 千克。第二天早晨最好用耙耙动塘泥，消毒效果更好。另一种是带水清塘，每亩平均水深0.5～1 米用生石灰 120～150 千克，将生石灰放入木桶或铁锅等容器中溶化后立即全池遍洒。7～8 天后药力消失即可放鱼。实践证明，带水清塘比干塘清塘防病效果更好，但生石灰用量较大，成本较高。生石灰在空气中易吸水，逐渐变成粉状熟石灰，其消毒效力就会降低，因此应密闭保存。生石灰清塘主要有以下优点：①能杀死残留在鱼池中的敌害，如野杂鱼、蛙卵、蝌蚪、水生昆虫、螺类、青苔及一些水生植物等。②可杀灭微生物、寄生虫病原体及其孢子。③能澄清池水，使悬浮的胶状有机质等凝聚沉淀。④钙的置换使用，可释放出被淤泥吸着的氮、磷、钾等，使池水变肥；同时钙本身为动、植物不可缺少的营养物质，起到了直接施肥的作用。⑤碳酸钙能使淤泥变成疏松的结构，改善底泥通气条件，加速底泥有机质分解。⑥碳酸钙与水中溶解的二氧化碳、碳酸等形成缓冲作用，保持池水的 pH 值稳定，始终呈微碱性，有利于鱼类生长。

(2) 漂白粉清塘：抽出池水至剩余池水刚好淹没池底，一般每立方米水用含有效氯 30%左右的漂白粉 20 克，先用木桶或塑料容器加水将药溶解，立即全池均匀遍洒。漂白粉清塘后 4～5 天药力消失可以放鱼。漂白粉有很强的杀菌作用，但易挥发和潮解，因此必须密封保存在陶器内，存放干燥处。使用前最好测定有效氯含量，不足 30%的要适当增加用量。要注意：池底要有少量水才能发挥功效，如使用在干燥无水的池底，则消毒功效不佳。

(3)氨水清塘：一般将池水排干或留水深 5 厘米左右，用氨水加水全池均匀遍洒，过 4～5 天即可加水放鱼。

(4)茶饼清塘:按每亩平均水深1米用茶饼40~50千克的用量,先将茶饼打碎成粉末后加水调匀浸泡12小时全池均匀遍洒。在水温25℃左右时,7~10天药性消失即可放鱼苗培育。6~7天后药力消失即可放鱼。

另外,有的地方使用巴豆或鱼藤精清塘。这些药物能杀死水中的害鱼,对鱼病病原体和其他水生生物的杀灭效果差。

三、加水育肥

开口摄食的淡水鱼苗以浮游动物为食,水中浮游生物种类与数量对鱼苗培育成活率影响较大。因此,鱼苗培育,水质的培育非常重要。肥水物质为有机肥、无机肥、微生物菌肥等。早期鱼苗培育一般使用有机肥如:牛粪、鸡粪、绿肥等。有机肥在使用前要经过消毒发酵后使用。使用方法:清塘消毒后5~7天,池塘加入经60目筛绢过滤得新水,鱼苗下塘前3~7天,每亩用粪肥150~200千克加水搅拌泼撒入池塘,鲤鱼、鲫鱼等苗种培育,此时因水温低,肥水慢,在加水前可在池角堆放部分基肥。

第二节 “水花”下塘

一、放鱼前试水

池塘清塘消毒后,清塘药物药性必须消失才能放鱼。这主要根据清塘后时间判断,另外放的鱼苗,试养12~24小时,如果鱼活动正常,就可以进行放养。

二、"水花"下塘

掌握好下塘时间非常重要。水温 20～25℃时，施肥后 5～7 天轮虫大量出现时放入鱼苗，此时下塘开口饵料丰富，鱼苗生长快，成活率高。如果放鱼苗过早，开口饵料少，鱼苗生长慢、成活率低；如果放鱼苗过晚，枝角类和桡足类等大型浮游动物大量出现，轮虫等适口饵料数量锐减，大型浮游动物又与鱼苗争食轮虫和人工饵料，也使鱼苗成活率降低，生长缓慢。从水色可简单判断：水呈茶褐色或绿褐色，透明度 30～35 厘米是鱼苗较佳下塘水质。如果水呈深绿色或蓝绿色或砖红色，此时一般枝角类占优势或透明度较大或呈乳白色，此时桡足类占优势，鱼苗培育成活率低。

孵化设备内鱼苗卵黄囊基本消失、"腰点"肉眼清晰可见，体色清淡，游动活泼，在盘内能逆水游动，此时鱼苗下塘成活率高。鱼苗太嫩或过老，下塘成活率低，甚至为零。

鱼苗自孵化设备运输到培育池进行培育，一般采用塑料袋充氧运输的办法。装运密度与水温及运输时间(距离)有关，水温越高，运输时时间长，装鱼苗密度越小。鱼苗下塘前，用 40 目网片的渔网拉一次空网，一是了拉出不小心进入的野生鱼类及其他敌害生物；二是可翻动底泥，使沉入泥中的轮虫冬卵翻起、孵化、生长及增加水中有机质利于肥水。

放养密度：不同种类有所差别，一般鲤、鲫鱼类培育至"乌仔"阶段，每亩可放"水花"80 万～120 万尾，直接放置鱼巢孵化，根据放置鱼巢卵的密度、大约受精率、正常情况下的孵化率等推算。"四大家鱼"每亩放养 60 万～80 万尾。培育至"寸片"阶段出塘，鲤、鲫鱼每亩可放养"水花"15 万～ 30 万尾，"四大家鱼"每亩可放"水花"10 万～20 万尾。

要注意：鱼苗下塘是培育池水温与孵化水温温差不能太大，一般控制在 2℃以内。温差较大时，要将装鱼苗的塑料袋放在水中，让塑料袋内外水温平衡一段时间，待袋内水温与池内水温基本平衡时，揭开塑料袋，混入部分池水，缓缓将鱼苗倒入池中。一般应在上午，水温上下层差异小，鱼苗下塘安全系数高，晴热的下午，水层上下温差大，鱼苗下塘可能引起气泡病，培育成活率低。另外，闷热天，气压低或连阴雨天也降低成活率。风力较大时，鱼池常出现风浪，要在鱼池的上风头方位下塘，以便鱼苗随风游开。

第三节　培育管理措施

一、喂养

大部分品种下塘后，主要以浮游动物为食，另外可摄食部分人工细饵料。在鱼苗下塘 7～10 天内，每天每亩用黄豆 2～3 千克磨浆全池泼撒，分 4 次投喂，上、下午各 2 次，培育后期泼撒豆粕面、鱼粉、粉碎的颗粒料。

二、追肥、调水

水质是培育成活率的关键。鱼苗放养密度比较大，为补充浮游生物量，要使用追肥。根据气温、水质的变化，掌握及时、均匀、少量多次的原则；以化肥作为追肥施用，一般每 7～10 天施肥一次，每亩每次可施尿素 1.5～2 千克，过磷酸钙 5 千克。方法是先将化肥分别溶于水，然后先磷肥后氮肥全池均匀泼撒，时间间隔最好一天以上。每 3～5 天加部分新水(15～20 厘米)，在早期培育的一段时间，只加水，到后期用潜水泵外套密网往外抽水。保持池水“肥、活、嫩，爽”，透明度以 25～35 厘米为宜。

三、防病与管理

在鱼苗培育早期阶段，鱼苗容易得气泡病，主要因为在晴热天气，光线强，表层水温高、溶氧超饱和引起，在下塘早期每天下午向池内加注部分井水预防，发现发病，可泼撒部分食盐水，可有疗效。在培育7～10天以后，鱼苗可能患车轮虫、斜管虫等寄生虫性疾病及白头白嘴病、白皮病等细菌性病，要经常检查，发现疾病，及时治疗。

四、锻炼、出塘

鱼苗经过15～20天培育，可生长至1.7～2.5厘米的“乌仔”阶段，经20天至1个月左右可生长至3厘米以上的“寸片”阶段，此时可分塘进行鱼种培育或出售。初次出塘的鱼苗，应急反应比较强烈，直接拉网运输成活率低，必须拉网进行锻炼1～2次。用密网将鱼慢慢拉起、密集，使鱼处于缺氧状态，几分钟后，慢慢放开渔网，让鱼游回池塘。经锻炼后，鱼体质增强，可外运或分塘进行鱼种培育。

思考题

1. 苗种培育怎样清塘消毒？
2. “水花”下塘要注意哪些环节？
3. 苗种培育，怎样进行管理？

第八章

淡水鱼池塘健康养殖技术

提　要：本章对淡水鱼池塘养殖过程中的各项环节进行阐述，以期读者通过本章能够掌握成鱼健康养殖的技术措施，在养殖中有所启发。

池塘养殖是大部分地区使用的养鱼方式，目前池塘养殖产量约占淡水鱼养殖产量的60%以上。我国的淡水养鱼有着悠久的历史和积累了丰富的经验。在池塘养殖方面，通过长期的实践，总结出宝贵的"八字"精养法，即"水、种、饵、密、混、轮、防、管"。"八字"精养法对当前开展健康养殖有着重要的指导意义。

第一节　池塘条件与准备

一、养殖池塘条件要求

面积：一般成鱼池面积为5～10亩为宜，这样易于管理。池塘太大，因投饵不均而造成出塘规格差异过大，太小水质变化大，影响鱼的

生长。

水深：一般成鱼养殖池水深控制在2～3米。

水源：水源充足，水质清新，无污染，进、排水系统完善。池水透明度在25～35厘米。溶氧量控制在4～5毫克/升以上，最低不能低于2毫克/升（为保证溶氧充足，亩产量超过500千克以上的池塘，要配备增氧机，平均每亩配备功率在0.3～0.5千瓦。在常停电的地方要配备柴油发电机，以防停电，造成损失）。pH值在7～8。

底质的要求：池塘底质最好是壤土，沙壤土，其次是黏土。池底平坦、不渗漏，底泥10厘米左右。

二、放养前的准备工作

（1）修整池塘：清除池底杂草、杂质、平整池塘。

（2）清塘消毒：有条件的地方，在冬季排干水，通过池底冻结、干燥和曝晒来清除敌害，改良底质。放鱼前半个月利用生石灰（CaO）、漂白粉、茶饼、巴豆、氨水等，参照苗种培育清塘办法执行。成鱼养殖，若有条件可每年进行一次清塘，连续养殖也可2年进行一次。

（3）注水和培育水质：池塘消毒后，待药物毒性消失，即可加注新水，加水时要用60目筛绢过滤，以防进入野杂鱼类和敌害生物。部分鱼类养殖，特别是花、白鲢的养殖，在鱼种放养前7天左右，投放基肥及施肥，培育水质。养殖淡水白鲳、鲤鱼、草鱼、鳜鱼等则不用施肥，保持水质的清新。

第二节　鱼种放养

一、养殖品种选择

选择正确的养殖品种对养殖成败至关重要。要根据各种条件，经过充分的考虑,权衡利弊加以选择。

1.考虑水质条件

“鱼离不开水”,水质是最主要的决定因素。首先考虑水温条件,温水性鱼虾类如淡水鲨鱼、淡水白鲳、澳洲宝石鲈、淡水黑鲷、南美白对虾、革胡子鲶、巴西鲷、罗非鱼、红螯螯虾等鱼类能耐受的水温最低都在10℃以上,上述品种,耐受低温从高逐渐变低,淡水鲨鱼一般需要18℃以上才能正常生存,红螯螯虾10℃以上可以正常生存。除我国南方少数地区可以常年养殖外,大多数地区,都不能自然越冬,必须在有热源的地方进行越冬保种,如果没有条件,只能购买经越冬的鱼种进行商品鱼养殖,并且在养殖前要考虑好产品的出路,即养成后能否把产品顺利销售。常温性鱼类如斑点叉尾鮰、条纹鲈、黄颡鱼、鳜鱼、南方大口鲇、美国大口胭脂鱼等可以耐受的温度范围比较广,一般只要保持较高的水位,在自然条件下都能安全越冬,因此我国的大部分地区都可进行养殖。冷水性鱼类如鲟鱼类、鲑、鳟鱼类、梭鲈、狗鱼等都适应较低的水温,这些鱼类要考虑安全度夏的问题,夏季高温持续时间较长的多数南方地区,有些品种就难以适应。还有像淡水黑鲷等鱼类,由于其特殊的地理条件,既不能耐受低温,对高温的耐受能力也较弱,夏季高温时也必须注意。因为一些温水鱼类和冷水性鱼类,市场价格相对较高,可重点发展养殖。在有温泉等热源的地方可选择养殖诸如澳洲宝石鲈、淡水鲨鱼等,没有热源的地方可以进行适应常温的名优鱼类养殖如斑点叉尾鮰、南方大口鲶、黄颡鱼、黑鱼、泥鳅等,在有山泉或地下冷水的地方你可以进行鲟鱼、虹鳟鱼等的养殖。盐度也是很重要的决定因素。多数淡水品种只能在淡水中生存,适应盐度值在0.5以下,有的经驯化过渡,可以在低盐度水体中正常生长,如淡水白鲳、淡水黑鲷、澳洲宝石鲈、红螯螯虾,能适应5‰盐度,甚至更高,红螯螯虾在低盐度水体中生长和成活比纯淡水好,说明更适宜有盐度水体,沿海地区更适宜养殖,像鲟鱼、罗非鱼等适应更高盐度水体。你如果不事先对养殖水体盐度有所了解,也不考虑拟养品种的适应性,往往会造成损失,这种情况也常有发生,必须高度注意。另外,不同品种栖息习性不同,决定了喂养、

起捕方面的差异。如淡水白鲳、宝石鲈、美国大口胭脂鱼等较易捕捞，但像罗非鱼、鳜鱼等很难捕捞，要考虑养殖池塘排水难易，如果池塘水很难抽干，能够进行拉网起捕，就选择易捕捞的品种，如果池塘很不规整，底部又高低不平，只能干塘捕捉，干塘收获时还要考虑品种耐氧程度，捕捞时间不能过久，否则造成死亡。另外，不同品种适合水体空间不同，要考虑池塘大小等问题。

2.从食性考虑

不同的品种食性不同，不同的地方原料种类、价格存在差异，饵料投喂方法对不同种类来说也不相同，必须有充分的认识。鱼类食性各有差异，如鳜鱼以各种鱼类为食，除斑鳜等少数鳜鱼种类，经过驯化后可捕食死鱼等，大多只吃活饵料鱼，进行养殖时要考虑饵料鱼的来源是否方便，如果你的池塘较多，而苗种的销售又困难，或价格较低，当地低值鱼类充足，可以通过养殖鳜鱼进行转化；若动物下脚料、或野杂鱼来源比较方便、便宜，可以养殖肉食性鱼类，如经过驯化的狗鱼、斑鳜、大口鲶、以及黑鱼、斑点叉尾鮰、黄颡鱼等；若动物性饲料不足，可养殖杂食性鱼类，如罗非鱼、淡水白鲳、宝石鲈、美国大口胭脂鱼等。根据食性的不同，可以进行不同鱼类的套养，肉食性鱼类可以套养到家鱼等养殖池中，可清除野杂鱼类，滤食性鱼类放养到底泥较厚、易肥的池塘。各地农产品的种类不同，致使养殖所用饲料原料在各地是不一样的，同样的原料各地价格也有差异，这样水产养殖产品的饲料成本各有差异，所需的原料自外地运输，运输成本也要考虑在内。要根据不同品种的食性，结合当地原料种类，综合考虑。动物食性鱼类及杂食偏动物食性，适合在湖库周围，肉类加工厂附近，这样，野杂鱼类、动物下脚料资源就比较丰富；杂食偏植物食性种类，适合农产品种植发达地区；杂食偏浮游生物食性，适合在畜牧业养殖发达地区；水草、牧草丰富的地区，可选择草食性种类。这样可有效降低饵料成本，提高效益。

3.进行市场调查

养殖产品的去向也是选择品种的关键因素。人们的生活观念不相同，各个地方人们对水产品的喜好也不一样。养殖以前必须先做市场

调查，产品养出来去向是哪，要做到心中有数，产品的消费群体众寡决定了价格的高低。同一产品，在城市周围养殖，价格就高，可能在边远地区就难以销售。在北方地区，养殖温水性鱼类要考虑集中上市的问题，要解决这一问题，可以打季节差，放养大规格鱼种，提早上市。有条件尽量考虑出口、外销。

4.技术条件

名优品种都有自己的特性，有些品种养殖时间尚短，技术还不完全成熟，平时许多问题需要结合其他品种的养殖经验来解决，较常规品种难以养殖。没有养殖经验的新养殖户，一般不要进行新品种养殖，要么选择养殖技术简单的品种。有养殖经验的，也要先掌握拟养品种的特性，开始时小批量加以试养，成功后再加大规模。新品种的苗种繁殖方面，必须全面掌握繁育技术，然后进行。

5.注重苗种质量

苗种的质量影响很大，一些品种的繁育由于只注重数量，不注重质量，使优良性状退化，生长速度下降，抗病能力降低，如罗非鱼是很好的例子，好的苗种比差的生长快1倍以上。因此，购买苗种前，对苗种质量和价格多做比较，要选择技术力强、信誉好的苗种场，最好从国家原良种场购买苗种，国家原良种场的苗种质量较有保障。选购的苗种应符合相应的苗种质量标准，由专门人员进行检疫或已具备检疫合格证的是首选。进行苗种自繁时，应确定或制定和执行相应的生产技术标准。育苗过程必须符合相关法规和标准的有关规定，要配备与育苗生产相配套的专业技术人员。

品种的正确认识，不能单凭广告宣传，有些企业，为了一时利益，对品种的优良特性夸大宣传，可能会起到误导的作用。如美国大口胭脂鱼这一品种，开始有一段时间，没有被正确认识，有人宣传其生长似鲤鱼、味道似鳜鱼，到头来让许多养殖者吃了亏。该鱼抢食能力差，食性是杂食偏浮游生物，不能和鲤鱼一样去养殖，养殖条件是水质要做到“肥、活、爽”，调节水质是关键，更适合大水面增殖和套养。

二、放养模式

不同养殖品种、不同条件可采用不同放养模式。如根据条件进行精养、半精养、粗放粗养；主养、多品种混养等；一次放养，集中出池、轮捕轮放等。主养鱼类鲢、鳙、草鱼、青鱼、鲮、鲤、鲫、鳊等之所以能够混养，主要是由于不同的鱼类有不同的栖息特点及食性。从栖息特点看，鲢、鳙鱼为上层鱼，草鱼、鳊、鲂鱼为中下层鱼，青鱼、鲮、鲤、鲫鱼为低层鱼。因此，将这些鱼混养在同一池塘中，可充分利用池塘各个水层，增加单位面积的混养量，从而提高池塘鱼产量；从食性看，鲢、鳙鱼主要吃浮游生物；草鱼、鳊鱼主要吃草类；青鱼吃螺、蚬等底栖动物；鲮鱼吃有机碎屑及着生于底泥表面的藻类；鲤、鲫鱼吃底栖动物，也吃一些有机碎屑。将这些鱼混养在一起，能充分地利用池塘中的各种食料资源，发挥池塘的生产潜力。在混养中，各种鱼之间既有有利和促进的一面，也有相互矛盾和排斥的一面。如草鱼喜欢生长在清新的水中，但它吃草类，食量大，排泄大量难以消化的纤维素，等于在水中施肥，使浮游生物大量繁殖。若能在草鱼池塘中混养鲢、鳙鱼，让它吃掉一些浮游生物，既可降低池水肥度，又能促进草鱼生长。鲤、鲫鱼除吃底栖动物外，还能利用饵料碎屑，在摄食时能翻动底泥，促使有机物矿化，以改善水质。又如虽然鲢鱼以浮游植物为主，鳙鱼以浮游动物为主，但因鲢鱼也摄食部分浮游动物，鳙鱼也摄食部分浮游植物，两者在食性上有共同的一面。因此，它们在食料上就存在矛盾，往往表现为鳙鱼因鲢鱼竞食而在生长上受抑制，需通过确定合适的混养密度，予以调整。除了不同种类的鱼混养外，还有同种鱼不同年龄与规格的混养。下面列举部分品种常用的养殖模式。

1. 以鲢鱼为主养的放养方式

鲢鱼养殖比较简单，养殖基础条件差、技术水平较低时，养殖多年的老池塘，水质比较容易肥，肥料来源广主养鲢鱼往往易于成功。鲢鱼作为主养鱼，放养量占总量的 60％～70％，搭配放养 20％～30％草鱼及少量鲫鱼。增长倍数为5左右，亩产量一般在300～400千克。一次放足，集中出池。

2.以鳙鱼为主养的放养方式

适合鳙鱼养殖的条件和主养鲢鱼基本相同，由于鳙鱼的天然饵料为浮游动物，肥料主要使用有机肥。鳙鱼作为主养鱼，放养量占总量的70%～80%，搭配放养20%草鱼和少量鲫鱼。增长倍数为5左右，亩产量一般在300～400千克。一次放足，集中出池。

3.以草鱼为主养的放养方式

草鱼养殖采用以投喂水草、旱草为主及投喂人工饵料的两种养殖模式。以青饲料为主的养殖模式，要在青饲料来源比较丰富的地区采用，草鱼放养量控制在60%，搭配养殖30%的花、白鲢（1∶3的比例）及10%的鲤、鲫鱼。这样可以利用青饲料直接喂养草食性鱼类；草食性鱼类摄食的残饵、植物碎屑和腐殖质等又可为杂食性鱼类提供饵料，这些鱼类的粪便肥水、繁殖浮游生物，又为滤食性鱼类提供了丰富的天然饵料。这种放养模式起到了生物间的互利互补作用，保持了鱼池生态良性循环，有利于降本、增产、高效。此养殖模式，增长倍数为4左右，亩产量一般在400千克。一次放足，集中出池。投喂人工饵料的模式为，草鱼放养量控制在80%～90%，搭配养殖10%～20%的花、白鲢（1∶3的比例）。此养殖模式，增长倍数为6左右，亩产量一般在500～700千克。可采用轮捕轮放的方式。

4.以青鱼为主养的放养方式

青鱼养殖采用以投喂螺蛳、河蚌等为主及投喂人工饵料的两种养殖模式。以投喂螺蛳等为主的养殖模式，一般在螺、蚌类较多的南方地区采用，青鱼放养量一般在60%，搭配养殖10%的花、白鲢（1∶3的比例）及30%草鱼。此养殖模式，增长倍数为4～5，亩产量一般在400千克。投喂人工饵料的模式，青鱼放养量控制在80%～90%，搭配养殖10%～20%的花、白鲢（1∶3的比例）。此养殖模式，增长倍数为5～6，亩产量一般在500～600千克。

5.以鲤鱼为主养的放养方式

鲤鱼是我国的重要养殖鱼类,在不同地区、不同条件下有多种养殖方式。以其为主养的方式放养模式也千差万别。最常用养殖模式是鲤鱼的放养量 80%～90%,搭配 10%～20%的花、白鲢。增长倍数为 7～10,亩产量一般 700～1 000 千克。可采用一次投放,集中捕捞;也可采用一次放足,分次捕捞及轮捕轮放的模式。一次放足,分次捕捞。在养殖初期,放养不同规格的鱼种,在养殖过程中,将达到上市规格标准的成品鱼捕出,较小规格的继续养殖,一般中间可集中捕捞 1～2 次。

6.以鲫鱼为主养的放养方式

鲤鱼也是我国的重要养殖鱼类,养殖方式也极其多样。一般常用方式为,鲫鱼的放养量占 80%,搭配混养 20%鲢鱼、鳙鱼。增长倍数为 5～7,亩产量一般 500～700 千克。

三、混养与轮捕、轮放

1.混养

池塘鱼类多品种混养是为了充分利用水体和天然饵料生物,同时也可使天然饵料和人工饲料得到多次转化利用,提高其利用率。池塘几种主要养殖鱼类,其中鲢鱼、鳙鱼属上层鱼类,滤食水体中的天然饵料浮游植物和浮游动物;草鱼和团头鲂属中层和沿岸带鱼类,天然饵料为各类水草,鱼类粪便又培植了浮游生物,对鲢鱼、鳙鱼有利;鲢鱼、鳙鱼滤食了浮游生物,清瘦了水质,对草鱼、青鱼、团头鲂和鲤鱼、鲫鱼都有利;而鲤鱼、鲫鱼和青鱼属底层性鱼类,水生昆虫、底栖生物和螺类等为其天然饵料,还吃其他饲料。总之,鱼类混养充分利用了上、下水体和天然饵料,既互惠又互利。

我国池塘养鱼实现了池塘生态学与鱼类混养生物学的统一。科学研究表明,草鱼、团头鲂等草食性鱼类和青鱼、鲤鱼、鲫鱼等杂食性鱼类,统称摄食性鱼类,它们与鲢鱼、鳙鱼的比例为(70%～80%)∶(15%～20%),而鲤鱼、鲫鱼仅占摄食性鱼类的 5%左右。鲢鱼、鳙鱼间的比例,鳙鱼的放养尾数或重量占鲢鱼的5%~8%,也就是不超过10%。

这种放养大多以草鱼或青鱼为主养,也可换成以鲤鱼、鲫鱼、团头鲂或其他摄食性鱼类为主养。无论以哪种摄食性鱼类为主养,鲢鱼、鳙鱼所占的比例均为15%~20%。也就是说,70%~80%的摄食性鱼类的粪便所培植的浮游生物,可以使鲢鱼、鳙鱼生长良好,即每生长1千克摄食性鱼类,其粪便可带养0.4~0.6千克的鲢鱼、鳙鱼(包括池塘原有的自然生产潜力),并且也使摄食性鱼类生长良好。

为此,在放养时,除有外源性肥料自然流入池塘,水易肥沃、肥料易得或因养殖技术基础较为薄弱,其他鱼种缺乏等,以主养鲢鱼或鳙鱼外,一般大多以主养摄食性鱼类搭配混养滤食性鱼类。

2.轮捕、轮放

成鱼养殖的轮捕、轮放是提高池塘鱼产量的技术措施之一。这是鉴于池塘环境在任何情况下,其载鱼量都是有限的,如在不进行人工增氧的条件下,一般每亩载鱼量500千克左右。在对鲢鱼、鳙鱼不投喂人工饵料,仅依靠施肥和摄食性鱼类粪便培植天然饵料浮游生物,供其滤食,其生产潜力在250千克左右。在这种情况下,不进行轮捕、轮放,其鱼产量有限,如果轮捕、轮放,就能适时降低池塘载鱼量,进而促进鱼类生长,增加产量。如果进行人工增氧,则根据增氧程度不同,鱼池具有不同程度的载鱼量。在这种情况下,进行轮捕、轮放又可进一步提高鱼产量。

开展轮捕、轮放,必须实施鱼种多规格放养,并且具有一定数量大规格或特大规格的鱼种可供轮捕。轮捕,捕捞的时间以饲养中期为主。此时,正是鱼产品淡季,既可调节市场,价格又较好,可以增加收入。

轮捕、轮放,分一次放足、分期起捕和捕多少、相应补多少两种方式。

轮捕,捕捞时期大多正值高温季节,又对鱼的活动和生长有一定干扰,因而要求拉网捕鱼操作熟练、快捷,上网率高,并且选择在天气晴好、鱼不浮头、水温较低的下半夜或凌晨,以便缩小影响和方便活鱼上市。此外,良好的网具,避免过分伤鱼也是值得注意的。轮捕,中间捕

捞次数不能过多,一般1～2次,不超过3次。如果捕捞次数过多,鱼受伤过重,干扰太大,则得不偿失。

轮捕、轮放,或多或少、或重或轻,总要伤及一部分鱼,为了避免引发暴发病或其他病,捕捞之后根据情况,必要时及时泼撒杀菌药物进行预防。

四、鱼种入池前消毒

鱼种在养殖过程中,即使没有发病,往往带有一定的病源微生物。经过拉网、运输等,也会造成鱼体损伤,不经过消毒处理的苗种直接放入成鱼养殖池,就会把病原带入新环境,在水质不好的情况下,病原就会大量繁殖,从而引起鱼生病。在鱼种放养前,应进行鱼体消毒,以切断传染途径,预防鱼病发生。鱼体消毒一般采用药液浸洗法。常用消毒药物有高锰酸钾、漂白粉、食盐、硫酸铜、敌百虫等。采用单用或几种混合使用。

(1)高锰酸钾消毒:每立方水用高锰酸钾20克,水温10～20℃,浸洗2～2.5小时。浸洗用水应尽量选用含有机质少的清水,防止在阳光直射下浸洗,以免影响药效。主要防治三代虫、指环虫、车轮虫、斜管虫等引起的鱼病及鱼体损伤加快伤口愈合。

(2)漂白粉消毒:每立方水加入10克漂白粉(含有效氯30%)搅拌均匀,放入鱼种浸洗。消毒时间视水温高低、鱼的游动情况灵活掌握,水温10～20℃,浸洗15～20分钟,20℃以上浸洗5～15分钟。主要防治细菌性皮肤病和烂鳃病。

(3)漂白粉和硫酸铜合剂消毒:每立方水用10克漂白粉和8克硫酸铜。两种药物应分别溶化后混合,水温10～20℃,浸洗15～20分钟。该浸洗的方法可同时具有上述两方法的功效。

(4)食盐消毒:用2.5%浓度的食盐水浸洗鱼体5～15分钟。食盐对黏细菌、水霉菌及车轮虫等寄生虫有杀灭效果。

(5)硫酸铜消毒:每立方水用药8克,水温在10～20℃,浸洗15～

30分钟。可防治鳃隐鞭虫、口丝虫、车轮虫、斜管虫、毛管虫等引起的鱼病。对硫酸铜敏感的鱼类(特别是无鳞鱼)禁止使用。

(6)敌百虫消毒:用0.2%敌百虫(90%晶体)溶液浸洗10～15分钟。可防治指环虫病、三代虫病等。

第三节　健康养殖管理技术

一、施肥与饲料投喂

1. 施肥肥水

多数品种的养殖,一般采取多品种混养,通过施基肥培肥水质,使水中有一定的浮游生物含量,以供部分滤食性鱼类和其他鱼类摄取天然饵料;同时,水体中含有一定的浮游植物,其光合作用为水体增氧也是不可缺少的。因此,各种养殖池在越冬或开春后施用一定量的有机肥作基肥。对于以滤食性鱼类(鲢鱼、鳙鱼)为主养的池塘,则需要观察水质变化,定期不断施追肥,保持丰富的天然浮游生物量,以提供正常生长必需的饵料生物。

池塘施肥使用要根据池塘营养盐类、浮游生物周年变化规律,各种肥料的特性和预防病害要求等,科学施用。

池塘施基肥即在春、秋两季施肥,此季节水温相对较低,适合以粪肥和绿肥等有机肥为主;春夏之交,夏季和夏秋之交,水温高,适应有机肥易引起水质变化太快,易引发疾病等,适合以施氮、磷等无机肥为主。不同季节水质调控可参照以下办法。

冬季和早春水温低,池水处在相对静态,水质较清澈,夏、秋季施肥后尚具有一定肥度。此段的水质调控方法是施基肥,为翌年鱼类饲养打好水质基础。常用的粪肥是以猪、牛粪为主的畜、禽粪和人粪。用粪

肥做基肥，基肥使用量一般为 400～500 千克/亩。以小堆肥的方式分开堆在水下，让其缓慢分解，当水温上升到 15℃以上，应及时推散开。常用的绿肥是以各种野生蒿草和人工种植的豆科植物为主的植物茎叶。用绿肥做基肥用量为 200～300 千克/亩。施用时，以一定的厚度、条状堆放池边水下，并插小杆固定，让其腐化分解，中期翻动一次，最后捞出残渣。

春季到夏初(3～6 月份)及秋季到冬初(9～11 月份)，水温不断回升及水温不断下降，昼夜温差较大，水温在 15～25℃ 或略高的水平上来回波动，水体上下对流交换好，水质处在良性变动中。根据主养鱼类不同，进行适当追肥、投饵，可形成良好水色、水质。

夏季(7～8 月份)，此段水温高，经常在 30℃ 左右波动，并且昼夜温差小，水体上下对流交换差，严重时，甚至处于静止状态，水体上下的水温、溶氧和其他理、化、生物因子分层现象明显，池塘生态条件很差。加之通过春季及夏初鱼类快速生长，池塘载鱼量增加，池塘营养盐类减少，甚至缺乏，特别是缺磷严重。所以此时期容易形成不良的水质、水色。一旦遇上天气突变(气压低、闷热天、雷暴雨)，打破池水静止状态，水体上、下剧烈交换，水质极度恶化，极易发生鱼类浮头、严重浮头直至泛塘，造成毁灭性损失。因此，高温季节水质调控非常重要。首先，当需要施肥时停止使用有机肥，巧施化肥；常用的氮肥是尿素和碳酸氢铵，磷肥是过磷酸钙和钙镁磷肥。根据水质状况灵活掌握，一般每亩一次使肥量 2～3 千克或碳酸氢铵加倍，配合再施过磷酸钙或钙镁磷肥 5 千克左右。氮、磷肥应分开化水全池遍洒。第二，经常注入新水并冲动上、下水层。第三，用好增氧机搅动水层。特别是天气剧烈变化前后进行池塘增氧，防止鱼类严重浮头和泛塘。对于蓝绿色和砖红色水，采取大量换水、搅动水体增氧，必要时，局部用硫酸铜或络合碘等药杀浮游动物，配合加水防泛塘，增施磷肥或微生态菌肥等综合方法进行调控。对于淡灰色和黑灰色水，采取增施磷肥的方法调节。对于乳白色水，采用杀虫剂药杀浮游动物和增施化肥的方法进行调节。若施化肥的效果不佳，显示水质中还缺乏其他营养素，则采取施用适量有机肥配合调节。

2.饲料投喂

饲料是养鱼的最大成本之一,讲究科学的喂料方法,不仅有利于鱼的健康生长,而且可节约饲料,有效地提高养鱼效益。要根据养殖鱼类的食性、饲料来源、养殖规模选择适宜的饲料和正确的喂养方式。

颗粒饲料:鱼类颗粒饲料的直径通常为2.5～8毫米,长5～10毫米,直接投撒于鱼池饲喂。饲料受潮变质则不宜再饲喂,以防鱼类食后中毒。

饼类饲料:饼类饲料饲喂小鱼应敲碎、浸泡、磨浆后投喂,喂中到大鱼将其浸软即可。

谷物饲料:大颗粒的谷物如玉米,宜加工粉碎后喂鱼;小颗粒的如谷粒,可将其发芽后喂鱼,幼嫩的谷物白芽营养价值高,鱼吃了易消化,吸收快,增重快。

青绿饲料:喂中到大鱼一般将青绿饲料去掉泥土后即可直接投喂;喂小鱼则应将其切碎或打浆,再加0.2%的食盐拌匀,泼撒投喂。将青绿饲料切碎后煮熟,拌入适量糠麸,小鱼更喜欢吃。

糟糠饲料:喂小鱼应将糟糠类饲料浸软磨浆;喂中到大鱼则宜将其发酵至有酒香味时投喂。初喂时先少量投喂,以后逐渐加量,但不宜超过每天喂料总量的30%。

蛋白饲料:蚯蚓、蝇蛆、昆虫等均是鱼类的上等动物蛋白质饲料,可直接投喂,也可晒干加工成粉后配合其他饲料喂鱼。对于块状动物饲料,应将其切碎磨细,加入黏合剂制成小团状投喂。

粪便饲料:鸡粪、猪粪、牛粪等均可作鱼类的饲料。将粪便晒干磨成粉,再按一定比例配合其他饲料使用。比例一般以鸡粪40%～50%、牛粪50%～70%、猪粪30%～50%为宜。

(1)滤食性鱼类饵料投喂:滤食性鱼类的滤食器官由鳃弧骨、腭褶、鳃耙和鳃耙管构成,摄食特点是用鳃耙滤取食物。食物随水一起进入口腔,通过鳃耙侧室与鳃耙沟将食物滤积于鳃耙沟中,借水流的冲击和腭褶的波动,使食物沿鳃耙沟向咽喉移动并吞入胃中。自然条件下,除滤食浮游生物外,亦能滤取一定的有机腐殖质及细菌,人工饲养,也可

滤食部分人工饵料。因此，养殖滤食性鱼类，主要进行肥水培育浮游生物。适当补充部分人工饵料，人工饵料要使用磨碎的粉状料，成分为50%和50%麸皮。每日上、下午在池塘上风头小把撒到水面。

(2) 草鱼、鲂鱼等草食性鱼类投喂：草鱼、鲂鱼、鳊鱼等草食性鱼类以水生及陆生植物为食，具有锋利的口缘和利齿及坚硬耐磨的咽喉齿，取食时靠口缘切断植物后用咽喉齿压磨食物后吞入胃肠消化。这类鱼以植物饲料为食，但不能消化分解粗纤维，靠压磨植物细胞，破裂后流出原生质加以吸收利用。喜食豆饼、玉米等精饲料。进行草食性鱼类养殖，一是采取栽种牧草，收割投喂的办法；二是投喂人工配合饵料。

①青饲料养殖。选择青饲料应把握以下三点：一是适口性好，饲料品种必须为鱼类所喜爱；二是保证生长期长，长年供应，应将多年生青饲料与一年生青饲料结合种植，可多收割，保证全年均衡供应鱼类摄食；三是多品种结合，合理搭配。养鱼中可以应用的青饲料品种很多，陆生青饲料有禾本科的黑麦草、苏丹草、稗草、小米草、杂交狼尾草等，豆科的紫花苜蓿、白三叶、红三叶等，菊科的苦荬菜等，也有玉米、南瓜、山芋等植物；水生青饲料有浮水植物的水葫芦、浮萍、芜萍等，沉水植物的伊乐藻、苦草、轮叶黑藻等，挺水植物的蒿草等；水、陆兼生的有水蕹菜、喜旱莲子草等。要根据当地的实际情况，如光照、降水、肥源、土壤状况及养殖品种等，因地制宜地选择几个青饲料品种，形成合理的种植、利用模式。

饲料的数量及营养成分决定着鱼的生长快慢和产量的高低。许多地方采用种植牧草进行养殖。优良的牧草可利用部分多，消化率高，牧草所含的营养成分能满足草食性鱼类生活和生长的营养需要。种草养鱼有较高的经济价值。苏丹草与黑麦草是草食性鱼类的优质饲料，生长迅速，分蘖多，再生能力强，对土壤适应性好。苏丹草耐高温干旱，其生长期为5～10月；黑麦草喜温湿而耐寒，其生长期为10月到翌年5月。可利用两种牧草交替种植，保证一年的饲料供应。

栽培技术：苏丹草与黑麦草种子在播植前都应在55℃温水中浸1～2天，中间换水2～3次。苏丹草一般在2～3月开始播种，每亩播草籽 2 千克左右，采用点播、条播均可。条播育苗移栽产量比点播高 2 倍多。点播每穴 10 余粒，穴距 18～25 厘米；条播沟深 1～2 厘米，行距 18～25 厘米。清明前后，当苏丹草长至 4 片叶苗期开始移栽，株距 6 厘米×6 厘米，每株 3～5 根。播种后每亩以 50 千克粪肥加 3 倍水施肥。苗期生长较慢，应及时除去杂草。5 月可以开始收割，直到 10 月霜降前。每收割一次，亩追施粪肥 150～250 千克，一年可收 8～10 次。年产量达 7 500 千克以上。留种地初期只割 1～2 次，7～8 月种籽收后，老根再生，到 10 月还可收草 2～3 次。黑麦草在立秋后 9 月上旬播种，每亩播草籽 1 千克。可以条播，沟深 2～3 厘米，行距 20 厘米，均匀播下，覆盖薄土，并施以稀粪水，草苗长至 4 片叶期开始移栽，株行距 6 厘米×7 厘米，每株 7～8 根。黑麦草喜氮肥，每次收割后，亩施粪肥 250～500 千克或尿素 5 千克。黑麦草 10 月可开始收割，一般 20～25 天割一次。春季生长快可 15 天左右割一次，到翌年 5 月共可收割 8～10 次，肥水充足情况下，亩产鲜草 7 500 千克以上。翌年 4 月留出茎叶长势较好的作为留种地，停止收割并增施磷钾肥，5 月可抽穗，开花结籽，6 月初种子随熟随收，亩可收种 30 千克。

收割：苏丹草与黑麦草在拔第二节和第三节时营养成分较高，茎叶柔软适口，可利用部分在 98%以上。此时收割单株产量苏丹草有 35 克，黑麦草有 30 克，而且此时牧草再生能力高达 90%。因此，收割时机应掌握在第三节拔节之前，才能保证产量高，利用率高，营养成分多。除黑麦草前 2～3 次收割可以贴地外，其他收割时留茬 6～9 厘米以利于牧草再生。

青饲料可利用鱼池的坡埂、塘边空隙地进行种植，也可开辟专门的饲料地进行种植，但要把握好种植面积，既不浪费土地，又保证饲料的均衡供应。青饲料种植面积应根据养殖方式、草食性鱼类的比例、青饲料品种产量及各种饲料的饵料系数等确定。据养鱼户经验：一般草食性鱼类占 70%左右、亩产 500～700 千克成鱼的养殖池，每亩水面需 0.5 亩左右饲料地。

青饲料的投喂应该根据天气、水质、鱼情等因素进行合理调整，成

鱼养殖可直接投喂收割后的青饲料，也可采取发酵的方法，以提高青饲料的适口性和利用率，如水花生适口性较差，鱼类不能直接将它消化吸收，但经过发酵处理后，鱼类就可以食用了。投喂时一般每天一次，投喂时间在上午的 8～9 时，投喂量以 7～8 小时内吃完为度，如在这个范围内很快吃完，第二天投喂量应酌情增加，如当天剩料较多，则次日酌减。阴雨天或寒冷天气可少投或不投。另外，每天吃完的剩料应及时捞出，以免污染水质。在投喂过程中，要坚持青、精饲料结合的原则，因为青饲料虽营养价值比较全面，但其本身营养物质浓度较低，难以满足鱼类快速生长的需要。青饲料养鱼的水面也应进行施肥，一般施用腐熟的有机粪肥，施肥量可根据季节、水温、天气、水色灵活掌握，一般每 10～15 天施肥一次。

②人工配合饲料喂养。利用配合饲料进行养殖，适合集约化及大规模养殖。动物为了维持生活、生长和繁殖等生命活动，需要各种养分。人工配制配合饲料能满足动物各种营养物质需求。草鱼养殖饲料选用要参照以下原则：一是选用性价比高的饲料。应多了解当地鱼饲料使用情况，不应单纯考虑价格因素，应着重考虑其性价比。二是选用蛋白含量相适应的饲料。草鱼是草食性鱼类，高蛋白饲料易引起草鱼免疫率下降，患病率提高，选用时应结合鱼类规格及当地的气温情况。一般原则是规格小，饲料蛋白要求高，反之低，气温高的地方饲料蛋白低，反之高。三是选用适口的饲料。鱼饲料颗粒讲究适口性，颗粒大小的选择可根据饲料使用说明，颗粒太大，易造成浪费，颗粒太小则增加鱼的摄食难度，延长投饵时间。四要选用品质好的饲料。品质好的饲料不但可减少饲料投喂量，降低劳动强度，而且能减少排泄物对水体的污染，降低水体压力，保持较为良好的水域环境，提高鱼的抗病能力，达到较理想的养殖效果。五要选用经微粉和水溶性好的饲料。草鱼属鲤科鱼类，鲤科鱼类没有胃，营养吸收主要靠前肠部位，饲料通过前肠的时间较短，经微粉的饲料易消化吸收，可提高饲料的利用率。六要选用新鲜、未过期变质的饲料。选用饲料时要注意查看出厂日期及保质期，一般鱼饲料根据季节不同其保质期亦不相同，同时应检查饲料保管是

否良好，是否有发霉变质的情况，不使用过期或霉变的饲料。

苗种刚开始投喂，要进行驯食，让鱼适应新的养殖环境。投喂要坚持“四定”的投饵原则。投饵量在一定时期内相对固定，7～10 天调整一次，调整时的饲料增加量可根据上一周期饲料用量计算，根据其饵料系数和天气、水温、鱼情、水质等进行调节。投饵时间掌握原则是水面阳光照射 2 小时后或太阳下山 2 小时前的时间段内，每天投喂 3～4 次，上午投喂 40%，下午投喂 60%。

投饵台位置一般选择在池岸靠近中间的位置，要求面向开阔水面，通风、日照时间长，池岸平坦，投饵水深在 2～3 米，底部相对平坦。投饵台应伸出水面 2～3 米，高出水面 30～50 厘米为宜，过短过高遇风吹容易将饲料碎粉料刮到岸上，造成不必要的浪费，台柱可用砖砌、木桩、水泥杆等，台面可用木板、水泥板，做到因地制宜，坚实耐用。

饵料投喂可人工投喂，规模化养殖一般要使用投饵机投喂。合理配置投饵机不但能使鱼类均匀生长，还可提高饲料利用率，减少饲料浪费，节约生产成本。在配置池塘投饵机时一要根据池塘大小选择抛料距离相对应的投饵机；二要根据投饵量大小选用；三要选用抛料时饲料破碎率较低的投饵机；四要选用抛洒均匀，坚实耐用、质量较好的品牌投饵机；五要根据养殖量合理配备投饵机数量。

尽管高质配合饲料具有较高较全面的营养物质含量，但毕竟难以达到营养的完全性。因此，在投喂高质配合饲料时，应适当补充部分青饲料，以提高饲料的利用率，促进鱼类生长。

(3)杂食性鱼类饵料投喂：杂食性鱼类的养殖，一般采用配合饵料喂养的办法，投喂办法可参照草食性鱼类人工配合饲料喂养技术。不同品种所需营养成分不同，要选用蛋白质含量适宜的饵料，一般鲤鱼饲料要求粗蛋白含量在 34%～40%，鲫鱼 30%～36%，罗非鱼、淡水白鲳等要求粗蛋白含量 28%～32%。

(4)肉食性鱼类养殖：池塘养殖名特优新的肉食性鱼类，如鲶鱼、乌鳢、鳜鱼、加州鲈、革胡子鲶、鲟鳇鱼等，有着广阔的市场和发展前景。由于北方地区受温度等条件限制，生长期相对较短，自然条件下养殖周

期长且天然饵料不易获得，使得肉食性鱼类在池塘养殖方面受到制约。如何使肉食性鱼类从食天然活饵料、小型鱼类及其他水生动物，转化为食死鱼虾或动物下脚料及人工配合饵料，是缩短养殖周期、降低成本、提高效益的根本，现就北方地区肉食性鱼类的驯化养殖技术做一些探讨。仔鱼的驯化鱼苗破膜后以自身卵黄为营养来源。随着卵黄囊逐渐被吸收，鱼苗开口从外界摄食，此时鱼苗体弱，活动能力差，主要以轮虫、无节幼体、裸腹蚤等小型浮游动物为食，所以鱼苗入塘前要施足基肥，培养足够的天然饵料。若天然饵料不足，可投喂煮熟的蛋黄（每万尾鱼苗用熟蛋黄 2 个），以 30～40 目筛绢过滤后全池泼撒，并且每万尾每天投喂活水蚤 0.5 千克，后期增喂豆浆。鱼苗经过 15～20 天的培育可达到 3～5 厘米，此后鱼苗进入转食驯化。

二、水质管理

要养好一池鱼，首先应管好一池水，而管好一池水，重要的是围绕池塘增加溶解氧，减少耗氧，不断调节池塘生态平衡。

1. 加水、换水

池塘养殖要控制适当的水位，既能防洪又能抗旱，兼顾防止鱼类逃逸。一般池塘水位在投放鱼种时保持 1.0～1.2 米，随着水温上升而不断加深，逐步加深到 2.5 米左右。养殖初期（3～5 月份）注入新水的次数和水量相对较少，可每半月注水一次，每次 20 厘米左右，养殖中后期（5～11 月份）注水次数和水量多些，每 7～10 天注入新水一次，每次 30 厘米左右。加水主要是补充蒸发消耗，水质不好时，随时抽出原池水，补充新水，以使鱼类有充裕舒适的活动空间和良好的生活环境。

4 月底至 10 月每天中午 12～14 点开动增氧机。3～5 月份，每月施用 1 次“多福可乐”微生态制剂和 2 次“满水活”生物肥；5～6 月份，每月施用 2 次“多福可乐”微生态制剂和 3 次“满水活”生物肥；7～9 月份，每月施用 3 次“多福可乐”微生态制剂和 4 次“满水活”生物肥；10～11 月份，根据天气变化情况，每月施用 2～3 次“多福可乐”微生态制剂和3～4次"满水活"生物肥。此用量根据水体透明度和水质测量理化指标，保持水体透明度在15～25厘米，水质肥、活、嫩、爽。

2.合理使用增氧机

池塘水体溶氧对于养鱼的重要性是不言而喻的。高效地对池塘增氧和尽可能地减少耗氧，是促进鱼类生长、减少疾病、保障安全、降低成本的根本性技术措施。使用增氧机增氧，是精养池塘实现健康养殖的主要手段。由于鱼池在养殖后期，载鱼容量大，鱼类耗氧及有机物耗氧等，常使水处于缺氧状态而造成鱼类"浮头"或"泛塘"，养殖池使用增氧机是非常必要的。

增氧机分为叶轮式、喷水式、水车式和射流式等多种。根据不同形式增氧机的特点和池塘生态学原理，合理购置和正确使用增氧机，才能更好地发挥其增氧、救鱼的关键作用。

叶轮式和射流式增氧机不但可以进行直接的机械增氧，而且还可搅动上、下水层，促进上、下水体对流，使淤泥中贮存的营养元素释放和有害物质氧化、分解，扩大浮游植物光合增氧作用。因此，这两种增氧机既能增氧防止鱼类"浮头"，又能促进鱼类生长。

喷水式和水车式增氧机主要作用是直接的机械增氧，而搅动上、下水层的作用较小。所以，当池塘整个水体缺氧，鱼类出现浮头或严重浮头甚至"泛塘"死鱼时，开机可以充分发挥增氧作用，保障鱼类安全。如果高温季节，昼夜温差小，水体分层现象明显，表层氧通常过饱和，然而与此同时下层水体缺氧，若此时开机，不但不能增氧，还加重表层过饱和氧逸出水面。这两种增氧机只能在鱼类"浮头"时使用。

当预测池水将有可能缺氧，鱼类有严重"浮头"和"泛塘"危险，或已经出现"浮头"，或已经开始死鱼"泛塘"时，所有不同型式的增氧机，都应及时提前开机，防止严重"浮头"和"泛塘"。平时水质较好，天气正常，鱼没有严重浮头和"泛塘"危险，但水底层缺氧、甚至无氧时，随时间推移，程度不断加重，为了改善池塘水环境，促进水体上、下对流，提高整个水体含氧量，平时要用好叶轮式和射流式增氧机，在高温季节，晴天中午或下午开机2～3小时。

所有的增氧机，傍晚都不开机；鱼有危险，下半夜或凌晨都要开机；长期阴雨，池水总体溶氧降低，上午或下午都应有一定的时间开机增氧，特别是鱼的放养密度较大，或者池塘载鱼量过重，在这种情况下，即使是良好的天气和水质，每天下半夜也应有一定时间开机增氧，以适应整个池塘水体、淤泥和鱼类对氧的消耗。

要经常巡塘，观察池塘中鱼群动态 每天早、中、晚进行巡塘，黎明前观察鱼类有无浮头现象，浮头的程度等；白天结合投饵和测水温等工作，检查鱼活动和吃食情况。在高温季节，天气突变时，鱼类易发生严重浮头，还应在半夜前后巡塘，以及时制止严重浮头，防止"泛塘"。

鱼类"泛塘"是灾难性事故，必须防范，力争杜绝；即使已发生，也应及时抢救，减少损失。"泛塘"的原因有许多，如水质太肥，或施肥过量；鱼的密度过大，池塘载鱼量过大；池水太深，或淤泥深厚；水质老化；水中浮游动物过多；投食过量、鱼吃食过饱及残饵腐败等原因。或因天气突变和季节转换。天气突变，是夏季连续多天晴朗高温，昼夜温差小，突然变天，即闷热低压，雷雨、暴雨；或多天高温常刮南风，突转北风；或连续多天阴雨光照差，池水溶氧水平低下。季节转换，主要是春夏之交水温快速升高，或秋冬之交突遇寒潮，水温陡降。要了解鱼类"泛塘"前的征兆。根据引起"泛塘"因素及出现的征兆，如水质太肥，透明度小于30厘米；水质太老呈蓝绿色、砖红色和灰黑色；水中浮游动物太多，池边肉眼可见；水底向水面自然冒气泡增多；鱼类当天突然明显减食；当天下过雷暴雨；天气闷热、气压低，湿度大；在水温较高条件下，突来寒潮、冷风，显著降温等不能麻痹大意，不失时机地发现，并果断采取应对措施防范。提前加注新水，开动增氧机；减食，或停食；并加强巡塘，观察鱼的动态，及时增氧。

三、日常管理

成鱼的养殖是周年性的，要鱼类季节性生长规律，规范鱼池的日常管理。

1. 冬季管理

秋末、冬初，当鱼种放养后，日常管理随即开始，一直到翌年早春，为鱼类适应池塘环境和进入越冬期，此时的管理，应做好如下事项。

①施好基肥，使水质具有一定肥度；冬季天气晴好，在避风、向阳深水区不定期投喂少量精料，以保持鱼的体质。在我国南方冬季不太寒冷，不结冰或部分薄冰，冬季过后鱼体重会略有增长。

②池塘防渗、防漏，保持水深 2 米以上，以利于鱼类越冬。我国北方冬季冰封期长，冰厚，下雪多，需适当打冰眼和部分扫雪，以利于增氧和观察鱼的动态，保障安全越冬。

2. 春季管理

开春以后，随着水温不断回升，鱼的活动量和摄食不断增强。这个时期的管理主要是当水温回升到 10℃ 以上时，力争早投饵、早开食、早生长，并经常检查鱼的吃食和体重增加状况，适时调整投饵量。春季（4～6 月份）水温常在 25℃ 左右波动，昼夜温差大，水体上下自然交换好，是鱼类生长旺季。根据鱼的生长，加强管理，不断增加投饵量和施肥量，促进鱼类生长。

3. 夏季管理

春夏之交，此阶段水温上升快，鱼生长快，投饵、施肥多，水质比较肥，温差变化大，在管理中要预防“浮头”和“泛塘”。仲夏（7～8 月份）炎热，温度常在 30℃ 以上，池塘生态环境较差，水质老化，鱼体生长减慢。管理中适当减食，控制施肥，不施或少施有机肥，巧施化肥，经常注入新水，开机增氧，改善池塘环境，防止雷暴雨后“泛塘”。夏季又是鱼病多发季节，通过使用药物预防细菌、病毒性鱼病流行。

4. 秋季管理

入秋（9～11 月份）后水温慢慢下降，常在 25℃ 左右波动，昼夜温差增大，池塘环境明显改善，鱼类生长速度又有所加快。本阶段管理与春季基本相同。

不同季节的日常管理都要通过经常性的早、晚巡塘，及时、准确掌握鱼的动态、水质变化、天气情况等诸多方面的具体信息动态，进行科

学调控，使鱼与环境和谐相处，以达到既定的饲养目标。

据研究：池塘溶氧 80%～90% 来源于浮游植物光合作用产氧，10%～20%来源于风浪增氧和池外注入新水带入。而池塘耗氧，浮游生物 50%左右，底泥 5%～20%，逸出水面 2%左右，鱼类消耗 30%左右。从以上数据可以看出，浮游植物对池塘溶氧的作用至关重要。因此，在机械增氧、风浪增氧和注水增氧的同时，应认识到浮游植物增氧的重要性和相关技术的必要性。与此相对应的是控制一定的浮游生物量，特别是浮游动物量，以降低耗氧，并进行合理施肥、投饵，减少淤泥，合理放养，轮捕、轮放等。

思考题

1. 选择养殖品种要考虑哪些因素？
2. “四大家鱼”养殖一般采取什么模式？
3. 为什么要开展混养及轮捕、轮放？
4. 怎样利用青饲料养草鱼？
5. 怎样合理使用增氧机？
6. 怎样做好鱼池的日常管理？

第九章

淡水鱼类网箱健康养殖技术

提　要:本章对网箱养殖水域条件、网箱制作与设置、网箱放置位置、放养鱼种的选择及放养技术、网箱养殖过程中饵料的投喂、疾病的预防及具体管理措施等进行阐述,以期读者通过本章的学习,能对网箱养殖过程的技术措施有所掌握。

网箱养鱼是在暂养基础上逐步发展起来的一种科学养鱼的方法。利用竹、木、金属网片或合成纤维等为网身材料,装配成一定形状开放式或密闭式的箱体,架设大水体中,通过网眼进行网箱内外水体交换,使网箱内形成一个适宜鱼类生活的活水环境,利用网箱可以进行高密度培养鱼种或精养商品鱼,通过高密度的投饵精养或不给饵而利用水中的浮游生物作为食物达到高产的一种养殖方式。这种方式具有放养密度大、成活率高、饵料系数低、生长快、养殖周期短、适应水域广、灵活机动、操作方便、投资少、见效快、经济效益高等优点。网箱多设置在有一定水流、水质清新、溶氧量较高的湖、河、水库等水域中。可实行高密度精养,按网箱底面积计算,每平方米产量可达十几至几十千克。主要养殖鲤、罗非鱼、虹鳟等,中国还养鲢、鳙、草鱼、团头鲂等淡水鱼类。特

别是一些大、中型水库,为网箱养鱼提供了广阔的空间,是广大农民致富的一条好路,在我国海、淡水养殖业中有广阔的发展前途。

第一节 网箱养鱼的特点及条件

一、网箱养鱼的特点

①网箱养鱼可充分利用江、河、湖泊、水库等天然水体及其饵料发展养鱼。既可培育鱼种,也可养殖成鱼。尤其是缺乏池塘的地区,可以利用大水面设置网箱就地培育鱼种,养殖成鱼,对提高养鱼成活率和产量具有积极的作用。

②网箱养鱼可以进行高密度精养,由于网箱养鱼是利用大水面优越的自然条件,综合小水体密放精养,单位面积产量可高出池塘几十倍、成百倍。在养殖的过程中,网箱内、外水体不断地进行交换,带走网箱内鱼体排泄物及投喂饵料的残渣,带来了氧气及浮游生物,使网箱内保持较高的溶解氧,因而网箱内在鱼群高密度的情况下,也不会出现缺氧及水质恶化,并保证了网箱内养殖的滤食性鱼类鲢、鳙鱼等所需的饵料生物不断得到供应。另外,鱼饲养在网箱内,避免了敌害生物的危害,还能及时发现鱼病,保证有较高的存活率和绝好的回捕率。

③网箱养鱼具有机动、灵活的优点,可分批投资,逐步发展。由于饲养管理方便、捕捞容易、设置网箱的水体一旦环境不适宜时,又可随时移动位置,所以又称为游牧式渔业。

二、网箱养鱼的水域条件

①设置网箱的水域要避风向阳,底部平坦,要求常年水深在 3 米以

上，不妨碍交通和水利设施。

②水面较开阔，水位平衡，水的流速在0.2米/秒以下。

③水质清新，没有污染，养殖鲢，鳙鱼的网箱要选择水质较肥的水域。

④最好靠近村落，以便于管理。

三、网箱养鱼的关键

①选择天然饵料丰富，具有一定水流的地点设置网箱。

②选择适宜的网箱结构和装置方式。包括网箱形状、大小、排列方式和箱距等。

③因水制宜确定放养鱼类、规格、密度和混养比例等，以便充分发挥水体生产潜力。

④切实做好投饵、防逃、防病、防敌害等饲养管理工作，特别要保持网箱壁的清洁，防止网眼堵塞，影响水的交换。

第二节 网箱的制作与设置

网箱的结构与装置形式很多，实际选用时要以不逃鱼、经久耐用、省工省料，便于水体交换、管理方便等为原则。

一、网箱的制作

1. 网箱构成

由网衣、框架、撑桩架、浮子、沉子、固着器以及底部衬网等构成。

(1)网衣：由网片按一定尺寸缝合拼接而成。用合成纤维或金属丝等制成，目前渔业上广泛采用的是合成纤维，有聚酰胺类、聚酯类、聚乙

烯类和聚氯乙烯类等。在网箱中最常用的是聚乙烯类，其比重为0.94～0.96，能浮于水面，几乎不吸水，有较好的强度，且具有耐腐蚀、耐低温、耐日照、价格低等优点，渔业上使用得最为普遍。

网衣的加工工艺有4种：①聚乙烯合股线手工编结网片。优点是伸缩性好，耐用。缺点是有结节，易擦伤鱼体，并且用料多，滤水性差。②非延伸无结节网片。该工艺生产快，省料，便宜，但横向拉力差，易破损。③延伸无结节网片。其拉力强、柔软、重量轻，比有结节的网箱成本低3/4。④聚乙烯经编网片。无节光滑，不伤鱼体，网目经定型不走样，箱体柔软，便于缝合，不易开孔逃鱼，成本较低。

(2)框架：是悬挂箱体用的支架，常用楠竹、木材、钢管、塑料管等材料构成。用竹木或金属管搭成"口"字"田"形框架，把箱体固定在框架上，可保持箱体张开、成形。网箱框架要制作牢固，能抗击风浪和便于日常管理操作。

(3)撑桩架：对于固定网箱主要用撑桩来支撑网箱，一般用圆木或毛竹打束好4个角桩，再在每个边上间隔距离打上间桩，网衣可直接挂在桩上。

(4)浮子：是使网箱浮于水上用的装置。常用泡沫塑料和硬质吹塑制成的浮子，或用玻璃浮球、密封油桶系在框架上作浮子。竹、木制成框架在支撑箱体的同时，也起着浮子的作用。

(5)沉子：是使网箱箱底沉于水中的装置。材料主要有瓷质沉子、铅块、铁块、石块，将这些材料包装好不要露出棱角划伤网衣，在网箱中4个角用绳索系在框架或角桩上，压沉网衣，箱中央再放入一个稍轻的沉子，保证箱底整体下沉。有条件的可用直径2～2.5厘米的镀锌铜管焊接成"口"字形，四角用绳吊在桩架或角桩上，沉入箱中，其大小比网箱面积略小一些即可，既可撑开底网，又可当沉子用。沉子定位要稳固，不能随风浪漂移。

(6)固着器：一般使用铁锚作为固着器，有时也可用水泥桩或竹桩来支撑和固定网箱，将绳的一端系在箱角上，另一端系在桩上，固定绳索定位绳要拉紧并留有余地，便于水位变动时能及时调整升降。

(7)底部衬网：为了减小饲料浪费，可以在箱底铺上一些100目的密眼衬网。

2. 网箱类型

网箱的类型按箱体的装配方式、有无盖网，分为封闭式和敞口式网箱。养殖滤食性鱼类或在风浪较大的水域设置网箱及需要越冬的水面设置网箱一般采用封闭式网箱；在风浪较小的水域养殖吃食性鱼类或养殖鱼种一般采用敞口式网箱。按网箱设置方式分，有固定式、浮动式和下沉式3种类型。常见类型为浮动式或固定式，水库等深水域中多用浮动式网箱。

3. 网箱的设计

(1)网箱的形状：网箱的形状有正方形、圆形、多边形、长方形等，以长方形较好，是目前生产上常用的类型，因其操作方便、过水面积大，制作方便，其次是正方形。

(2)网箱的规格：应根据养殖水域，养殖规模，框架材料等因素来确定。箱体过大，灵活机动性差，分级、防病治病，出箱操作不便，抗风力差，与水体接触交流的面比例小，水体交换差，箱体内的溶氧相对减少。箱体过小，相对投资成本高，饵料容易流失，增加生产成本。最小的网箱面积1米^{2}左右，通常1～15米^{2}的网箱属小型网箱，网箱面积在15～60米^{2}的为中型网箱，大型网箱面积在60～100米^2，更大的有500～600米^2。目前大多使用10～30米^{2}大小的网箱，即7米×4米、5米×3米、3米×3米、3米×4米等规格。

(3)网箱高度：网箱的高度依据水体的深度及浮游生物的垂直分布来决定。目前多用高1.5～2.5米之间。水体深亦可用高2～4米的网箱。但网箱底与水底的距离最少要在0.5米以上，以便底部废物排出网箱。网箱深度视养殖水体水深而定，应保证网箱底部在养殖期最小水位时不触到底泥。水库网箱有时可增加3～4米。

(4)网目大小：箱体网目的大小，应根据养殖对象来决定，以尽量节省材料，又达到网箱水体最高交换率为原则。网目过小，不仅使网箱成本增加，而且影响水流交换更新；网目过大，又出现逃鱼现象。一般可

根据体高的 2 倍小于鱼体周长的原则，选择网目大小要求破 1 目后不逃鱼。通常放养 4 厘米夏花鱼种，用网目 1.1 厘米的网箱；放养 11～13 厘米的 1 龄鱼种，用网目 2.5～3 厘米的网箱；养成鱼的网箱，用 3～5 厘米网目的网箱。为了使水体交换通畅，减少网箱冲刷次数，最好随鱼种的长大，转换较大网目的网箱。不同规格的鱼种适用网目见表 9-1。

表 9-1　不同规格鱼种适用网目表　　厘米

网目大小	鱼种最小的进箱规格
0.7	2.7
0.8	2.9
1.0	3.9
1.1	4.0
1.2	4.6
1.3	5.0
1.4	5.4
1.5	5.8
2.0	7.7
2.2	8.5
2.5	9.6
3.0	11.5

（5）网箱的装配：网衣的装配一般用穿、绕、并 3 种方法，纵目使用，箱底四角用砖块或网兜装入大粒卵石重吊，确保网目在水中获得最大的强力度，最大限度提高利用网箱设计容积。在网箱四周水面上 10 厘米、水面下 30 厘米范围铺设一圈聚乙烯网布，避免饲料流失。

二、网箱的设置

1. 网箱设置的形式

根据水域条件、饲养对象和网箱类型的不同，目前我国网箱设置方式有固定式、浮动式和下沉式3种类型，以浮式使用较多。

(1)浮动式网箱：采用最广泛的一种设置方式，水库等深水域中多用。箱体的网片上纲四周绑结在用毛竹等扎成的框架上，网片下纲四周系上沉子，框架两端用绳子与锚系在一起，上口用网片封住，框架缚上浮子，飘浮于水面。浮动式网箱结构简单，用料较省，抗风力较强，能随水位、风向、水流而自由浮动。一般设置在水面开阔、水位不稳定、船只来往较少的水面。

相对于固定式网箱，可以把其悬挂在浮力装置或框架上，随水位变化而浮动，其有效容积不会因水位的变化而变化。这种架设方式主要适用于水体较深、风浪较小的水库、湖泊。由于网箱离底较高，也可转移养殖场所，相对减轻了鱼类粪便和残饵造成的水体污染，故能始终保持良好的水质条件。浮动式网箱抗拒风浪的能力较差，因此应加设盖网为宜。

浮动式网箱又有单箱浮动式和多箱浮动式。单箱浮动式是单个箱体设置一个地点，用单锚或双锚固定。其水交换良好，便于转箱和清洗网箱，但抗风力较差。多箱浮动式是将3～5个网箱，串连成一列，两端用锚固定，每列网箱间距离应大于50米。此法占用水面少，管理相对集中，适用于大面积发展，但生产效果不如单箱浮动式。

(2)固定式网箱：一般为敞口式网箱，由桩和横杆连接成框架，网箱悬挂在框架上，上纲不装浮子，网箱的上下四角连接在桩的上下铁环或滑轮上，便于调节网箱升降和洗箱、捕鱼等。网身露出水面0.7～1米，网身水下1.5～2.5米。通常箱体不能随水位升降而升降，此法只适用于水位变动小的浅水湖泊和平原型水库。优点是成本低，操作方便，易于管理，抗风力强，缺点是不能迁移，难以在深水区设置，而且网箱内鱼群栖息环境随水位变化而经常变动，如不注意及时调节会影响饲养效果。

(3)下沉式网箱：箱体全封闭，整个网箱沉没在水下预定的深度，只要网箱不接触水面，网箱的有效容积一般不会受到水位变化的影响，网片附着物少，受风浪、水流影响小，适用于海水网箱养鱼以及风浪大的地点使用。在浮动式、固定式网箱不易设置的风浪较大的水域或养

殖滤食性鱼类采用这种网箱比较适宜。我国北方常作为冬季鱼种越冬时使用，解决温水性类在冬季水面结冰时的越冬问题。这种网箱的缺点是操作不便，鱼群生长速度和生产水平低。

2. 网箱排列的方式和密度

网箱排列的方式应考虑保证每个网箱都能进行良好的水体交换，管理又方便为原则，网箱间应尽可能稀疏错开呈“品”字形排列。

网箱的密度应根据水质条件和管理条件而确定。如果养殖鲢、鳙鱼的网箱，在饵料丰富的肥水水域，网箱可占大水面的1%，水质较瘦的为0.5%。若养殖吃食性的鱼类，则需根据水域本身的水流情况、水质肥度、溶氧量高低而定。若水流动好，肥度适中，溶氧高则可以多设置网箱，反之则少。

3. 网箱设置的水层

网箱设置的深度，一般不超过3米，浮游生物的分布规律是：在2米以内的水层中占58.7%，而2～4.2米的占41.3%，特别是透明度小的水体，浮游植物最丰富；而对于浮游动物，水深1米以内的水层小于1～2米的水层，以2～3米处密度最大。所以，在水质肥、浮游植物丰富的水域，网箱应设置在较浅水层，但网箱底离水底应在0.5米以上。在水质较瘦的水域，或养鳙鱼为主的网箱，可酌情设置在较深一点的水层内，但也不宜过深。

三、网箱位置的选择

网箱养鱼依靠箱内外水体交换，保持网箱内有一个良好的生态环境，因此，网箱设置地点环境条件好坏，与网箱养鱼成败攸关。网箱应选择在向阳背风的深水库湾安置，一是避免枯水期网箱搭底，二是风浪小，减少鱼群应激反应。

设置网箱的地点应具备如下条件：

①水面宽阔，水位稳定，背风向阳，水温高，水深3～7米，环境安静，水质清新，水源无污染且交通方便的地方，酸碱值为中性偏碱

(pH 值 7.0～8.5)的水域为好；要求水体溶解氧丰富(5 毫克/升左右)，水深 4～5 米，且养殖区水利设施齐全，能排能灌，不易受洪水冲击。

②选择自流水或有潮汐的水体。水流速度一般最好是 0.05～0.2 米/秒，以保证氧气的供应。水流过急，常使箱内鱼类顶流游动，消耗体力，影响生长。

③以养鲢、鳙鱼为主的网箱，应选择水质肥沃、浮游生物丰富(一般以每升水含浮游植物量 200 万个以上，含浮游动物 3 000 个以上为肥水)、透明度 30～50 厘米、水中含泥沙杂质较少的水域。水质浑浊，不利于浮游生物的生长。

第三节　鱼种放养

一般吃食性鱼类都适合用网箱养殖。具体养殖哪种鱼类，主要根据水质条件和饲料来源而定。水质较肥、天然饵料生物较充足的水体，应以养殖鲢、鳙鱼等滤食性鱼类为主。若水质较瘦、透明度在 50 厘米以上、水色清淡的水体，则不宜养鲢、鳙鱼，而养殖吃食性的鱼类，如草鱼、鲫鱼、鲤鱼、鳊鱼、鳜鱼、罗非鱼等鱼类为好。

一、鱼种入箱前的准备工作

新购置的网箱下水前应仔细检查是否有破损、脱节、断线；旧网箱要提早清洗、检查，加固、消毒。在鱼种入箱前 10 天左右要提前将网箱安装好，放入养殖水域，网衣经浸泡和附生藻后，可使网箱充分展开，并可避免擦伤鱼体。

鱼种的起捕、运输、进箱应注意以下事项：

(1)提前停食、拉网锻炼：夏花入箱前 10 天，开始在原来池塘内拉

网锻炼，不少于3次，锻炼时密集的时间要逐次加长，这是保证入箱成活率的关键措施之一。鱼种起捕前应停食1～2天。

(2)吊箱：若鱼苗需长途运输时，将待运的鱼苗放入另一口水质清新池塘设置的布池中，经过一个晚上的吊箱，促其将排泄物充分排出，第二天早晨起运，可提高鱼的成活率。

(3)快速计量和装车：快速计量计数和装车，让鱼种离水时间尽可能短。

(4)合理控制运输密度：应根据天气、水温、距离灵活掌握运输密度，确保运输过程中不缺氧。

(5)注意水温情况：装鱼前池塘水温与活鱼箱水温，下鱼前活鱼箱水温与网箱养殖水体的水温均不得超过2℃，方可进行操作，温差超过2℃以上，应先行调温，调温时间也应在20分钟以上。

(6)用活动网箱运输：鱼种到达码头后，调整好温差，即可下鱼，湖面运输最好选用活动网箱，将鱼直接下到活动网箱里，再缓慢移至养殖区，这样可避免运输过程中缺氧，但要注意运输速度不能太快，防止挂破网箱逃鱼。

二、鱼种放养

1.放养种类

网箱养殖的鱼类必须具备生长快、养殖周期短、对饵料要求不严格、抗病力强、适应性广、受市场欢迎、经济价值高等特性。

网箱养殖种类，主要根据水质和饲料来源而定。水质较肥、天然饵料较丰富的水体，应以养殖鲢、鳙鱼为主。若水质较瘦、透明度在50厘米以上、水色清淡，则不宜养鲢、鳙鱼，以养殖投喂饲料的鱼类，如草鱼、鲤、罗非鱼、加州鲈、鳜鱼等吃食性鱼类为好。

目前多以网箱养殖草鱼、鲤鱼，搭配编鱼、罗非鱼及鲢、鳙鱼较为普遍，而在大中型水库，多以网箱培育鲢、鳙鱼种，就地放养，解决大水面放养鱼种。

(1)滤食性鱼种(鲢、鳙)的放养品种和搭配比例:在湖泊、河沟、水库等进行网箱养鲢、鳙鱼种时,由于水域的天然饵料组成不同,其放养比例也不同。在水质较肥、透明度较小、浮游植物较多的水体,应以鲢为主,鳙鱼为辅。浮游动物较多的水体透明度较大,应以鳙为主、鲢为辅。此外,要适当搭配5%左右的罗非鱼、鲫、鲤、鲴或团头鲂等杂食性鱼类清除网壁上的附着藻类等。

(2)吃食性鱼类的放养:网箱养殖吃食性鱼类,要求水质清新,肥度较低,溶解氧充足(5 毫克氧/升),水流动速度在 0.2 米/秒左右的水域。

吃食性鱼类的鱼种放养密度可比滤食性(鲢、鳙)鱼种的放养密度高得多,这主要取决于水的交换量、溶解氧的高低和饲料的供应及养殖的品种。水流动较大,流速在 0.2 米/秒左右,水质优良,溶氧高,饲料充足,放养量可达1 000 尾/米^2;水交换量小、水质较肥的水域,放养密度不宜过大。

(3)分级培育鱼种:网箱培育鱼种时,最好随着鱼的生长而及时更换不同规格的网箱养殖。一般从鱼种到养成鱼采用 3 个规格的网箱。如夏花以上鱼种用网目为 1.1 厘米的网箱培育;8 厘米鱼种用网目为 2 厘米 的网箱;11~13 厘米的 1 龄鱼种,用网目为 2.5~3 厘米的网箱;20 厘米以上的鱼种,用网目为 5~6 厘米的网箱。这样,不但可以改善网箱中水的交换,而且可以节约网箱的成本。

2.放养规格

培育鱼种:一般鱼种放养规格在 5 厘米以上,宜大不宜小。大规格鱼种,既抗病力强,成活率高,且养殖周期短。夏花一般体长不应小于 3.3 厘米,如果是分级饲养,夏花网箱放 2 厘米左右的鱼苗,仔口网箱放 5.5~8.0 厘米的鱼苗,单一品种放养方式。

成鱼网箱,生产市场需求的商品鱼,进箱鱼种 50~75 克/尾,可养成 750~2 000 克/尾。一般放养草鱼规格要求 100 克以上,250 克左右更好,鲤、鳙规格在 50 克以上,鱼种规格要求尽量整齐。

3. 放养密度和搭配放养密度

网箱养殖是高密度的养殖，其放养密度应根据网箱大小、水质好坏、饵料来源、水体中浮游生物的多少、养成的规格及养殖技术的高低等条件灵活掌握。只要保证网箱中的溶氧量能保持在5毫克/升以上，放养密度越大，单位产量越高。在一定的密度范围内，放养密度增加可以提高鱼种群体生产量，但出箱鱼种个体规格较小；而适当降低密度，可相应提高鱼种出箱规格。一般来说，培育吃食性鱼，鱼种可按600～1 500尾/米^{2}投放。

一般水域培育鱼种每立方米放养夏花50～200尾，较肥水质可放200～400尾，特别肥沃的水质可放500～600尾，其搭配比例鳙鱼可占总量的50%～70%，出箱规格13厘米左右。培育2龄鱼种时，一般每立方米放养10～13厘米鱼种20～60尾。

成鱼网箱，放养20～100尾/米^2，放养重量一般按1∶5的增肉率计算，即要求产500千克成鱼的网箱一定要放足100千克鱼种，生产中最好是一次放足鱼种。其搭配比例多以草鱼为主，另搭配10%左右的鳊、鳙或罗非鱼。

根据我们对生产潜力的判定，以及我们所要求达到的出箱规格，参考存活率指标，可利用下列公式计算放养密度：

$$\text{每平方米水体放养鱼种数}=\text{每平方米生产能力}\times\text{每千克鱼种尾数}\div\text{鱼种成活率}$$

值得注意的是，水库是一个相对封闭的水体，在发展摄食性网箱养殖的同时，应注意控制网箱总量，不要超过水体的最大承载能力，以避免水质恶化，造成网箱养鱼和水库鱼类的大量死亡。

4. 投放时间

培育鱼种的网箱，6月底7月初放养夏花，以延长生长期，这个季节水温较高，在进行鱼种捕捞、运输、进箱时应尽量避开高温时段，最好在早、晚进行操作。养殖2龄鱼种和成鱼的网箱鱼种应在冬至到立春前放完毕。最好选择晴天，水温10℃左右时投放，冰冻期间，不能投放,以防冻伤。草鱼放养一般在秋末或初冬,水温在15℃左右时放养较好,此时进箱后草鱼仍能摄食,有一个恢复期,开春后可早开食,增加鱼类生长时间,为高产高效打下基础。

5.鱼种进箱注意事项

(1)网箱检查:网箱在下水前要进行全面检查,仔细检查四周是否拴牢、网衣是否有破损。新的网箱,表面粗糙,直接装鱼极易造成鱼体受伤,因此,必须提前7～10天放在水中浸泡,使网衣软化并着生一些藻类,可减少鱼种入箱后游动时被网壁擦伤。

(2)鱼种宜优:进箱鱼种要求体质健壮、规格整齐、鳞鳍完整、无病无伤、游动活泼的苗种。进箱鱼种要健康,避免创伤,防止网具刮除鱼体黏液,因为鱼体的黏液能粘结并清除附着的微生物和碎屑,是鱼体抵抗病害的第一道屏障。所以选鱼时应以光滑、黏腻为宜,粗糙的则不行。

鱼种来源:如养殖规模较大,最好就地培育苗种,避免长途运输。如向外购买苗种,应把好质量关,选择优良鱼种放养。应预先做好批量定购工作,不宜临时收集零星鱼种入箱。如果鱼种来源分散,不但鱼种规格不整齐,操作、运输较困难,而且往往使鱼种损伤大,入箱后易患病死亡。

(3)谨慎操作:鱼种进箱前要进行拉网锻炼,以适应网箱环境。鱼种入箱前在捕捞、筛选、运输、计数等操作环节应做到轻、快、稳,尽量减少机械损伤,降低鱼病感染机会,这是预防鱼病的关键环节。与此同时还要做到病、伤、残的鱼种不入箱。放养时先用药物对鱼种进行浸洗消毒,操作要仔细,并准确计算入箱数量。在实际生产中,网箱鱼种的死亡主要出现在进箱初期,主要原因是在锻炼和运输过程中操作不慎,鱼体受伤未采取防病措施而引起的疾病,所以在鱼种进箱时一定要进行严格的洗浴消毒,杀灭体表寄生虫,减少病原体的传播几率,可用10毫克/千克的漂白粉或3%～4%的食盐水浸洗15～20分钟,杀灭其体表病原体。刚放入网箱的鱼种由于一时不能适应新的水域环境,往往会出现鱼群蹦跳或沿着网箱四周不停地游动的现象,要及时投放少量嫩

草,以减少进箱后的乱窜不安。进箱后1周左右检查1次,并进行补充。

第四节 饲养管理

一、日常管理

管理水平的高低,关系到鱼种的生长速度和成活率的高低。较好的管理能使成活率达80%以上,多数在60%左右。日常管理工作的好坏,不仅影响产量,而且直接关系到网箱养鱼成败,为此,应做好以下几项工作。

(1)定期检查网箱:网箱养鱼最怕网破逃鱼,一般每周检查1次,一般在风浪小的天气,上午或下午进行检查,要特别注意水面下30～40厘米的网衣,该处因常受漂浮物的撞击,很容易破损逃鱼。检查网身后,再检查底网及网衣与网框连接的各点,这些地方的网衣容易磨损或撕裂而形成漏洞,凡缝合接线处都要仔细检查,防止发生松结。遇至洪水冲击,障碍物牵挂或发现网箱中鱼群失常,要及时检查网箱,发现漏洞,及时补好。

(2)防风防浪:在暴风雨汛期洪水来临之前,要检查框架是否牢固,加固锚绳、木桩,防止网箱沉没和被洪水冲走,防止被漂浮物撞击。注意天气变化,夏季天气发生突变,要高度注意大风、泛箱等自然灾害,避免造成重大损失。当灾害性天气过后,也要仔细检查一遍,发现问题及时处理。

(3)适时移箱:干旱时,水位下降,网衣有搁浅的危险,要把网箱往深水位移动;洪峰到来之前,要把网箱往缓流处移动,避开洪水冲击,如遇至污染水质入箱,应及时将网箱移至安全适宜场所。

(4)适时分箱:经过一年养殖,鱼种大多生长10～20倍,翌年春天为了保证箱内鱼类正常生长,避免箱内溶氧及饵料不足,必须及时分箱,使网箱中放养的鱼类始终保持一个较为合适的密度,且随着鱼体的增长逐渐加大网衣的网目,以加快网箱内、外水体的交换。在分箱操作时做好鱼种筛选工作,可以使网箱内养殖鱼体的规格较为整齐,便于投喂和管理。

(5)防止凶猛鱼类和其他敌害咬破网箱咬鱼:如发现鲀鱼、螃蟹、甲鱼、老鼠咬破网箱,应采取相应的防护措施。

(6)坚持勤洗箱:网箱入水一段时间后,易着生青泥苔等藻类、加上有机物的附着等,会造成网目的堵塞,影响水体交换,增加网箱体重,腐蚀网片材料,不利于箱内粪便、残饵的排出和天然饵料、溶氧的补给,潜伏鱼类病原体,严重影响养殖效果,因此,必须及时捞出网箱中的残渣剩饵和死鱼,坚持定期清洗网箱,一般生长季节,15～20天刷洗1次,以保证网箱内外水交换良好,保持箱内溶氧充足。

清除污物目前采用的办法有:①人工清洗。用手将网衣提起,摆动网衣抖落污物,或用竹竿、树枝条等拍打网衣,以弹掉附着物,或用人工搓洗干净。堵塞严重的网箱,有条件的可换下,晾干将污物清除后再使用。②机械清洗。用高压水枪或潜水泵等冲洗,可以提高工效,减轻劳动强度。③生物清污法。利用某些鱼类刮食附生藻类和附着有机物的习性,在网箱中适当混养吃附着藻类鱼类,如鲤、鲫、鳊、罗非鱼、细鳞鲴等,能起到清污作用,这种方法既能省工省钱,又能增加鱼产量。

二、科学投饵

对于网箱养殖吃食性鱼类,科学投饵是提高产量的主要措施,饲料的质量和投饲技术是影响养殖产量和经济效益的关键。即使网箱养殖草鱼,一般也不宜大量投喂草类,因为草类营养不全面,鱼类生长缓慢,并且大量投喂草类,会败坏水质、病害多,所以应投喂全价配合饲料,以提高饲料的利用率,减少残饵对水质的污染。

投饲方法:小把撒投,鱼上浮水面抢食。

驯化方法:进箱后2～3天便可开始投喂,投喂前要进行驯化,按照"慢-快-慢"的节奏和"少-多-少"的投喂量,每天驯化1～1.5小时,每日定时投料,每次投料前先敲打网箱框架等产生音响,然后再将1小把饲料撒投到网箱中间,间隔10秒钟左右再投。间隔期继续敲打产生音响,使鱼形成条件反射。连续驯化10天后,待大部分鱼皆可上浮抢食时,便可进行正常投喂。

日投喂量:为鱼体总体重的3%～5%,每日投喂3～4次,每次投喂0.5～1小时,以大多数鱼种吃饱游走为度。每次的投喂量还要根据水温变化、天气变化、鱼类摄食和活动情况等合理加以调整。在水温25～34℃时鱼类生长最快,应加大投喂量,而在阴雨、闷热、雷阵雨等恶劣天气时要减少投饵或停止投饵。青饲料可每天晚上投喂1次,用1%的漂白粉消毒后投入网箱内,投喂量以第二天无剩草为准。

投饲时间:在饲养初期,鱼个体小,水温低,摄食量小,一般需15～20分钟;7月份以后逐渐延长,一般每次要投喂30～40分钟。投喂要坚持"三看"和"四定","三看"指看天气情况、看水质水温、看鱼的活动情况;"四定"指投饵要"定质、定量、定时、定位"。

(1)定质:投喂的饲料要求新鲜,适口无毒,一般腐烂变质的饲料不要喂鱼,有些饲料可药物浸泡后再喂,以防鱼病发生。

(2)定量:定量是根据鱼体大小,在不同季节、时间有节制地合理投饲。当水温达到7℃以上时,就可以喂少量鲜嫩草,随着温度升高,逐步加大投喂量,7～9月是鱼类的摄食高峰,也是草鱼的"暴长期",一定要使鱼类吃好吃饱。至于每日的投饲量,要根据鱼类的摄食、天气、活动等情况灵活掌握。投饲后很快吃完,要适当增加投饲量,如投饲后长时间吃不完,则应减少投饲量;天气晴朗应多投,闷热下雨时少投;鱼体健壮,活动正常时多投,发病期少投或不投。

(3)定时:一般每天投喂2次,即8～9时,16～17时;7～9月鱼类的生长旺季,每天可投喂3次,即8～9时,14～15时,18～19时。

(4)定位:投喂精料一定要在网箱内设置饵料台,防止浪费,也便于检查摄食情况,可用筛子垫纱布或用光滑的竹篾制成,悬吊在40厘米的水中。

另外,养殖滤食性鱼类,如果水库水体较瘦或网箱较多,其他方式不能增加箱内饵料生物,这时,就需要在网箱周围堆放或吊挂有机肥或化肥,以增加浮游生物量,注意使用有机肥要预先腐熟,化肥要在无风情况下吊挂。

三、鱼病防治

由于网箱是设置在微流动的大水体中,成活率比池塘养殖高,养殖的密度大,病害较多,一旦发病就容易传播蔓延,所以网箱养鱼的疾病预防也有其特点,不能完全照搬池塘养鱼的防病方法,比如不宜使用全箱泼撒等方法。首先,饲养管理方面需科学投喂,饵料配方要合理,投饵量要适当,防止因饵料配方不当引起鱼的营养缺乏症或因饵料不足引起鱼体消瘦,发生鱼病。饵料加工过程中杜绝使用霉烂、变质原料,混合各种添加剂时,要搅拌均匀,否则也可能引起鱼病。其次,要加强观察,日常操作要仔细、防止鱼体受伤,以减少病原体的传播。发现病鱼、死鱼要及时捞出,并深埋而不能乱丢,防止其传播病菌或败坏水质。此外,还要切实做好药物的预防工作。

(1)入箱前消毒及免疫:草鱼种要进行免疫注射,一般在进箱前进行注射草鱼"三大细菌病"组织浆灭活疫苗和草鱼出血病组织浆灭活疫苗,以0.2～0.5毫升,8厘米以上的鱼种即可注射,以背鳍基部和腹鳍基部注射为主。下箱时用漂白粉1克放入100千克水中充分溶化,将鱼种消毒10～15分钟,或用食盐2～4千克溶于100千克水中,浸洗鱼种10分钟左右;也可用孔雀石绿、高锰酸钾、敌百虫等药物进行浸洗消毒。

(2)网箱养殖过程中防治疾病:网箱中各种疾病与池塘中的疾病基

本相同，治疗药物也大致相同，但由于网箱置于大水体中，所以其防治手段与池塘相比有明显的不同，下面介绍几种网箱养鱼疾病防治方法。

①挂袋（篓）。每隔 15～20 天用药物挂袋 1 次，以预防细菌性鱼病的发生，用漂白粉或硫酸铜挂袋（篓），每只网箱（中、小型）用 2～4 只漂白粉篓，每篓装漂白粉 100～150 克，连续 3 天。若用硫酸铜挂袋，每只袋装 100 克硫酸铜，由于硫酸铜是重金属盐，遇水极易分解，一般在上午使用，下午水温高不宜使用。挂袋后瞬间单位面积内药物浓度升高，网箱密度大，要注意观察鱼的情况，挂袋后 2～3 天可能影响鱼类吃食。最好选用对鱼类毒害作用较小的敌百虫挂袋，杀灭寄生虫比较安全可靠。

②药浴法。将鱼驱赶到箱中的一侧，根据箱体的大小，将一定面积的彩条布平放到箱中的另一侧，铺成一凹槽，并倒上称重过的水，将箱中的鱼拉起，放入彩条塑料布中，按不同鱼病症状，配成所需的药浴浓度，浸洗鱼体数分钟至数十分钟，直到鱼出现轻度的不良反应时，撤掉彩条布，放鱼入箱。另外，也可以在箱中铺一块密眼网布或在箱外套一个密眼网箱，把鱼转入到密眼网中药浴。药浴法由于用药经济、效果显著、可操作性强，所以目前在网箱养殖中多用此法防治鱼病。

③药饵投喂法。网箱养殖过程中经常将对症的药物拌入饲料投喂，是网箱养殖最有效预防鱼病的方法。鱼病多发季节，可用磺胺类药物、三黄粉、大蒜等制成药饵进行投喂，药物能被鱼体充分吸收，达到防治疾病的目的。

④注射和口服免疫疫苗。是预防鱼病有效的途径，目前普遍使用的注射疫苗有草鱼出血病免疫苗和鲤鱼几种常见病（烂鳃病、穿孔病、烂尾病）的口服免疫苗。由于病毒性疾病尚无特效药物，在网箱养殖草鱼时，最好先用疫苗注射后，再将鱼种投放入箱。

⑤涂抹法。对鱼类的外伤，或发生赤皮病、打印病等时，除泼撒消毒剂以外，可结合拉网检查对病灶涂抹药物。

思考题

1.网箱养殖有什么特点?

2.网箱位置选择依据是什么?

3.怎样选择养殖品种?放养时应注意什么?

4.网箱养殖怎样投喂?

5.网箱养殖怎样进行日常管理?

第十章

稻田健康养殖技术

本章对稻田养殖的各个环节加以阐述，为进行稻田养殖的读者提供参考。

稻田养鱼是利用稻田的特殊环境，既种稻又养鱼，运用“鱼稻共生”理论，通过“稻渔工程”建设，达到养鱼和水稻双收的一种综合养殖方式。我国稻田养鱼有2 000多年历史。初期主要集中在四川、贵州、湖南、江西、广西等省、自治区的丘陵、山区。每亩鱼产量达到15～25千克。到20世纪80年代始稻田养鱼由传统的省（区）向全国许多地区发展，养殖技术与方法有了很大改进和提高，通过改窄沟为宽沟，改“十”字形沟为“回”形沟，改小鱼溜为大鱼溜，由养殖鲤、鲫鱼为主向多品种混养发展，由不投饵改为适当投饵等措施，使稻田养鱼产量达到每亩15～25千克。稻田养鱼，鱼类可吃掉田水中浮游生物和水生昆虫，其中包括水稻害虫和蚊子的幼虫，可减轻水稻害虫危害和预防人类传染病。养草鱼可以吃掉杂草，鱼的活动疏松了土壤，鱼类粪又可作为水稻的肥料；稻田中各种生物为鱼类提供了天然饵料，高温季节稻叶遮光起到降温作用。总之，鱼稻共生，互惠互利，各得其所，生态循环，良性发展，不但具有显著的经济效益和社会效益，而且还具有良好的生态效益。养鱼稻田，稻谷可增产10%左右，实现鱼与水稻双丰收。稻田养鱼的优点有如下几点：

(1)节约土地：以稻田代替鱼塘，发挥了稻田的主体生产作用。

(2)节约饲料、增产稻谷：稻田内，鱼的饵料比较丰富，可以减少投饵或不投饵。另外，还可增产稻谷4%～10%。

(3)节约肥料：一条鱼就是一个有机肥料厂，鱼粪可以肥水肥田，减少化肥施用量。

(4)节约农药：鱼能吃草、吃虫、还能疏松土壤，有利于稻谷增长，减少农药施放。

(5)节约人工：既管稻又管鱼，还能减少施肥、除草、施药的人工。

(6)增加收入：一般稻田养鱼亩纯收入可达50元以上。在不投饵情况下，一般稻田养鱼可亩产成鱼15千克左右，高的可达50千克以上。

第一节　稻田选择与准备

一、养鱼稻田选择

用于养殖的稻田应具备以下条件：

①水源丰富，水质良好无污染，排灌方便。

②保水能力好、天旱不干、洪水不淹、日照时间长的稻田。

③土壤以黏壤土、壤土为宜，黏土也可，田埂坚实不漏水。

④离集镇、公路较远，环境安静。

⑤田块面积不小于3亩，以5～10亩为宜。

在平原和平坝地区，一般水源较好，排灌系统较为完善，抗洪、抗旱能力强，大多数稻田都可养鱼。丘陵、山区情况较为复杂。凡有水库、

山塘水源并能自流灌溉的，养鱼条件就比较优越；而缺乏水源，下雨有山洪，无雨就干旱，不能基本保水，就无法养鱼。低产田、下湿地、盐碱滩、河滩地通过水利建设和人工改造，既能种稻，又能养鱼，还能开展其他作物种植，以养鱼作为一种途径与方法，进行国土资源改造，综合效益会显著提高。

二、稻田的整理、改造

利用稻田养鱼，是根据鱼类对生存与生长的最基本要求，对稻田进行适当的改造，使稻田既能种稻，又能养鱼。对稻田改造包括：稻田加高、田埂加固，开挖鱼沟、鱼坑，建造进、出水口及平水溢口，设置拦鱼设施和遮阳设施。

(1)加高、加固田埂：稻田养鱼需要维持基本水位，同时还要防止漏水、漫水逃鱼。为此，需要对稻田埂适当加高加固。田埂应比田面高出30～60厘米，埂顶宽度30～50厘米，并捶打结实，提高保水性能，防止塌垮和鳝洞漏水逃鱼。

开挖鱼沟、鱼坑：鱼沟、鱼坑是鱼类活动集中和捕鱼的场所。鱼沟、鱼坑的形状、大小、数量，根据稻田的大小、形状而定。

鱼沟呈“十”字形、“#”字形、“田”字形、“日”字形或“目”字形。小面积稻田一般呈“十”字形或“田”字形，较大稻田呈“日”字形或“目”字形。鱼沟应占稻田总面积的3%～5%，沟宽、深各为50厘米。一般每隔20米开一条横沟，每隔25米开一条竖沟，四周的围沟离稻田埂1～2行稻苗宽。此外，鱼沟的宽度和深度根据养鱼的要求和可能，还可适当加宽加深以利于提高产量。开挖鱼沟的时间一般可在插秧后20～30天进行，抽穗时再整理1次。

鱼坑和鱼沟相通，面积2～5米^2，占稻田的5%～10%。鱼坑深0.8～1米。鱼坑可建在田中、田边或田角，以设在稻田排水口处为好。根据稻田大小可挖1个至几个鱼坑，如果田边附近有小塘或三角空地，可以疏通或挖小塘与鱼沟接通则更为简便。开挖鱼坑的时间宜在插秧前进行。

(2)进、出水口与平水溢口:稻田进、出水口开在相对的田埂上,或呈对角线的田埂上。进、出水口可用木质框架嵌成,框架长70厘米,宽40厘米;也可用砖砌成,使其牢固不易损坏,以防逃鱼。在进、出水口上,装拦鱼栅防止鱼类逃逸。

平水溢口建在出水口上。平水溢口主要起维持稻田一定水位的作用,当下大雨或进水较多时,多余的水从平水溢口中流出,防止田埂漫水逃鱼。平水溢口用砖砌成,宽约30厘米。

(3)拦鱼设施:如仅养殖鱼、虾,则只需要在排水口处设置防逃栅或防逃网即可。拦鱼网可用乙纶胶丝布、铁丝网或竹篾做成,其眼目大小,依鱼种大小而定。拦鱼栅必须牢固,安装稳妥;为了水流畅通,拦鱼栅面积不能太小。如养殖河蟹等还需要设置防逃墙或防逃板。高度为50～60厘米,其中下部15厘米埋入田埂中夯实,拐角处建成圆弧形。

遮阳棚:因稻田水浅,鱼沟、鱼溜的面积有限,高温季节太阳光强烈、温度高,对鱼生长不利,故应在鱼溜处朝西端用木杆或竹竿加树枝搭建简易遮阳棚,旁边种上丝瓜或其他有牵藤的瓜类、豆类,藤牵棚上可遮阳,长出瓜、豆又可供食用。

三、水稻栽培

稻田养鱼后,稻田生态由原来单一植物群体变成了动、植物复合体。因此,水稻栽培技术应有一定改进,以求既提高稻的产量,又有利于养鱼。其改进的原则如下:

①水稻品种宜选择生长期较长,秸秆粗壮抗倒伏,抗病力强,产量高的水稻品种,如杂交粳稻等。

②秧苗类型以长龄壮秧、大苗栽培为主。

③采用壮个体、小群体的栽培方法。即在水稻生长发育全过程中,个体要壮,提高分蘖成穗结实率,群体要适中。

④稻田因开挖鱼和鱼溜减少了田的面积,为不减少稻秧的株数,要

在沟溜边密植，减少了行数，不减株数，利用边行优势，仍能增产。栽插方式以宽窄行，宽行密植、窄行稀植为好。沟塘的周围适当加大栽插密度，呈篱笆状。以充分发挥和利用边际优势，增加稻谷产量。

⑤稻田排灌应保持沟中一定水位，晒田的时间和程度不能过长、过重。

⑥水稻病虫害防治以生态综合防治为主。

第二节　苗种放养

一、稻田养鱼品种

稻田养鱼，既可养食用鱼，也可养鱼种，还可养鱼苗，可因地制宜进行养殖。稻田水浅，天然生物主要是底栖动物、水生昆虫、丝状藻类和杂草等，所以，适合稻田养殖的常规鱼类有鲤鱼、鲫鱼、团头鲂、草鱼等，还可配养少量鲢鱼、鳙鱼。此外，适合稻田放养的有罗非鱼、鲮鱼、胡子鲶、普通鲶、黄颡鱼、泥鳅、乌鳢等其他名、优或小型鱼类。

二、放养模式

稻田养鱼，可进行鱼种养殖或商品鱼养殖。一般进行鱼种养殖品种有鲤鱼、鲫鱼、草鱼、鳊鱼、鲢鱼和鳙鱼等，最适宜投放 3～5 厘米上述鱼类的夏花，年底培育成尾重 50 克以上的大规格鱼种，一般每亩稻田可投放夏花 500～1 000 尾。这些品种也可进行商品鱼养殖，每亩放 10 厘米以上的鱼种 200 尾左右，并合理搭配。除以上常规品种外，主要有罗非鱼、革胡子鲶、斑点叉尾鮰、黄颡鱼、泥鳅和黄鳝等名、优品种，一般亩放养苗种 100～500 尾；泥鳅和黄鳝可放养性成熟的亲本，按雌雄比例合理搭配，让其在稻田中自繁、自育、自养。饲养成鱼，鱼种放养时间应在秧苗返青后投放。对部分品种放养模式介绍如下。

(1)鲤鱼为主养殖模式：每亩放养尾重100～200克以上的大规格鱼种25～30千克。放养搭配比例为：鲤鱼60%～70%，草鱼20%～30%，鲢、鳙鱼5%～10%，鲫鱼5%～10%。

(2)草鱼为主的养殖模式：每亩投放隔年大规模鱼种25千克左右。放养搭配比例为：草鱼50%～60%，鲤鱼20%～30%，鲢、鳙鱼10%～15%，鲫鱼5%～10%。

(3)主养异育银鲫：每亩放规格为25～30尾/千克的异育银鲫鱼种400～500尾，配放规格为5～10尾/千克的鲢鱼种50～100尾。

(4)革胡子鲶：采用单养，每亩放养体长3～5厘米的鱼种1 000～2 000尾。

(5)青虾养殖：每亩放养抱卵青虾1.5～2千克，配放规格为5～10尾/千克鲢鱼种50～100尾。

(6)克氏螯虾养殖：克氏螯虾，目前市场十分畅销。在稻田中养殖有两种模式，一是收购天然捕捞未达上市规格的小龙虾在稻田中暂养育肥，一般在秧苗返青后每亩放养每千克100尾以上的幼虾50～100千克，投喂专用配合饲料，经过40天左右的饲养，即可起捕上市；二是水稻和螯虾轮作，即稻谷收获后，开挖稻田养虾，投放大规格虾作为亲虾，稻田中冬天不种麦，来年栽秧前养虾，虾收获后继续种植水稻。

(7)主养河蟹的模式：每亩放养规格为80～200只/千克的蟹种400～500只或规格为1 000～2 000只/千克的幼蟹700～1 000只，配套放养规格为5～10尾/千克的鲢鱼种50～100尾。

三、鱼种消毒

鱼种的消毒参照池塘养殖鱼种消毒进行。放养时常用漂白粉或食盐水浸洗。

第三节　养殖管理

饲养管理是提高稻田养鱼产量的关键。饲养管理主要是做好管水、投饵、防病、防逃和经常巡查等工作。

一、浅水灌田

在水稻苗成活之后，浅水灌溉，促进分蘖，即水稻生长前期要求浅水，此时鱼种较小，只要适当清好鱼沟、鱼溜，一般不会对鱼类产生太大影响，当田中稻秧返青后，即注水提高水位，使鱼能进入田中觅食，以扩大鱼类的活动空间，以利于鱼、稻生长。

二、晒田

在水稻插秧后 1 个月左右排水晒田，这对养鱼有一定影响。水稻根有 70％～90％分布在 20 厘米之内的土层，如果开好鱼沟（深 50 厘米），挖好鱼溜（深 100 厘米），晒田时降水 20 厘米，鱼沟和鱼溜内水深仍有 30 厘米和 80 厘米，加上清整好鱼沟和鱼溜，换上清水，对鱼类影响不大，同时也促进了水稻根系生长。

三、施肥

以基肥为主占 70％～80％，追肥为 20％～30％，追肥应掌握少量多次，不能施入鱼沟鱼溜。根据水稻生长和鱼类饵料生物生长的要求，适时、适量追施有机肥或无机肥。当稻谷成熟后只收割稻穗，留下稻草肥水培植鱼类的天然饵料。

四、投饵

稻田养鱼分不投饵和适当投饵两类。不投饵即纯粹利用稻田天然饵，鱼种放养少，鱼产量较低；适当投饵即在鱼溜和固定某段鱼沟中投饵，鱼种放养密度较大，产量较高。适当投饵，即根据放养的鱼种种类、食性及其数量、天气、水的肥度、鱼类大小及活动情况，按“四定”投饵法，投喂精料或草料。一般投喂的精饲料占鱼体总体重（根据鱼体、大小估算）的5%左右，草料占草食性鱼类总体重的20%～30%，并根据天气、鱼的吃食情况增减，以免不足或过多浪费而影响水质。

五、病害防治

当稻田养鱼的鱼种放养密度较大、鱼产量较高（投饵型）时，也会发生鱼病，要做好预防工作。水稻的病虫害较多，稻田施农药不可避免，但要注意避免伤害鱼类。要使用高效、低毒药物防治水稻病虫害，选择适当时机施药如果是粉状药物，宜在清晨露水未干时喷洒；如果是液体药物，宜在上午露水干了以后喷洒，并且不使药物泼到水中、鱼沟和鱼溜中，以免鱼类中毒，定期对鱼沟、鱼溜使用杀虫剂、杀菌剂消毒。

六、日常管理

①严格按稻田养鱼和种稻的技术规范实施外，每天需要通过巡视及时掌握稻、鱼生长情况，并针对性地采取管理措施。特别是在大雨、暴雨时候要防止漫田；检查进、出水口拦鱼设施功能是否完好；检查田埂是否完整，是否有人畜损坏，有无黄鳝、龙虾洞漏水、逃鱼；有无鼠害、鸟害，并及时采取补救措施。

②及时对鱼沟进行清整，便于晒田时鱼类有一定的活动空间。

③注意防逃。对养鱼稻田应经常巡查，特别是在大雨时更应日夜

查看，以防逃鱼。

④做好防暑降温工作。由于稻田水浅，酷暑时水温有时达 38～40℃，必须采取措施，及时换水降温或适当加深水位。

第四节　收获

当稻田养鱼的鱼、稻双收之时，是先收稻、后捕鱼，还是先捕鱼、再收稻，这要看当时的具体情况。

一般稻田养鱼，需先捕鱼，待稻田泥底适当干硬之后利用收割机收稻。捕鱼前，要先疏理鱼沟、鱼溜，使沟、溜通畅，然后缓慢放水，使鱼进入鱼沟内，加上适当驱赶到鱼溜，再用小网、抄网或捞海轻轻地捕鱼，集中放到鱼桶，再运往附近塘、河的网箱中暂养。如果鱼多，一次性难以捕完，可再次进水集鱼，排水捕捞。之后需检查沟、溜和脚坑中是否还留有少量鱼并捉净。鱼进箱后，洗净余泥，清除杂物，分类分规格，对于不符合食用标准个体的鱼种，转入其他养殖水面，以备翌年放养。需要在稻田比较平整，田中鱼群能顺利随排水进沟到溜，检查田中、沟中是否还有留鱼，如有可进行人工捕捉。

如深水田、冬水田、宽沟田、回形沟田，收稻之后还要继续养鱼，则先收稻穗，留下部分稻秆肥水养鱼。

思考题

1.稻田养鱼有哪些优势？

2.稻田养鱼怎样对稻田进行改造？

3.稻田养鱼常放养哪些鱼类？

4.稻田养鱼怎样进行管理？

第十一章

工厂化流水养殖技术

提　要：本章对工厂化养殖的类型加以介绍，对工厂化养殖设施的建设及养殖技术进行阐述。许多名优养殖鱼类都是热带鱼类或温水性鱼类，除南方少数地区，6、7 月份繁殖的鱼苗，当年不能养成商品规格，在我国的大部分地区都需要进行越冬保种。越冬保种一般需要利用工厂余热水、温泉水、温室加温等办法越冬。其技术环节，可以参照本章进行。

工厂化养鱼是当今最为先进的养鱼方式，具有占地少、单产高、受自然环境影响小、可全年连续生产、经济效益高、操作管理自动化等诸多优点，而且其中的封闭式循环流水养鱼不易产生对环境的污染，耗水少，是一种环境友好的绿色养殖方式。工厂化养鱼属于高投入、高产出、高风险的产业，投资大、管理严格、技术性强，适合于资金雄厚、技术力量强、管理经验丰富的大、中型企业生产。

工厂化养鱼是指运用建筑、机电、化学、自动控制学等学科原理，对养鱼生产中的水质、水温、水流、投饵、排污等实行半自动或全自动化管理，始终维持鱼类的最佳生理、生态环境，从而达到健康、快速生长和最大限度提高单位水体鱼产量和质量，且不产生养殖系统内外污染的一

种高效养殖方式。

根据我国的国情和生产实践表明，充分利用自然流水条件开展流水养鱼，成本较低，流水池结构简单、灵活，风险较小，易于形成良好的经济效益、社会效益和生态效益。在有温流水和冷流水的地方，也可因势利导引流或提水分别开展热带性鱼类越冬、养殖和冷水性鱼类养殖。至于循环过滤式流水养鱼和池塘循环水养鱼，可以根据设备、技术、投入等多方面的具体情况，酌情应用。必须指出的是，如果人工抽提形成流水，再加上水质净化，充氧、控温等较大能耗，成本偏高，所以一方面需提高流水养鱼的科技含量，另一方面，还要不断完善先进养鱼技术，并饲养名贵鱼类，注重经济效益，才能健康发展。

利用温泉水和冷泉水做水源进行流水养殖，水源属于地下水，受不同地质影响，化学成分较一般淡水复杂，所以利用地下水进行流水养鱼，需要了解某些元素的含量是否过高。养鱼用水应符合养鱼水质标准。

第一节　工厂化流水养殖类型

我国的工厂化养殖起步较晚，技术装备水平和自动控制水平较低，虽有所发展，但都属于比较初级的高密度室内养殖，只是增加了充气和流水，基本上属于开放式、流水养殖，养殖品种比较单一。陆上工厂化养鱼形式多样，主要有普通流水养鱼、温流水养鱼和循环流水养鱼三种类型。

一、普通流水养鱼

利用自然水体，经过简单处理后，不需加温，直接流入养鱼池中，用过的水直接排放的养鱼方式。这种方式设备简单、投资少，为工厂化养鱼的最低级阶段。

二、温流水养鱼

20世纪60年代初最早由日本发展起来的一种工业化养鱼方式，它利用天然热水（如温水井、温泉水），电厂温排水或人工升温水作为养鱼水源，经简单处理（如调温）后进入鱼池，用过的水不再回收利用。这种养鱼方式工艺设备简单，产量低，耗水量大，为工业化养鱼的初级阶段。

三、循环流水养鱼

又称封闭式循环流水养鱼，其主要特点是用水量少，养鱼池排出的水需要回收，经过曝气、沉淀、过滤、消毒后，根据不同养殖对象不同生长阶段的生理需求，进行调温、增氧和补充少量（10%左右）的新鲜水（系统循环中的流失或蒸发的部分），再重新输入养鱼池中，反复循环使用。此系统还需附设水质监测、流速控制、自动投饵、排污等装置，并由中央控制室统一进行自动监控，是目前养鱼生产中整体性最强、自动化管理水平最高、且无系统内外环境污染的高科技养鱼系统，是工业化养鱼的最高境界，将成为工厂养鱼的主流和发展方向。

第二节　工厂化养殖设施

工厂化设施是当今最为先进的方式，具有占地少，产量高，受自然环境影响小，可持续生产，经济效益高，易于管理等优点。然而，工厂化养鱼设施又是高技术、高投入、高风险的产业，是跨生物、生态、物理、化学、机械、电子等多边学科的系统工程。不仅用于越冬保种，也可用于许多鱼类规模化生产，具有节水、节能、节耗的优点，是下一步渔业生产

发展的方向。有条件的可一次性投资,多年受益。

保种设施可根据条件灵活建设,不能千篇一律。根据报道及多个养殖设施使用调查,图 11-1 所示基本设施可作为参考。

图 11-1 流水养殖车间

1. 车间

多为双跨、多跨单层结构,跨距一般为 9～15 米,墙体为砖混或保温板,屋顶断面为三角形或拱形。屋顶为钢架、木架或钢木混合架,顶面可采用玻璃钢瓦、石棉瓦或太阳板、木板等,设采光透明带或窗户采光,室内照明度以晴天中午不超过 1 000 勒克斯为宜。

2. 鱼池系统

鱼池多为混凝土、砖混或玻璃钢结构。面积一般为 30～100 米^2,如鱼池面积过大,水体不容易均匀交换,投撒的饵料不能均匀分布水面,容易造成池鱼摄食不均。同时,大池周转不便,灵活性较小。鱼池的形状有长方形、正方形、圆形、八角形、长椭圆形等。长方形池具有地面利用率高、结构简单、施工方便等优点,以前多被国内外厂家采纳;圆形池用水量少,中央积污、排污,无死角,鱼和饵料在池内分布均匀,生产效益比长方形池好,但是对地面利用率不高;目前较为流行的为八角形池,它兼有长方形池和圆形池的优点,结构合理,池底呈锅底形,由池边向池中央逐渐倾斜,坡度为 3%～10%,鱼池中央为排水口,其上安装多孔排水管，利用池外溢流管控制水位高度。进水管 2～4 条，沿池周切向进水，使池水产生切向流动而旋转起来，将残饵、粪便等污物旋至中央排水管排出，各池污水通过排水沟流出养鱼车间。

3. 水质净化系统

工厂化养鱼对水质要求较高，尤其是利用工厂余热，采取封闭式循环水养鱼，用水回收利用，要达到鱼类最佳生活环境的水质要求，必须具有功能完善、运转良好的水质净化系统，这是工厂化养鱼的关键和技术核心。水质净化系统包括沉淀池、过滤器和消毒装置等。

(1)沉淀池：最为常用的是重力分离设施，它是利用重力沉降的方法从自然水中分离出密度较大的悬浮颗粒。沉淀池一般修建在高位上，利用位差自动供水，其结构多为钢筋混凝土浇制，设有进水管、供水管、排污管和溢流管，池底排水坡度为 2%～3%，容积应为养鱼场最大日用水量的 3～6 倍。

(2)过滤器：自然水中含有许多细小悬浮物，同时，在养鱼系统中，由于鱼的摄食和代谢会产生残饵和许多排泄物，它们或者悬浮于水中，或者溶解在水中，如果积累过多，必然对鱼类造成毒害。这些物质可通过过滤的方法除去。常用的过滤器有机械过滤器和生物过滤器。

机械过滤器：主要用于养鱼系统中液体和固体的分离。目前工业化养鱼场最常用的机械过滤器为重力式无阀滤池，它具有滤水量大(一般每格过滤能力为每小时 200 $米^3$)，水质好(浑浊度小于 5 毫克/升)，无阀自动反冲洗等优点。其工作原理为：自然水由进水管进入进水分配箱，再由 U 形水封管流入过滤池，经过过滤层自上而下的过滤。过滤好的清水经连通升入冲洗水箱贮存。水箱充满后进入出水槽，通过出水管流入养鱼池(或贮水池)。滤层不断截留悬浮物，造成滤层阻力的逐渐增加，从而促使虹吸上升管内的水位不断升高。当水位达到虹吸辅助管管口位置时，水自该管落入排水井，同时通过抽气管借以带走虹吸下降管中的空气。当真空度达到一定值时，便发生虹吸作用。这时水箱中的水自下而上地通过滤层，对滤料进行自动反冲。当冲洗水箱水面下降到虹吸破坏斗时，空气经虹吸破坏管进入虹吸管，破坏虹吸

作用，滤池反冲结束，自动进入下一个周期的工作。整个反冲过程大约需要5分钟。

生物过滤器：主要利用细菌除去溶解于水中的有毒物质，如氨等。它分为生物滤池和净化机两类。其配套设施有曝气沉淀池和生物滤池。

①曝气沉淀池。鱼池排出的污水，在未进入生物过滤器前要先通过曝气进行气体交换。曝气的目的是除去污水中气态形式的氨并使水的溶氧量达到饱和，以加快生物过滤器中细菌的氧化。另外，曝气还可去除一部分有机酸，有助于提高养鱼系统的pH值，增强除氨效果。专门用来气体交换的水池称为曝气池。也可将曝气池和沉淀池合建，成为曝气沉淀池。

一般的曝气方法有两种：压缩空气和机械曝气。压缩空气法是将鼓风机或空压机压出的空气，通过池内的散气设备，使空气以气泡形式散到水中，提高水中的溶氧。机械曝气一般采用叶轮式曝气机。叶轮旋转时水沿叶片四射，一部分抛向空中，轮轴附近出现负压区，形成池水有向上升流，增氧效果较好。

②生物滤池。是应用最普遍的生物过滤器，它由池体和滤料组成，即在池中放置碎石、细沙或塑料粒等构成滤料层，经过过水运转后在滤料表面形成一层“生物膜”，它是由各种好气性水生细菌（主要是分解菌和硝化菌）、霉菌和藻类等生物组成的。当池水从滤料间隙流过时，生物膜就会将水中有机物分解成无机物，并将氨转化成对鱼无害的硝酸盐。常用的生物滤池分浸没式或滴流式。

浸没式滤池目前使用最为广泛，其特点是滤料全部浸没在水中，生物膜所需的氧气由水流带入。根据水的过滤方向又分为向下流动式和向上流动式两种。前者水自上而下过滤，底部出水；后者则自下而上过滤，池顶溢水。二者对氨氮的清除效率相差无几，但前者不易阻塞，滤水效果相对较好。池体有长方形和圆形，以圆形排污效果较好。池中滤料一般采用砂、石子、塑料颗粒、塑料蜂窝和片状网纤等。砂要求颗粒粗糙，具棱角，直径以2～5毫米为宜，砂层厚度一般为100～150厘

米；石子要求质地坚硬、多棱角、耐腐蚀，一般采用花岗岩，其粒径均匀，大小以3～5厘米为宜；塑料蜂窝是酚醛合树脂固化的纸质品，有蜂窝状的直管空隙，优点是重量轻（每立方米50～100千克）、孔隙率大（98%），均优于石质滤料且过滤效率高，每立方米滤料每天可硝化150～300克氨氮，但缺点是价格较高；片状网纤滤料是目前较理想的滤料，它不但孔隙率高，面积大，滤水效果好，而且价格便宜。

滴流式滤池多为圆柱形，滤料选用粒径较大的石块和瓷环。水自上部喷淋流经滤料，由底部排出，滤料之间不被水充满，但表面形成水膜层，由空气对流给水充氧，一般不易阻塞。

③净化机。主要有两类：转盘式和转筒式。

转盘式是由固定在水平转轴上一列平行排列的塑料圆盘和一个与其相配的半圆形水槽组成。转盘一半暴露在空气中，一半浸入水中，工作几天后，盘片的表面生长出一层由细菌等组成的白色透明的生物膜（厚0.8～1.3毫米）。电机带动转盘缓慢旋转（2～3次/分），使生物膜与大气和水交替接触。当盘片夹带水体离开液面，水体沿着生物膜表面下流时，空气的氧气通过吸收、混合、渗透等作用，不断溶解在水膜中。微生物从水膜中吸收溶解氧，将复杂有机物氧化分解成无机物，并使微生物自身得以繁殖。又因为转盘有着巨大的表面积，反复旋转使整个水体得到了搅拌及充气增氧，水体中有机物浓度下降，溶解氧增高，水得到净化。

转筒式又分两种：一种是在转动的横轴上装一个同轴心的金属网状的圆筒，筒内装塑料颗粒，筒的一半浸在水中，一半暴露在空气中，塑料颗粒表面长有生物膜；另一种是在转动横轴上，捆上许多塑料管，形成一个转筒，其一半浸入水中，一半露在空气中，塑料管的内、外壁上长有生物膜。塑料管一般采用内径20毫米的聚乙烯管。

净化机通常多个串联使用，采用多级过滤的方式提高净化效率。

机械过滤器和生物过滤器是目前使用最广泛的过滤装置。此外，还可使用化学过滤装置，例如利用吸附装置和泡沫分离装置除去水中溶解的有机物等。对水体进行过滤处理，可采用几种装置的配合使用，

以达到最佳净化效果。

4.消毒装置

养鱼系统中经过过滤的水还含有细菌、病毒等致病微生物，因此有必要进行消毒处理。目前常用的消毒装置为紫外线消毒器和臭氧发生器。

(1)紫外线消毒器：有紫外线灯、悬挂式和浸入式紫外线消毒器等，它们均可发射波长约260纳米的紫外线以杀灭细菌、病毒或原生动物。常用的紫外线灯为低压水银蒸汽灯。悬挂式消毒器是将紫外线灯管通过支架悬挂于水槽上面，一般灯管距水面及灯管间距均为15厘米左右，灯管上面加反光罩，槽内水流量为每小时0.3～0.9立方米，并在槽内垂直水流方向设挡水板，使水产生湍流而得到均匀照射消毒；而浸入式消毒器是将灯管浸在水中，通过照射灯管周围的水流而消毒。紫外线消毒具有灭菌效果好，水中无有毒残留物，设备简单，安装操作方便等诸多优点，目前已得到广泛应用。

(2)臭氧发生器：臭氧消毒具有化学反应快、投量少、水中无持久性残余、不造成二次污染等优点，也是目前常用的消毒方法。臭氧发生器的种类很多，如美国OG公司的制氧机和臭氧发生装置，可由空气中连续制取纯氧并产生臭氧，是工厂化养鱼较为理想的消毒装置。臭氧对养殖动物本身也有毒性，因此，臭氧处理过的水须放置几分钟或经过活性炭吸附后方可使用。

5.增氧设备

要保持水体中有一定浓度的溶解氧，必须不断向水体中充气增氧。目前的增氧设备主要有两类：一类为增氧机式，具有风量大，风压稳定，气体不含油污等优点，但其气源来自未经过滤的空气，含氧量低，因此只适合于养鱼密度较小(载鱼量小于10千克/立方米)的开放式工厂化养鱼厂；另一类为制氧机式，它可以由空气中制取富氧(含氧量大于90%)或纯氧，并直接通往养鱼水体中达到增氧的目的，适合于养鱼密度高(载鱼量大于20千克/立方米)的封闭式循环流水养鱼厂。

6. 加温设备

工厂化养鱼需要通过供热加温来维持适宜于鱼类生长的水温。温流水养鱼厂可利用工厂、电厂余热，地热等作热源，对达不到温度要求的水源必须设置加温设备。加温方式包括水体加温和空气加温。

(1) 水体加温：加温设备有电热器、锅炉和太阳能集热装置。电热器加温使用方便，容易控制，但耗电量大，成本高。电热器主要有电热板、电热棒和电热泵等。锅炉是使用较早、目前仍普遍采用的一种加温设备。现在常用燃煤型锅炉。由锅炉产生蒸汽或热水，通过铺设于池底的热水管在管内进行封闭循环来间接加热池水。太阳能加热成本低、无污染。它由屋面安装的可移动的太阳能集热装置提供热量，是一种节能型理想的加温设备。

(2)空气加温：常使用空调器或锅炉暖气给养鱼车间内的空气加温以保持室温和水温的恒定。空调器有闭式、半闭式和全开式 3 种，可使室内外空气进行交换的同时保持室内温度。

7. 其他配套设施

工厂化养鱼场需根据用水量确定水泵功率和数量及输水管道直径，还需配备变电设施、饵料加工设备和小型冷库等，为防止停电，还应配备发电机组。另外，自动化水平较高的养鱼场还应设置电气和自动控制系统，对用电设备的电压和电流的变化，机械的运转情况，鱼池水温、水位、水质等进行自动控制和集中管理。

第三节　工厂化流水健康养殖技术

一、流水养鱼条件与品种

根据流水养鱼的特点(图 11-2)，一是选择具有常流水自然水源，

以便降低成本，提高效益。在我国具有常流水水源的山区、半山区和丘陵区非常普遍，这些地区的河道、溪流或水库众多。在河道、溪流沿岸两旁，在水库的下游、灌溉渠道两侧，都是选择流水养鱼建池的好地方。二是选择低热资源丰富的地方，可以充分利用地热进行热带鱼类及温水鱼类养殖及越冬保种。三是冷水资源丰富的地方，可以建厂进行冷水鱼类养殖。四是在有工程余热的地方建厂，充分利用工厂余热进行养殖生产。

图 11-2　室外流水养殖池

养殖品种选择，需根据流水条件和各地鱼类来源、价格、技术和市场需求选定养殖品种，以求获得良好的养殖效果和经济效益。流水养鱼中利用自然流水资源或池塘循环水养鱼和池塘与人工湿地结合流水养鱼的放养品种、规格、比例与一般池塘养鱼相同，而放养密度大于池塘养鱼。由于密度大，产量高，摄食性鱼类的放养量和鱼产量都占到80％以上，滤食性鱼类和其他混养鱼类占20％左右。地热及工程温流水，主要养殖热带品种及一些需要越冬的种类，罗非鱼、淡水白鲳、淡水鲨鱼、澳洲宝石鲈、革胡子鲶等。冷流水可进行鲟鱼及鲑鳟鱼类养殖。

二、养殖密度确定

工厂化养鱼与静水池塘养鱼的主要区别是:池塘面积小,池水持续流动和交换,池水溶氧来源依靠流水带入或机械增氧,天然饵料生物少,鱼类营养完全来源于人工投饵,池水中鱼类排泄物等物质随水流及时排出,故水质较清新;放养对象为吞食性鱼类,种类较单纯,密度和产量都较大。密度养殖密度的是否合理同样决定着整个工厂化养殖的效益。

影响放养密度的因素很多。对于流水养鱼,因流水池比池塘养鱼环境单纯,在保证饲料、适温和良好排污、管理条件下,水体、溶氧量是影响放养密度的主要因素。溶氧量与流水量大小直接相关。所以,根据注水溶氧量、注水水量,鱼类耗氧量和维持鱼类正常生长最低溶氧量等参数可以计算流水养鱼池鱼的最大容纳量。然后根据育成规格和最大容纳量计算放养尾数。还必须根据各种条件的具体情况、放养成活率和可能的其他损失,对计算数据予以调整,以便实现既定的养殖目标。换水、增氧条件下,成鱼养殖产量在30～50千克/米^3。

三、饲养管理

1. 水流调节和水质调控

(1)池水流量的调节:流水养鱼是在流水条件下,通过一定流量开展鱼类养殖。为了降低成本,满足鱼类生长对氧的需要,人工调节池水流量是不可避免的。在饲养初期,鱼体规格较小,或水温不高,鱼类耗氧不大,可以适当降低流量;但随着时间推移,鱼体逐渐长大或水温较高,鱼类耗氧明显增加,需要相应增大流量。所以水流量大小需要根据鱼类生长、动态、水温和水质的变化进行人工调控。调节池水流量目的主要依据以下几个方面。

(2)水质调控:水质的调控主要从以下几方面考虑。

①水温的控制。不同鱼类最适宜的生长水温不同，控制水温使养殖鱼类始终生活在适宜的温度范围内，可加速鱼类的生长。特别是越冬鱼类，通过进水保证需要的温度是基本的条件。

②提高水体溶氧。一般工厂化流水养殖，鱼类放养密度大，溶氧消耗快，要通过加入新水及充气或充纯氧提高溶氧量，满足鱼类需求。池水中溶解氧一般应保持 4 毫克/升以上，出水口的水不低于 3 毫克/升。

③降低水体氨氮量。因鱼类密度大，投喂多，残饵、粪便等使水体氨氮量超出鱼类适宜范围，影响鱼类健康生长，也需要调节水流量来控制氨氮含量。也可根据鱼类摄食情况调节水流量，在水温稳定情况下摄食下降，则应调大流量。

④调节 pH。养殖池残饵、粪便等很易使水体呈酸性状态，而大多数鱼类适宜的养殖环境呈偏碱性。通常要使养殖池 pH 值偏碱性，常用调控的方法是在在循环水池加入所需碱性物质，如氢氧化钠（NaOH）、碳酸钠（Na_2CO_3）及碳酸氢钠（$NaHCO_3$）等，通过水循环，把调节后的水注入养殖池，达到调节 pH 的作用。

另外，较先进的工厂化流水养殖，通过水质净化设备进行水质净化，控制。

2. 饵料投喂

工厂化流水养殖饵料一般为人工配合颗粒饲料。坚持“四定”的投喂原则。在固定的地方进行投喂，投喂初期利用响声进行训练，使形成集中抢食的条件反射；根据实际情况确定投喂量，每月初称取平均鱼重，根据总重确定月初基础日投饵量，根据饵料系数计算出每日投饵增量，每日递增投喂量。除白天外，傍晚和清晨也可适当投喂，每天投饵 6～8 次，每次投饵量坚持使鱼达到八分饱的原则，以提高饲料利用率；投喂的饵料营养要全面，各饲料成分要新鲜，不变质，严格按工艺流程加工，饲料使用符合国家《饲料卫生标准》和 NY 5072 规定，禁止使用霉烂变质和造成污染的饲料。饲料中使用的各种添加剂（生长剂、维生素、氨基酸、蜕壳素、矿物质、抗氧化剂、防腐剂等）种类和用量应符合有关规定。预防疾病或促生长不得添加国家禁止的药物，其他药物使用应符合 NY 5071 的规定，不得在饲料中添加未经农业部批准的用于饲料添加剂的兽药。

3. 其他管理

(1)定时排污、刷池 排污、刷池是流水养鱼经常性的管理工作：由于鱼的密度大、空间小，鱼排泄的代谢产物较多，需定期和经常性随流水排出。根据流水池积污具体情况每天排污 1～2 次(边进水边开闸门排污)；每 5～10 天刷池 1 次(停水边排边洗)，可较彻底排出污物。在缺氧、氨氮过高，pH 值过高或过低、有机物耗氧增高等情况下，水色由清变浑，泡沫增加，鱼的活动异常，要及时清污及加大换水量。在有条件的地方可对主要理化指标进行定期或跟踪测量，以便了解水质变化趋势，及早采取相应对策。

(2)经常巡视、观察：如果出现部分鱼类独游，或灵敏度下降，或身体发黑等情况，可能是鱼发病，需要及时检查对症防治；如果鱼类浮头则显示水体缺氧或鱼池容纳量过多，需要增大水量或将达到食用规格的部分出池销售，或分池饲养。

(3)认真记录：要详细地做好各项记录，以对整个情况有所溯查。

思考题

1. 流水养殖有哪几种类型？

2. 工厂化流水养殖需哪些设施系统？

3. 流水养殖调节换水量的目的是什么？

4. 流水养鱼怎样管理？

附　录

附录 1　渔业水质标准(GB 11607—89)

毫克/升

项目序号	项 目	标 准 值
1	色、臭、味	不得使鱼、虾、贝、藻类带有异色、异臭、异味
2	漂浮物质	水面不得出现明显油膜或浮沫
3	悬浮物质	人为增加的量不得超过 10,而且悬浮物质沉积于底部后,不得对鱼、虾、贝类产生有害的影响
4	溶解氧	连续 24 小时中,16 小时以上必须大于 5,其余任何时候不得低于 3,对于鲑科鱼类栖息水域冰封期其余任何时候不得低于 4
5	pH 值	淡水 6.5～8.5,海水 7.0～8.5
6	生化需氧量(5 天、20℃)	不超过 5,冰封期不超过 3
7	总大肠菌群	不超过 5 000 个/升(贝类养殖水质不超过 500 个/升)
8	汞	≤0.000 5
9	镉	≤0.005
10	铅	≤0.05
11	铬	≤0.1
12	铜	≤0.01

续表

项目序号	项目	标准值
13	锌	≤0.1
14	镍	≤0.05
15	砷	≤0.05
16	氰化物	≤0.005
17	硫化物	≤0.2
18	氟化物(以 F^- 计)	≤1
19	非离子氨	≤0.02
20	凯氏氮	≤0.05
21	挥发性酚	≤0.005
22	黄磷	≤0.001
23	石油类	≤0.05
24	丙烯腈	≤0.5
25	丙烯醛	≤0.02
26	六六六(丙体)	≤0.002
27	滴滴涕	≤0.001
28	马拉硫磷	≤0.005
29	五氯酚钠	≤0.01
30	乐果	≤0.1
31	甲胺磷	≤1
32	甲基对硫磷	≤0.000 5
33	呋喃丹	≤0.01

附录 2　淡水养殖用水水质要求

序号	项目	标准值
1	色、臭、味	不得使养殖水体带有异色、异臭、异味
2	总大肠菌群,个/升	≤5 000
3	汞,毫克/升	≤0.000 5
4	镉,毫克/升	≤0.005
5	铅,毫克/升	≤0.05
6	铬,毫克/升	≤0.1
7	铜,毫克/升	≤0.01
8	锌,毫克/升	≤0.1
9	砷,毫克/升	≤0.05
10	氟化物,毫克/升	≤1
11	石油类,毫克/升	≤0.05
12	挥发性酚,毫克/升	≤0.005
13	甲基对硫磷,毫克/升	≤0.000 5
14	马拉硫磷,毫克/升	≤0.005
15	乐果,毫克/升	≤0.1
16	六六六(丙体),毫克/升	≤0.002
17	DDT,毫克/升	≤0.001

附录3　底质有毒有害物质最高限量(节选)

项目	指标 毫克/千克(湿重)
总汞	≤0.2
镉	≤0.5
铜	≤30
锌	≤150
铅	≤50
铬	≤50
砷	≤20
滴滴涕	≤0.02
六六六	≤0.5

附录4　渔用配合饲料的安全指标限量

项目	限量	适用范围
铅(以 Pb 计)/(毫克/千克)	≤5.0	各类渔用配合饲料
汞(以 Hg 计)/(毫克/千克)	≤0.5	各类渔用配合饲料
无机砷(以 As 计)/(毫克/千克)	≤3	各类渔用配合饲料
镉(以 Cd 计)/(毫克/千克)	≤3	海水鱼类、虾类配合饲料
	≤0.5	其他渔用配合饲料
铬(以 Cr 计)/(毫克/千克)	≤10	各类渔用配合饲料
氟(以 F 计)/(毫克/千克)	≤350	各类渔用配合饲料

续表

项目	限量	适用范围
游离棉酚/(毫克/千克)	≤300	温水杂食性鱼类、虾类配合饲料
	≤150	冷水性鱼类、海水鱼类配合饲料
氰化物/(毫克/千克)	≤50	各类渔用配合饲料
多氯联苯/(毫克/千克)	≤0.3	各类渔用配合饲料
异硫氰酸酯/(毫克/千克)	≤500	各类渔用配合饲料
噁唑烷硫酮/(毫克/千克)	≤500	各类渔用配合饲料
油脂酸价(KOH)/(毫克/克)	≤2	渔用育苗配合饲料
	≤6	渔用育成配合饲料
	≤3	鳗鲡育成配合饲料
黄曲霉毒素 B_1/(毫克/千克)	≤0.01	各类渔用配合饲料
六六六/(毫克/千克)	≤0.3	各类渔用配合饲料
滴滴涕/(毫克/千克)	≤0.2	各类渔用配合饲料
沙门氏菌/(cfu/25 g)	不得检出	各类渔用配合饲料
霉菌/(cfu/g)	≤3×10^4	各类渔用配合饲料

附录5 各类渔用药物的使用方法

渔药名称	用途	用法与用量	休药期/天	注意事项
氧化钙(生石灰) calcii oxydum	用于改善池塘环境,清除敌害生物及预防部分细菌性鱼病	带水清塘:200～250 毫克/升(虾类:350～400 毫克/升)全池泼撒:20～25 毫克/升(虾类:15～30 毫克/升)		不能与漂白粉、有机氯、重金属盐、有机络合物混用

续表

渔药名称	用途	用法与用量	休药期/天	注意事项
漂白粉 bleaching powder	用于清塘、改善池塘环境及防治细菌性皮肤病、烂鳃病、出血病	带水清塘：20 毫克/升全池泼撒：1.0～1.5 毫克/升	≥5	1.勿用金属容器盛装。2.勿与酸、铵盐、生石灰混用
二氯异氰尿酸钠 sodium dichloroisocyanurate	用于清塘及防治细菌性皮肤溃疡病、烂鳃病、出血病	全池泼撒：0.3～0.6 毫克/升	≥10	勿用金属容器盛装
三氯异氰尿酸 trichloroisocyanuric acid	用于清塘及防治细菌性皮肤溃疡病、烂鳃病、出血病	全池泼撒：0.2～0.5 毫克/升	≥10	1.勿用金属容器盛装。2.针对不同的鱼类和水体的 pH，使用量应适当增减
二氧化氯 chlorine dioxide	用于防治细菌性皮肤病、烂鳃病、出血病	浸浴：20～40 毫克/升，5～10 分钟全池泼撒：0.1～0.2 毫克/升，严重时0.3～0.6 毫克/升	≥10	1.勿用金属容器盛装。2.勿与其他消毒剂混用
二溴海因 dibromodimethvl hvdantoin	用于防治细菌性，和病毒性疾病	全池泼撒：0.2～0.3 毫克/升		
氯化钠(食盐) sodium chioride	用于防治细菌、真菌或寄生虫疾病	浸浴：1%～3%，5～20 分钟		
硫酸铜(蓝矾、胆矾、石胆) copper sulfate	用于治疗纤毛虫、鞭毛虫等寄生性原虫病	浸浴：8 毫克/升(海水鱼类：8～10 毫克/升)，15～30 分钟全池泼撒：0.5～0.7 毫克/升(海水鱼类：0.7～1.0 毫克/升)		1. 常与硫酸亚铁合用。2. 广东鲂慎用。3.勿用金属容器盛装。4.使用后注意池塘增氧。5.不宜用于治疗小瓜虫病

续表

渔药名称	用途	用法与用量	休药期/天	注意事项
硫酸亚铁(硫酸低铁、绿矾、青矾) ferrous sulphate	用于治疗纤毛虫、鞭毛虫等寄生性原虫病	全池泼撒:0.2毫克/升(与硫酸铜合用)		1.治疗寄生性原虫病时需与硫酸铜合用。2.乌鳢慎用
高锰酸钾(锰酸钾、灰锰氧、锰强灰) potassium permanganate	用于杀灭锚头鳋浸浴:10～20毫克/升,15～30分钟	全池泼撒:4～7毫克/升		1.水中有机物含量高时药效降低。2.不宜在强烈阳光下使用
四烷基季铵盐络合碘(季铵盐含量为50%)	对病毒、细菌、纤毛虫、藻类有杀灭作用	全池泼撒:0.3毫克/升(虾类相同)		勿与碱性物质同时使用。2.勿与阴性离子表面活性剂混用。3.使用后注意池塘增氧。4.勿用金属容器盛装
大蒜 crownt streacle, garlic	用于防治细菌性肠炎	拌饵投喂:10～30克/千克体重,连用4～6天(海水鱼类相同)		
大蒜素粉(含大蒜素10%)	用于防治细菌性肠炎	0.2克/千克体重,连用4～6天(海水鱼类相同)		
大黄 medicinal rhubarb	用于防治细菌性肠炎、烂鳃	全池泼撒:2.5～4.0毫克/升(海水鱼类相同)拌饵投喂:5～10克/千克体重,连用4～6天(海水鱼类相同)		投喂时常与黄芩、黄柏合用(三者比例为5∶2∶3)
黄芩 raikai skullcap	用于防治细菌性肠炎、烂鳃、赤皮、出血病	拌饵投喂:2～4克/千克体重,连用4～6天(海水鱼类相同)		投喂时需与大黄、黄柏合用(三者比例为2∶5∶3)

续表

渔药名称	用途	用法与用量	休药期/天	注意事项
黄柏 amur corktree	用于防治细菌性肠炎、出血	拌饵投喂:3～6克/千克体重,连用4～6天(海水鱼类相同)		投喂时需与大黄、黄芩合用(三者比例为3:5:2)
五倍子 chinese sumac	用于防治细菌性烂鳃、赤皮、白皮、疖疮	全池泼撒:2～4毫克/升(海水鱼类相同)		
穿心莲 common andrographis	用于防治细菌性肠炎、烂鳃、赤皮	全池泼撒:15～20毫克/升 拌饵投喂:10～20克/千克体重,连用4～6天		
苦参 lightyellow sophora	用于防治细菌性肠炎,竖鳞	全池泼撒:1.0～1.5毫克/升拌饵投喂:1～2克/千克体重,连用4～6天		
土霉素 oxytetracycline	用于治疗肠炎病、弧菌病	拌饵投喂:50～80毫克/千克体重,连用4～6天(海水鱼类相同,虾类:50～80毫克/千克体重,连用5～10天)	≥30(鳗鲡) ≥21(鲶鱼)	勿与铝、镁离子及卤素、碳酸氢钠、凝胶合用
噁喹酸 oxolinic acid	用于治疗细菌性肠炎病、赤鳍病,香鱼、对虾弧菌病,鲈鱼结节病,鲱鱼疖疮病	拌饵投喂:10～30毫克/千克体重,连用5～7天(海水鱼类:1～20毫克/千克体重;对虾:6～60毫克/千克体重,连用5天)	≥25(鳗鲡) ≥21(鲤鱼、香鱼) ≥16(其他鱼类)	用药量视不同的疾病有所增减
磺胺嘧啶(磺胺哒嗪) sulfadiazine	用于治疗鲤科鱼类的赤皮病、肠炎病,海水鱼链球菌病	拌饵投喂:100毫克/千克体重,连用5天(海水鱼类相同)		1.与甲氧苄氨嘧啶(TMP)同用,可产生增效作用。2.第一天药量加倍

续表

渔药名称	用途	用法与用量	休药期/天	注意事项
磺胺甲噁唑(新诺明、新明磺) sulfamethoxazole	用于治疗鲤科鱼类的肠炎病	拌饵投喂:100毫克/千克体重,连用5~7天,≥30		1.不能与酸性药物同用。2.与甲氧苄氨嘧啶(TMP)同用,可产生增效作用。3.第一天药量加倍
磺胺间甲氧嘧啶(制菌磺、磺胺-6-甲氧嘧啶) sulfamonomethoxine	用于治疗鲤科鱼类的竖鳞病、赤皮病及弧菌病	拌饵投喂:50~100毫克/千克体重,连用4~6天,≥37(鳗鲡)		1.与甲氧苄氨嘧啶(TMP)同用,可产生增效作用。2.第一天药量加倍
氟苯尼考 florfenicol	用于治疗鳗鲡爱德华氏病、赤鳍病	拌饵投喂:10.0毫克/千克体重,连用4~6天	≥7(鳗鲡)	
聚维酮碘(聚乙烯吡咯烷酮碘、皮维碘、PVP-1、碘伏)(有效碘1.0%) povidone-iodine	用于防治细菌性烂鳃病、弧菌病、鳗鲡红头病。并可用于预防病毒病:如草鱼出血病、传染性胰腺坏死病、传染性造血组织坏死病、病毒性出血败血症	全池泼撒:海、淡水幼鱼、幼虾:0.2~0.5毫克/升,海、淡水成鱼、成虾:1~2毫克/升鳗鲡:2~4毫克/升,浸浴:草鱼种:30毫克/升,15~20分钟鱼卵:30~50毫克/升(海水鱼卵:25~30毫克/升),5~15分钟		1.勿与金属物品接触。2.勿与季铵盐类消毒剂直接混合使用

注1:用法与用量栏未标明海水鱼类与虾类的均适用于淡水鱼类。

注2:休药期为强制性。

参 考 文 献

[1] 王武. 鱼类增养殖学. 北京：中国农业出版社，2000.

[2] 付佩胜. 淡水优良新品种健康养殖大全. 北京：海洋出版社，2009.

[3] 肖光明. 淡水鱼类健康养殖技术. 长沙：湖南科学技术出版社，2008.

[4] 陆奎贤. 海淡水鱼类网箱养殖技术. 广州：广东科技出版社，2011.

[5] 战文斌. 水产动物病害学. 北京：中国农业出版社，2004.

[6] 侯永清. 鱼类营养与饲料配方技术. 北京：化学工业出版社，2009.

[7] 雷衍之. 养殖水环境化学. 北京：中国农业出版社，2008.